Baukultur – Wohnkultur – Ökologie

Tagungsband
zum 5. interdisziplinären Symposium
an der Universität Zürich
im April 1992

Herausgegeben von
Barbara Emmenegger
Kuno Gurtner
Armin Reller

Verlag der Fachvereine Zürich

B. G. Teubner Stuttgart

Die Deutsche Bibliothek – CIP-Einheitsaufnahme

Baukultur – Wohnkultur – Ökologie: Tagungsband zum 5.
interdisziplinären Symposium an der Universität Zürich im
April 1992 / hrsg. von Barbara Emmenegger ... – Stuttgart:
Teubner; Zürich: Verl. der Fachvereine, 1993
ISBN-13: 978-3-519-05035-3   e-ISBN-13: 978-3-322-82984-9
DOI: 10.1007/ 978-3-322-82984-9
NE: Emmenegger, Barbara (Hrsg.)

Der vdf dankt dem Schweizerischen Bankverein
für die Unterstützung zur Verwirklichung seiner Verlagsziele

Vorwort

Baumaterialien, Schadstoffe, Energie und Ökologie - von solchen Stichworten gingen die OrganisatorInnen* aus, als sie für das Frühjahr 1992 im Rahmen des Umweltforschungstages der Universität Zürich eine Tagung planten, die Fachleute aus den Bereichen Architektur, Haustechnik und Bauherrschaft, aber auch eine an Bau- und Umweltfragen interessierte Öffentlichkeit ansprechen sollte. Sie wollte u.a. theoretische Möglichkeiten und praktische Anwendungen der Ökobilanz als Mess- und Bewertungsinstrument für Belastungen der Umwelt dokumentieren, die sich aus dem Wohnungs-, Gewerbe- und Industriebau ergeben.

Das Ziel, dem dieses Instrument dient - eine ökologische, umweltverträgliche Bauweise -, kann allerdings nicht ausschliesslich mit quantifizierenden Methoden erreicht werden. Vielmehr gilt es, eine Vielzahl von Faktoren zu berücksichtigen: neben dem materiell und technisch Machbaren gesellschaftliche, ökonomische und politische Rahmenbedingungen, geschichtliche Entwicklungen, Ansprüche der Ästhetik und Forderungen eines wachsenden Umweltbewusstseins. Damit steht die Planung von Neu- und Umbauten vermehrt in einem Spannungsfeld von zum Teil konträren Erwartungen, das interdisziplinäre Zusammenarbeit unumgänglich macht.

Deshalb wollte die Tagung "Baukultur, Wohnkultur und Ökologie", die von der Universität Zürich (Nebenfach und Nachdiplomstudiengang Umweltlehre) und der ETH (Laboratorium für Energiesysteme) gemeinsam geplant und durchgeführt wurde, nicht zuletzt ein Forum für den dringend notwendigen Gedanken- und Erfahrungsaustausch bieten. Zu diesem Austausch trafen sich am 31.März und 1. April 1992 21 ReferentInnen und gut 100 TeilnehmerInnen - ForscherInnen, Studierende und Fachleute aus der Praxis - an der Universität Zürich-Irchel. Der vorliegende Band enthält die überarbeiteten Fassungen der Referate, die im Plenum und in Arbeitsgruppen gehalten wurden. Ermöglicht wurde sein Druck durch einen Beitrag des Bundesamts für Energiewirtschaft.

---

* Zwischen Sprache und Bewusstsein besteht ein enger Zusammenhang. Wo Äusserungen in diesem Band sich inhaltlich auf beide Geschlechter beziehen, soll dies auch sprachlich zum Ausdruck kommen. Deshalb haben die Herausgeberin und die Herausgeber in eigener Kompetenz für alle Beiträge Formulierungen gewählt, die gelegentlich ungewohnt, vielleicht weniger "elegant" wirken mögen, die aber ein Geschlecht nicht einfach "mitmeinen", sondern nennen.

Ob die VeranstalterInnen das Ziel, Anstösse für zeitgemässes umweltverträgliches Planen, Bauen und Wohnen zu geben, erreicht haben, muss sich weisen. Die konzentrierte Arbeit in den Diskussionsrunden und die engagierten Gespräche nach den Plenumsvorträgen deuten darauf hin. Und die spontane Äusserung eines Referenten, eines Spezialisten für Graue Energie, er habe in der Diskussionsrunde zum Thema "Wohnkultur im 19. und 20. Jahrhundert" Wichtiges, Aufschlussreiches erfahren, ist als vielversprechendes Zeichen zu werten. Dies umso mehr, als mit der Veranstaltung Möglichkeiten aufgezeigt wurden, den vielfach als praxis-, ja realitätsfern empfundenen Rahmen der Hochschulen durch die Auseinandersetzung mit aktuellen Fragestellungen zu erweitern.

Die VeranstalterInnen

Barbara Emmenegger, stud.phil.I (Soziologie)
Reinhard Friedli, dipl.Arch.HTL, Amt für Bundesbauten
Georg Furler, dipl.Arch.HfG Ulm, Absolvent des NDS Umweltlehre
Kuno Gurtner, lic.phil.I, Koordinationsstelle NDS Umweltlehre
Patrick Hofstetter, dipl.Masch.Ing.ETH, Laboratorium für Energiesysteme, ETH
Armin Reller, Prof.Dr., Universität Hamburg
Barbara Rothenberger, dipl.Arch. ETH

Inhalt

Energie und Bauen

Wohnkultur im 19. und 20. Jahrhundert

Wohnkultur - oder
wie wir uns eine heile Welt bauen

Martin Fröhlich

Über Wohnkultur sprechen ist unmöglich, ohne sich vorher einige Gedanken über die Inhalte des Wortes Wohnen gemacht zu haben. - Was ist also "wohnen"?

Wohnen hat sicher nichts mit Bauen zu tun. Wohnen, das ist vielleicht eher Wohnraum konsumieren. Ist Wohnen demnach alles, was in der Wohnung geschieht?

Da gibt es aber auch die Redewendung "...sich gewohnt sein...", das Wort Gewohnheit. Ich möchte Gewohnheit als nicht reflektiertes Motiv einer Handlung umschreiben. Das führt rasch zur Vermutung, dass in allen Wörtern mit ...wohn... eine Einflussmöglichkeit des Unbewussten angedeutet wird. ...Wohn... erscheint deshalb auch als Synonym für "gemütlich", was aus Begriffen wie Wohnküche, Wohnschlafzimmer, Wohnbad spricht - die Liste der Räume mit Wohn... liesse sich sicher noch verlängern.

Könnte Wohnen einfach als das Verbringen der Freizeit zuhause bezeichnet werden?

Benutzen wir unsere Wohnungen als dritte Haut (nach der Kleidung) und damit auch als Bindeglied und Merkmal zwischen uns und der Gesellschaft? Vielleicht können die folgenden Thesen akzeptiert werden:

So, wie wir mit unserer Kleidung nach aussen treten, tritt in unserer Wohnung unsere soziale Situation in unser Privatleben.

So, wie wir mit unserer Kleidung unsere Stellung in der Gesellschaft markieren, werden wir über unsere Wohnung von unserer kulturellen und sozialen Situation geprägt.

Aber weder die Markierung durch die Kleidung noch die Prägung durch die Wohnung sind feststehende Kräfte. Sie sind und waren durch die geschichtlichen

Entwicklungen bestimmt, u.a. durch den technischen Fortschritt im Wohnbereich. Das soll am Beispiel des Lichtes in der Wohnung kurz beleuchtet werden.

Licht bestimmt die Entwicklung der Wohnformen

Es fällt schwer, heute noch authentische, bürgerliche Zimmer aus der Zeit vor der industriellen Revolution zu finden: Weder Goethe noch Schiller besassen in ihren Gesellschaftsräumen Leuchter oder Kandelaber, die zum festen Einrichtungsbestand gehört hätten. Wenn einmal bis in die Nacht hinein getanzt oder gespielt oder konversiert wurde, liess man "das Licht" kommen, d.h. es wurden kleine Leuchter aufgehängt und Kerzenstöcke aufgestellt, wo es eben gerade ging.
Genau so war es auch in der Bauernstube unserer Gegenden. Auch hier gehörte die Beleuchtung in der Stube nicht zu den festen Einrichtungsgegenständen. Wenn der Sohn aus fremden Diensten nachhause kam, nahm man sich auch am Tag Zeit, seinen Erlebnisberichten zuzuhören.

Neben Wachskerzen wurden Talglichter abgebrannt, wenn man ausnahmsweise einmal in der Nacht Licht brauchte - und dieses anzuzünden war nicht so einfach: Schwefelhölzer gibt es erst seit 1825.
Aber schon 1786 wurden in Innenräumen in England die ersten Gasbeleuchtungen eingerichtet, die erste Strassenbeleuchtung mit Gasflammen wurde in London 1814 montiert. - In Bern baute man das erste Gaswerk an der Aare unterhalb des Bundeshaues, damit das erste Bundes-Rathaus 1857 mit Gasbeleuchtung eröffnet werden konnte - ganze siebzig Jahre nach der Erfindung der Gasbeleuchtung in England.
Unterdessen waren 1819 die Stearin-Kerzen und 1837 die Paraffin-Kerzen in den Handel gekommen, die Schwefelzündhölzer, die aber gelegentlich unbeabsichtigt Feuer fingen, erfand Cooper in England 1825. Die Sicherheitszündhölzer, wie wir sie heute kennen, fabriziert man seit 1848. Im gleichen Jahr wurde der erste regulierbare elektrische Kohle-Lichtbogen entflammt, aber erst seit 1859 wird im Kaukasus und in den USA so viel Petroleum, Erdöl gefördert, dass es sich lohnt, Petrollampen herzustellen.
Die bürgerliche Beleuchtung der "guten alten Zeit" ist also die jüngste technische Beleuchtungsart vor dem elektrischen Licht, das sich erst nach der Erfindung der Kohlenfaden-Glühbirne durch Edison 1879, respektive der Osmium-Glühlampe durch Auer von Welsbach 1900 durchsetzen konnte. Es ist daher auch nicht verwunderlich, dass die Weltausstellung 1900 in Paris zur Feier des elektrischen Lichtes geriet.
Ob allerdings die Science-Fiction-Idee aus den Jahren um 1925 für ein Wohnzimmer im Jahre 2000 Wirklichkeit werden wird, werden wir sehen.

Abbildung 1

Wohnstube im Pfarrhaus von Vauffelin BE, um 1890

Abbildung 2

Wohnzimmer mit "chauffage au radium" im Jahr 2000, Science-Fiction-Zeichnung um 1925

Jedenfalls kann behauptet werden, dass diese einzelnen Erfindungs- und Erneuerungsschritte unsere Wohnvorstellungen und Wohnformen sehr beeinflusst haben: Bis zur Industrialisierung bestimmte das Tageslicht die Einrichtungen, die nach Bedarf durch Kerzenlicht ergänzt wurden.
Das Gaslicht brachte die fixen Lichtstellen und schuf damit das Ideal vom Familientisch, an dem gegessen, Schulaufgaben gemacht, Zeitung gelesen, gestickt und geflickt wurde. Dort wo die Petrollampe die Gaskrone ablöste, bedingte sie den selben Familientisch. Erst die Glühbirne und mit ihr die "Stehlampe" lassen individuellere Wohnformen und -ideen zu. Heute verschwinden nach und nach selbst in den Miethäusern in den Wohnbereichen die Lampenstel-

len an der Decke. Die über den Schalter bei der Türe und über die Steckdose
bedienbare Stehlampe, auch Halogenleuchte genannt, hat ihren Siegeszug voll-
endet. Die Beschränkungen der "totalen" Freiheit der Wohnformen und -ideen
entstehen anderswo.

Heutige Beschränkungen der individuellen Wohnungsgestaltung

Immer mehr Menschen haben auf immer kleinerem Raum zusammenzuleben und
immer grössere Anteile ihres Einkommens für ihre Wohnung aufzubringen. Die
Suche nach billigerer und platzsparenderer Produktion von Wohnraum treibt
manche Blüten.

Abbildung 3
Rotterdam, "Het Blaakse Bosch", um 1985 gebaut

Weder die knapp bemessenen Grundrisse in Le Lignon, die ausnahmslos schrä-
gen Wände in Het Blaakse Bosch, noch die der Fassadengestaltung total unter-
worfenen Wohnungsgrundrisse in Bofills Wohnüberbauungen nehmen Rücksicht auf Bedürfnisse und Ideen ihrer BewohnerInnen - genauso wenig wie die
Möbelprogramme der grossen Einrichtungshäuser, für deren Idealbetten und
Wohnwände regelmässig die Wohnungen der KäuferInnen irgendwo erweitert
werden müssten: Das Wort vom "Vermöbeln" hat einen neuen Sinn erhalten.

Heutige Gestaltungstendenzen

Es kann hier nicht die Aufgabe sein, alle Tendenzen akribisch genau zu umreissen. Es sollen nur einige bekannte, handgreifliche und populäre vorgeführt werden, um zu zeigen, dass sie alle den Sinn haben, die Wohnenden glauben zu machen, sie könnten ihre Lage, ihre Wohnsituation mit diesen Wohnformen verbessern, ihre eigene Welt etwas heiler machen. Ob dieses Heil nur in der Nostalgie, im Futurismus, in der Ökonomie oder gar in der Ökologie gesucht wird, hängt wohl vor allem von der Weltanschauung der einzelnen WohnerInnen ab.

Nostalgisch
Ein Blick auf einen der uns allen bekannten Einfamilienhaus-Teppiche aus der Zwischen- und Nachkriegszeit mit steilen Satteldächern über dem Erdgeschoss und abgeschrägten Dachstübchen zeigt gut den ländlich-sittlichen Gehalt oder Stempel, den die ErbauerInnen und BewohnerInnen den Behausungen aufzudrücken versuchen. Spätestens wenn man auf Photographien im Dachstübchen, das mit einfachen, aber aus edlen Materialien hergestellten Gebrauchsgegenständen eingerichtet ist, den Wandschmuck mit dem Portrait des GRÖFAZ (grösster Führer aller Zeiten) beachtet, erhellt sich der wahre Gehalt dieser ländlich-sittlichen Pose. Dieser Gehalt kann dann so lange entrüstet abgelehnt werden, bis man sich in Erinnerung ruft, dass die Abteilung "Bauernkultur" der Schweizer Landesausstellung 1939 in Zürich ja die selben Gehalte vermittelte.

Abbildung 4
Blick in die Abteilung "Bauernkultur" der Landesausstellung 1939 in Zürich

Heute finden Wohnmuseen grosses Interesse. Man erlebt, wie im 18. Jahrhundert gewohnt wurde - oder auch im 17. oder 19. Jahrhundert. Möglicherweise haben die selben Leute 1991 bei Möbel Märki für Fr. 4'300.-- das Schlafzimmer "Valence" gekauft: Wohnkultur als Deckmantel für Zukunftsangst?

Abbildung 5

*Neueingerichte-
tes Schlafzim-
mer im Schloss
Waldeck bei
Solothurn*

Abbildung 6

*Schlafzimmer
"Valence" aus
dem Möbel-
katalog Märki
von 1991*

Futuristisch
Seit Gerrit Riedvelt 1928 das Schröder-Haus in Utrecht NL gebaut und eingerichtet hat, besitzt auch unsere Bau- und Wohnkultur ihre Vorstellung vom modernen
Gesamtkunstwerk, wo nichts den grossartig geschlossenen Eindruck des Hauses
und seiner Einrichtungen stören soll - nur: was tun dann die BewohnerInnen, die
vielleicht auch einmal eine Zeitung oder ein Paar Socken liegen lassen möchten.

Wer sich heute "modern" gibt, kaufte 1991 z.B. bei Möbel Märki das Schlafzimmer "Villa Varese" für rund Fr. 5000.--. Es ist deutlich von TV-Intérieurs und von Raumschiffen der Science-Fiction-Filme beeinflusst. Oder er/sie kauft mindestens einen der scheinbar nur aus schwarzer Farbe bestehenden Stühle, die Charles Rennie Mackintosh (1903!) entworfen hat. Die topmodernen Le-Corbusier-Liegen (nicht von ihm, sondern von Charlotte Perriand 1929! entworfen) haben den selben Effekt.

Ökologisch
Der Denkmalpfleger bittet um Nachsicht, wenn er sich in diesem Gebiet auf einige Bemerkungen beschränkt, die vielleicht zu belegen vermögen, dass die Welt, die Umwelt, die soziale Umgebung des Menschen durch die Verbindung mit "Grün" nicht zwangsläufig "heiler" werden muss, sind doch Ausdrücke wie "Grün vor Neid" oder "Giftgrün" allseits geläufige Redewendungen...

Allerdings gehören Pflanzen seit langem zur Ausstattung der menschlichen Behausung. Töpfe mit Rosmarin, Nelken oder Lavendel sind aus der Literatur als mittelalterlicher Fensterschmuck bekannt. Sie waren so beliebt wie heute die Geranien. Seit Beginn des 19. Jahrhunderts versuchte man in Gewächshäusern den Eindruck tropischer Pflanzengruppen in Europa wieder entstehen zu lassen, so dass Glashäuser am Ende des Jahrhunderts zu den unverzichtbaren Bestandteilen eines herrschaftlichen Gartens gehörten - so unverzichtbar, dass sich auch der Kaiser des tropischen Brasilien in seinem Sommersitz Petropolis 1885 ein Glashaus bauen liess - allerdings als Bankettsaal, denn die tropischen Pflanzen brauchen in Petropolis zum Gedeihen keinen gläsernen Schutz.

Ökonomisch
Seit Mobilität und Nutzungsintensivierung auch für unsere Wohnsituation Schlagworte geworden sind, sind Provisorisches, Verpackbares, Demontierbares, Handliches auch im Wohnbereich bestens eingeführt: So stellte Janine Roczé 1991 an der Möbelmesse in Köln ein "Studio pliant" aus, das es dem/der JungmanagerIn erlaubt, beim Karrieresprung den privaten Arbeitsplatz ohne viel Federlesens zu zügeln.

Den selben Eindruck vermittelt Ingo Maurers Komposition Raum und Bett von 1984. Und wenn der IKEA-Katalog von 1991 Sitzmöbel anbietet, so wird auf dem Werbefoto durch die Staffage des Hintergrunds die Idee dargestellt, dass die Generation von heute vielleicht zwischendurch, vielleicht für länger auch nicht mehr benutzten Industrieraum zu bewohnen vermöge, wenn - ja wenn sie eben nur IKEA-Möbel kaufe. So erhält Bescheidenheit, verbunden mit einem gewissen Pfiff, eine ästhetische Dimension.

Abbildung 7

*Studio pliant, Möbelmesse 1991
in Köln*

Zusammenfassung

Es sind dies nur wenige Bemerkungen und Hinweise. Aber vielleicht vermögen
sie doch zu zeigen, wodurch und in welchem Masse unsere Wohnumgebung
geprägt ist. Es sind nicht so sehr unsere Phantasie und unsere gestalterische
Absicht, die unsere privateste Umgebung formen, sondern es sind unsere eigene
ökonomische Situation, unsere sozialen Bedürfnisse und alle von Handel und
Industrie formulierten verkaufsfördernden Tendenzen zur Heilung "unserer
Welt", die als Motoren dieser Entwicklung wirken.
Wie wir unsere "heile Welt" bauen, war das Thema - wieso wir unsere gebaute
Welt gerne als heil betrachten, obwohl wir nicht einmal wissen können, was das
möglicherweise bedeutet, steht auf einem andern Blatt. Es ist nicht einfach, sich
selber zwischen all diesen Tendenzen zu recht zu finden. Für andere ähnlich
schwierige Prozesse werden wir durch Schulung und entsprechende Bildungs-
ausweise befähigt - aber wie steht es mit dem Wohnen? Wo kann ich Wohnen
lernen? Wer lehrt mich Wohnen? Niemand!
Aber die Zeit, während der wir wohnen, wird immer länger - unser Wohnen
möglicherweise immer hilfloser: Wer bricht diesen Trend?

Bildnachweis

Abbildung 1: Wohnstube im Pfarrhaus von Vauffelin BE, um 1890, Foto Eidg.
Archiv für Denkmalpflege (EAD) Bern
Abbildung 2: Wohnzimmer mit "chauffage au radium" im Jahr 2000, Science-
Fiction-Zeichnung um 1925, Postkarte
Abbildung 3: Rotterdam, "Het Blaakse Bosch", um 1985 gebaut, Aufn.Verf.
Abbildung 4: Blick in die Abteilung "Bauernkultur" der Landesausstellung 1939
in Zürich, Ausstellungspublikation der Migros, 1939
Abbildung 5: Neueingerichtetes Schlafzimmer im Schloss Waldeck bei Solo-
thurn, Dia Schloss Waldeck
Abbildung 6: Schlafzimmer "Valence" aus dem Möbelkatalog Märki von 1991
Abbildung 7: Studio pliant, Möbelmesse 1991 in Köln, Ausstellungskatalog

Industriekultur kontra Ökologie?

Hans-Peter Bärtschi

1. Industrie kontra Ökologie, ein Urteil mit Tradition

Wir alle kennen jene Umweltverschmutzungs-Bilder, die die Industrie symbolisieren: Wälder von russenden Hochkaminen. - Inbegriff nicht allein der Luftverschmutzung, sondern auch einer krankmachenden Produktion: Charlie Chaplins "Modern Times".

Gerne bestätige und widerlege ich Ihnen dieses Vorurteil. Ich beginne mit einer Darstellung der Kraftpotenzierung und der entsprechenden Verschwendung, die die Industrialisierung in den letzten 200 Jahren ermöglichte.
- Bis zur industriellen Revolution beschränkte sich die Möglichkeit der mechanischen Krafterzeugung auf ein kleines Vielfaches der Kraft eines Pferdes: Ein schon ansehnlich grosses Wasserrad von dreieinhalb Metern Durchmesser und über einem Meter Breite erzeugt 3,5 PS mechanische Drehkraft.
- Ein Kleinkraftwerk des ausgehenden 19. Jahrhunderts konnte mit der Wasserkraft eines kleinen Flusses und einer hochentwickelten Francis-Turbine gut 100 PS entwickeln: die Kraft von 30 Wasserrädern der genannten Leistung.
- Das erste grosse stromerzeugende Laufkraftwerk der Schweiz, Laufenburg, hatte bereits die ungeheure Leistung von gegen 40'000 PS, was 400 Kleinkraftwerken der obigen Leistungsgrösse entspricht.
- Das Kernkraftwerk Leibstadt schliesslich entspricht mit seiner Nettoleistung von 942'000 Kilowatt genau der Anzahl von 365'116 Wasserrädern von 3,5PS oder 2,58 kW Leistung. Diese über 365'000 unterschlächtigen Wasserräder ergäben ohne Abstand hintereinander in den Rhein gestellt mehr als eine Strecke von Ilanz am Hinterrhein bis nach Rotterdam am Meer[1].

Die Industrialisierung hat uns nicht nur die Möglichkeit einer nicht mehr nachvollziehbaren kollektiven Kraftsteigerung gebracht, auch die individuelle Kraftpotenzierung ist gemessen an unserer eigenen Menschenkraft wahnsinnig: Ein Druck auf das Gaspedal und wir übersteigern unsere eigene Muskelkraft um mehr als das 500fache. Unser Alltag ist so mit Maschinen angefüllt, dass es schwer fällt, unseren Energiekonsum mit Muskelkräften zu vergleichen. Ein

---

[1] Berechnungen von H.P. Bärtschi für die Ausstellung "visiona - Industrie im Umbruch", Zürich Escher Wyss Areal, 1989

Mensch kann bei dauernder schwerer Arbeit ungefähr 1/7 der Kraft eines Pferdes erzeugen oder 100 Watt, die Kraft einer starken Glühbirne. Ein VW-Golf-Motor entspricht der Menschenkraft von 3 Galeeren, besetzt mit je 160 Ruderern. Um diese Relationen wieder zum Erlebnis zu machen, sollte man vielleicht künftig mit Fahrlehrlingen das draufgängerische Autoanschieben über eine Kreuzung üben und für fortgeschrittene AutofahrerInnen das sportliche Autostossen über einen Pass.

Der Mensch hat nicht nur die Krafterzeugung potenziert, er hat auch die Produktivität seiner Arbeitsmaschinerie ins fast Unendliche vergrössert. Nehmen wir ein Beispiel unseres täglichen Bedarfs an Textilien: Heute erzeugt eine Spinnereiarbeiterin pro Zeiteinheit so viel Garn einer durchschnittlichen Qualität

Arbeitsaufwand für 100 Meter Gewebe

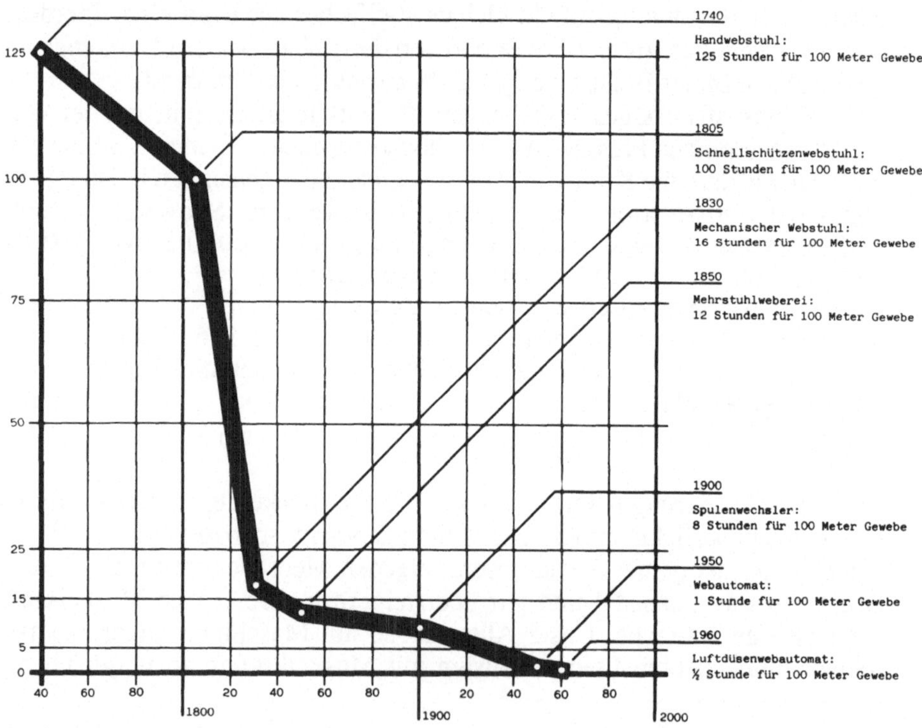

Abbildung 1
Der Arbeitsaufwand für 100 Meter Stoff ist von 125 Stunden auf 3 Minuten gesunken; anders gerechnet erzeugt ein Weberei-Arbeiter heute soviel Stoff wie vor 200 Jahren 2500 "Webstübler".

wie vor 200 Jahren 2500 Heimarbeiterinnen[2]. Eine ähnliche Entwicklung hat in der Weberei stattgefunden: Der Arbeitsaufwand für 100 Meter Stoff ist von 125 Stunden auf 3 Minuten gesunken[3]. Hinzu kommt nun die Ablösung der Maschinensteuerung von der Hand des Menschen durch Computer: Computer Aided Manufactory, Computer Integrated Manufactory, Computer Aided Design sind Stichwörter zu diesem Thema.

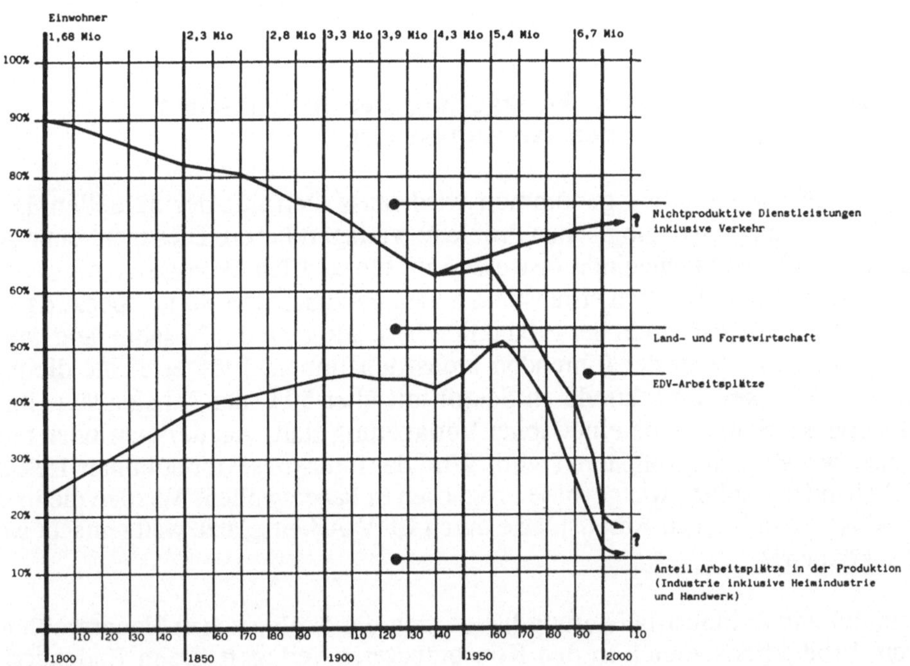

Abbildung 2
Deindustrialisierung: Verlagerung der Arbeitsplatz-Anteile 1800-2000,
Aufrechnung und Prognose für die Schweiz.

---

2 Bärtschi H.P.: Industrialisierung, Eisenbahnschlachten und Städtebau,
   Basel/Boston/Stuttgart 1983, S. 47f.
3 Krause H.W.: Textilmaschinenbau im Zeichen der Automation, in: NZZ 25. 9. 1979

Zusätzlich zur Produktivitätssteigerung erfolgt eine Verlagerung von produktiven Arbeitsplätzen ins Ausland. Allein 1970 - 1985 haben die 15 grössten Schweizer Konzerne im Ausland 125'000 Arbeitsplätze aufgebaut und in der Schweiz 13'000 Arbeitsplätze abgebaut[4]. Diese sogenannte Internationalisierung wird durch die EG noch beschleunigt. Der Werkplatz Schweiz ist also von vielen Seiten bedroht. Schliessen möchte ich diesen Einstieg zur Industrialisierung mit der Feststellung, dass Industriearbeit notwendige Arbeit bleibt, denn ohne Mühle gibt es kein Brot, ohne Spinnerei keine Kleider, ohne Betonfabrik keine Häuser.

2. Deindustrialisierung: Verlagerung der ökologischen Hauptprobleme in den Konsumbereich

Zu wenig zur Kenntnis genommen wird, dass sich mit der aktuellen Deindustrialisierung die ökologischen Probleme verlagert haben. Dies nicht ohne Absicht, das eigene mangelnde Bewusst-Sein hinsichtlich ökologischer Probleme zu entschuldigen. Die Industrie ist ein zunehmend besserer Sündenbock, da immer weniger Menschen in der Produktion beschäftigt sind. 150 Jahre lang wuchs die Schweiz zu einer der führenden Industrienationen, 1966 erreichte die produktive Tätigkeit im sekundären Sektor mit über 50% der Arbeitsplätze ihren Höhepunkt. Seither fand eine rapide Verlagerung statt, von der man noch nicht weiss, wie sie sich stabilisieren wird: Wird der Industriesektor auf unter 15% der Arbeitsplätze sinken, wie gewisse Prognosen es haben wollen? Werden die in der Produktion verlorenen Arbeitsplätze durch EDV-Arbeitsplätze wettgemacht werden können?[5]

Parallel zur Deindustrialisierung haben sich die ökologischen Hauptprobleme vom Produktionsbereich in den Konsumbereich verlagert. Beim Endenergieverbrauch ist die Industrie von der ersten an die vierte Stelle gerückt - nach dem Verkehr, den Haushaltungen und dem Dienstleistungs- und Gewerbesektor[6]. Dementsprechend sind vor allen anderen Faktoren hauptsächlich der individuelle motorisierte Verkehr und die individuelle Haushaltung die bedeutendsten Umweltverschmutzer in den verschiedensten Bereichen geworden: Nicht mehr die kollektive, anonyme Industrie, sondern jedes Individuum trüge mit seinem Verhalten die Hauptverantwortung. So ist heute der Ausstoss von Stickoxiden und

---

4   Strahm R. / Nationales Forschungsprogramm Schweiz: Wirtschaftsbuch Schweiz, Zürich
    1987
5   Tabelle H.P. Bärtschi nach wirtschaftshistorischen Studien von J.F. Bergier, H. J.
    Siegenthaler und Prognosen F. Kneschaurek, D. Bell.
6   Statistisches Jahrbuch der Schweiz 1992 Tabelle G8.5

Kohlenwasserstoffen aus Automotoren 10mal grösser als 1950[7]. Dass der Bleiausstoss der Autos dank des behördlich vorgeschriebenen bleifreien Benzins verringert werden konnte, ist ein Trostpflaster[8]. Weitgehend unberücksichtigt bleiben bis anhin die Kohlendioxyd-Emissionen, die wiederum vor allem durch den individuellen Autoverkehr und durch den individuellen Mehrbedarf an geheizten Räumen steigen[9].

Als weiteres Beispiel für die Verlagerung der Umweltproblematik von der Produktion in die Konsumation könnte die steigende Kehrichtmenge pro EinwohnerIn erwähnt werden[10]. Natürlich immer mit einer Rückkoppelung zur Industrie, die für die KonsumentInnen die Bequemlichkeit produziert, beim Shopping ebensoviel Verpackung wie kurzlebige Gebrauchsgüter kaufen zu können.

Anteile der VerbraucherInnengruppen 1990

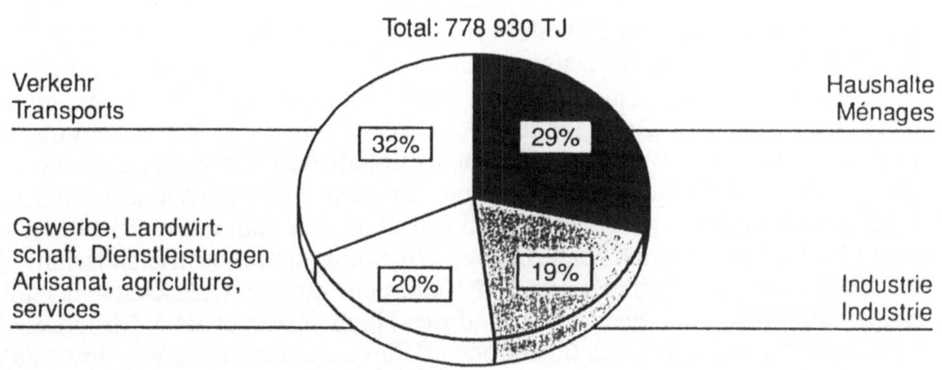

Abbildung 3
Parallel zur Deindustrialisierung haben sich die ökologischen Hauptprobleme vom Produktionsbereich in den Konsumbereich verlagert.

---

7   Eidgenössisches Departement des Innern: Information Waldsterben und Luftverschmutzung, Bern, Dezember 1984

8   Luftschadstoffe in der Schweiz, NZZ 5. 6. 1987

9   Bundesamt für Umwelt, Wald und Landschaft, Tabelle G2.6 in: Statistisches Jahrbuch der Schweiz 1992

10   Statistisches Jahrbuch der Schweiz 1992, Tabelle G2.8

3. Industriebrachen

Ist mit der Deindustrialisierung eine Umwandlung von der Produktionsgesellschaft in eine Freizeitgesellschaft im Gange oder eher eine Umverteilung in Richtung Schmarotzertum und Überarbeitung der einen und neue Armut der anderen Bevölkerungsteile? Auf jeden Fall werden nicht nur Arbeitskräfte "freigesetzt", wie das so schön heisst, also wegrationalisiert und entlassen, auch ganze Industriegebiete verlieren ihre Funktion.

Die aktuellen Ruinenfelder nicht mehr genutzter Industrie- und Verkehrsanlagen sind grösser als alle kunsthistorisch anerkannten Ruinenstätten der Antike.

Was geschieht im Zeichen des schlechten Ökologie-Gewissens mit solchen Brachen? An drei Beispielen zeige ich kurz auf, wie ökologische Argumente gegen industrielles Erbe eingesetzt werden:

- Das Fallbeispiel "Fische gegen den Strom" wurde im Kanton Zürich mit grossem Gewinn für die Bauwirtschaft realisiert: für die eingangs erwähnten Mühlenräder und Kleinkraftwerke erbaute man im Kanton Zürich vor allem im 19. Jahrhundert Kanäle und Weiher. Insgesamt bestanden im Kanton 836 Wasserrechte für die Energieerzeugung. Seit dem Zweiten Weltkrieg und bis vor kurzem gehörte es zur Umweltpolitik des Kantons, so viele Wasserrechte wie möglich zu löschen. Das gibt den EigentümerInnen die Erleichterung, ihr unrentables Kleinkraftwerk nicht mehr teuer unterhalten zu müssen, aber auch die gesetzliche Verpflichtung, den Zustand vor dem Bau der Wasserkraftanlage wieder herzustellen. Die FischerInnen erhoffen sich dadurch mehr Fische im alten Flussbett, die NaturschützerInnen mehr Natur- statt Industrielandschaft. An der Glatt waren es FischerInnen und Behörden, die die Kleinkraftwerk-Stilllegungen zugunsten der Fischenzen und des Hochwasserschutzes förderten. 12 Turbinenanlagen mit jährlich 6 Millionen Kilowattstunden Leistung, ihre Kanäle und teilweise ihre Weiher wurden zugebaggert, die Glatt aus dem Dorfkern von Höri hinaus aufs Land verlegt, und an einer Stelle schuf man sogar eine "glaziale Landschaft". Diese muss aufwendig gepflegt werden, damit sie entgegen aller Atmosphärenerwärmung glazial erscheint. Kostenpunkt dieser Deindustrialisierung und Renaturierung: 41 Millionen Franken.

- Ebenfalls als "Wiedergutmachungen" sind die "Renaturierungen" der Kraftwerklandschaften von Ruppoldingen und Rheinfelden gedacht. Diese Kraftwerke werden durch leistungsfähigere Neubauten an neuen Standorten ersetzt: die alten monumentalen Turbinenhallen, die alten Stauwehre und die Kanäle sollen zugunsten von "wilden Stromlandschaften" und Fischtreppen eliminiert werden[11]. Dies in einer Zeit, in der noch die letzten Restwassermengen für neue Kraftwerkbauten in unversehrten Naturlandschaften genutzt werden sollen.

Die drei genannten Fälle könnten durch beliebige Beispiele ergänzt werden. Sie dokumentieren ein *zwiespältiges Kulturverständnis* und sind Ausdruck einer weit verbreiteten *Industriefeindlichkeit:* Ökologie wird unnötigerweise einer gewachsenen Baukultur entgegengestellt, indem man diese mit neuen Belastungen für die Umwelt zum Verschwinden bringt.

4. Das industrielle Erbe kann als Kulturgut ökologische Lernprozesse bewirken

Fabriken, Maschinen und Kraftanlagen sind Anschauungsmaterial für die eingangs erwähnten Produktivitätssteigerungen und gesellschaftlichen Veränderungen. Gerade Kleinkraftwerke werden mit ihren Kanälen und Weihern als Teil von erholsamen Industrielandschaften wieder entdeckt. Parallel dazu arbeiten die Geschichtswissenschaften die industrielle Vergangenheit der Schweiz auf: Schweizerinnen und Schweizer beginnen ihr Land als das zu verstehen, was es lange Zeit hauptsächlich war: eine bedeutende Industrienation. Ich glaube, dass diese Kombination zukunftsträchtig ist und ein Beitrag zu einem ökologischen Verständnis sein kann. Nicht zufällig ist das Projekt "Industrielehrpfad Zürcher Oberland" als Beitrag für "700 Jahre Eidgenossenschaft - Zürich morgen" im Rahmen der Wettbewerbsbeiträge ausgezeichnet worden. Das Projekt dient der Erhaltung des Zusammenhangs der 30 Kilometer langen Industrielandschaft zwischen dem Greifensee und dem Tösstal. Tafeln vor industriegeschichtlichen Objekten vermitteln unter anderem die genannte Kraftpotenzierung vom Wasserrad zum Kernkraftwerk[12]. Vielleicht regen Erkenntnisse solcher Zusammenhänge zu etwas mehr Bescheidenheit an?

Ein weiterer ökologischer Aspekt bei der Erhaltung wertvoller Altbauten besteht in der Vermeidung von
- Abbruchenergie,
- Energie- und Materialverbrauch für Neubauten inklusive "neuer Natur" und für die Bauschuttentsorgung.

---

[11] Aare Tessin AG für Elektrizität, Jahreskalender 1992; Schweizer Ingenieur und Architekt, 8. 2. 1990
[12] H.P. Bärtschi: Der Industrielehrpfad Zürcher Oberland, Wetzikon 1991

Abbildung 4
Baulich umgesetzte Industriefeindlichkeit: Projekt für den Abbruch eines Industriedenkmals (des historisch ersten grossen Rheinkraftwerks bei Rheinfelden) und die Renaturierung.

Ein grosser Teil unseres Abfalls ist Bauschutt. Mit 400 Kilogramm pro Kopf und Jahr in der Schweiz sind die Bauschuttabfälle in der Schweiz gleich hoch wie die Siedlungsabfälle. Dank den neu geltenden Vorschriften für die Bauschuttentsorgung müssen die dadurch entstehenden Probleme über die entsprechenden Kosten ernster genommen werden. Noch immer kaum in Rechnung gestellt wird hingegen die sogenannte "graue Energie" für die Erzeugung neuer Baumaterialien.

150 Jahre Industrialisierung haben die "Alles-neu-ist-besser-Ideologie" so tief verwurzelt, dass oft auch falsche Berechnungen in Auftrag gegeben werden, um damit den Nachweis zu erbringen, dass Neubauen billiger sei. Gegenbeweise sind - da oft verhindert - noch selten. Einer ist die Umnutzung der ehemaligen Kesselschmiede der Firma Sulzer in Winterthur zur Architekturschule des Technikums. Mit einem Kostenaufwand, der weit unter den Abbruch- und Neubaukosten für ein derartiges Volumen stand, konnte dieses Jahr die neue Schule in der grossen Fabrikhalle eingeweiht werden. Kompromisse - auch scheinbar ökologische bezüglich des Energieverbrauchs - waren für diese Projektrealisierung notwendig. Denn die alte Gebäudehülle wurde nicht nachisoliert. Der Schuleinbau ist denn auch nur provisorisch für 5 Jahre gedacht. Aber oft werden Provisorien zu Providurien, was in diesem Falle zu wünschen wäre[13].

5. Diskussionsanregung: "Cultiver son Jardin" als Antwort auf die Ohnmacht vor den globalen Ökologieproblemen?

Man kann häufig feststellen, dass Menschen - auch Beamte und PolitikerInnen - sich vehement in Randbereichen engagieren, wenn sie der allgemeinen Situation gegenüber ohnmächtig sind. Dieser allgemeinen, weltweiten Situation gegenüber kann man meiner Meinung nach nicht anders als ohnmächtig gegenüber stehen. Die alarmierende Situation könnte allen Menschen bekannt sein: Die Weltbevölkerung hat sich in den letzten 40 Jahren verdoppelt, sie wird in den nächsten 28 Jahren nochmals um die Hälfte ansteigen. Sogar die SchweizerInnen sterben nicht aus! Was bisher nach der nationalen Schreckensbotschaft von 1980 kaum zur Kenntnis genommen wurde (damals hatten die Wohnbevölkerung und der Geburtenüberschuss in der Schweiz abgenommen): In den 1980er Jahren haben "wir" dank Wirtschaftsförderung, Kinderzulagen und Einbürgerungen wieder um 411'100 EinwohnerInnen zugenommen, wovon 205'100 echte SchweizerInnen sind, wenn man die 138'300 Eingebürgerten dazuzählt. Die restlichen knapp

---

13 Gesellschaft für Industriekultur: Die Architekturschule in der Kesselschmiede, in: Bulletin Nr. 3, Februar 1992, Winterthur (Postfach 952)

70'000 sind immerhin durch einen noch reiner schweizerischen Geburtenüberschuss zustande gekommen[14].

Abgesehen davon, dass alle EinwohnerInnen bei uns bis zu zwanzigmal soviel Energie brauchen wie die BewohnerInnen eines Entwicklungslandes, haben wir dank intensiver Umweltdiskussion und Katalysator noch folgendes für die Umwelt getan:
- Wir sind in den letzten 5 Jahren durchschnittlich einen Viertel mehr Auto gefahren;
- Unser Wohnraumbedarf pro Kopf ist auf gut 45m^2 gestiegen. Es sage niemand, das sei nur wegen der ZweitwohnungsbesitzerInnen. Neben den steigenden Ansprüchen der älteren BewohnerInnen sind es die Jungen, die früher von zu Hause ausziehen; hinzu kommen die Vereinzelung und Vereinsamung, die diesen Raumverschleiss fördern.

Das wäre echtes Umwelt-Bewusst-Sein: Weniger Menschen, die weniger haben wollten. Unsere Ohnmacht rührt aber gerade daher, dass bei uns Mangel an Mangel masslos macht und dass die zusätzlich weltweite Bevölkerungsexplosion die Weltökologie aus den Angeln hebt.

Aber OptimistIn zu sein war schon in jeder Zeit einer andauernden Apokalypse ein Gebot des Überlebens. Oder braucht es dafür einfach mehr Bescheidenheit und Mass? Was hat Voltaire am Ende seiner Aufklärungsbemühungen als Losung - bei der Rückkehr Zadics von seiner Weltreise - empfohlen? "Cultiver son Jardin"! Aber heutzutage bitte mit Ökokompost! Gar keine so schlechte Losung im Zeitalter des Mobilitätswahns, in dem das Individuum in den postindustriellen Ländern weit mehr als zu Voltaires Zeiten seiner Verantwortung nachkommen könnte, die Umwelt zu schonen.

Bildnachweis

Abbildung 1 und 2: H.P. Bärtschi, Visiona
Abbildung 3: Bundesamt für Energiewirtschaft 1990
Abbildung 4: H.P. Bärtschi, UVP/SIA

---

[14] Statistisches Jahrbuch der Schweiz 1991 S.13ff.

Stadtentwicklung, Ökologie und Realpolitik*

Ursula Koch

Stadtentwicklung

Wenn man neue Zielsetzungen für die Stadtentwicklung formuliert, sollte man sich darüber Rechenschaft ablegen, was sich eigentlich unter der alten Bau- und Zonenordnung seit 1963, also in den letzten 25 bis 30 Jahren in unserer Stadt verändert hat.

Die wichtigsten Veränderungen der Stadt Zürich in den letzten 25 Jahren

Die wichtigsten Veränderungen in der Stadt Zürich können folgendermassen zusammengefasst werden:

- ein markanter Rückgang der Bevölkerung
- eine starke Veränderung der Bevölkerungsstruktur
- eine starke Zunahme der Zahl der Arbeitsplätze
- eine markante Veränderung der Arbeitsplatzstruktur
- die starke Abnahme der Grün- und Erholungsflächen
- die starke Abnahme der Wohnqualität

Im selben Zeitraum haben grossstädtische Probleme zugenommen, wie z.B. die Entmischung der einstmals vielfältigen Nutzung, besonders in der City und den citynahen Gebieten, und die soziale Destabilisierung in einzelnen Stadtquartieren. Dies alles hat mit Stadtentwicklung zu tun. Zu den einzelnen Punkten:

---

* Beim Text von Ursula Koch handelt es sich um die überarbeitete Abschrift einer Tonbandaufzeichnung ihres Referates, das sie vor der Abstimmung über die neue Bau- und Zonenordnung an der Tagung "Baukultur, Wohnkultur und Ökologie" hielt. Am 17. Mai 1992 nahmen die Stadtzürcher Stimmberechtigten diese Vorlage an. Aktuelle lokalpolitische Bezüge wurden im Text belassen.

1. Abnahme der Bevölkerung

Seit 1962 hat die Zahl der Bewohnerinnen und Bewohner unserer Stadt von rund
445'000 auf heute rund 368'000 abgenommen; das ist ein Rückgang von rund
80'000 Personen. (Abb. 1)

Stadt Zürich: Entwicklung der Wohnbevölkerung 1960 - 1990

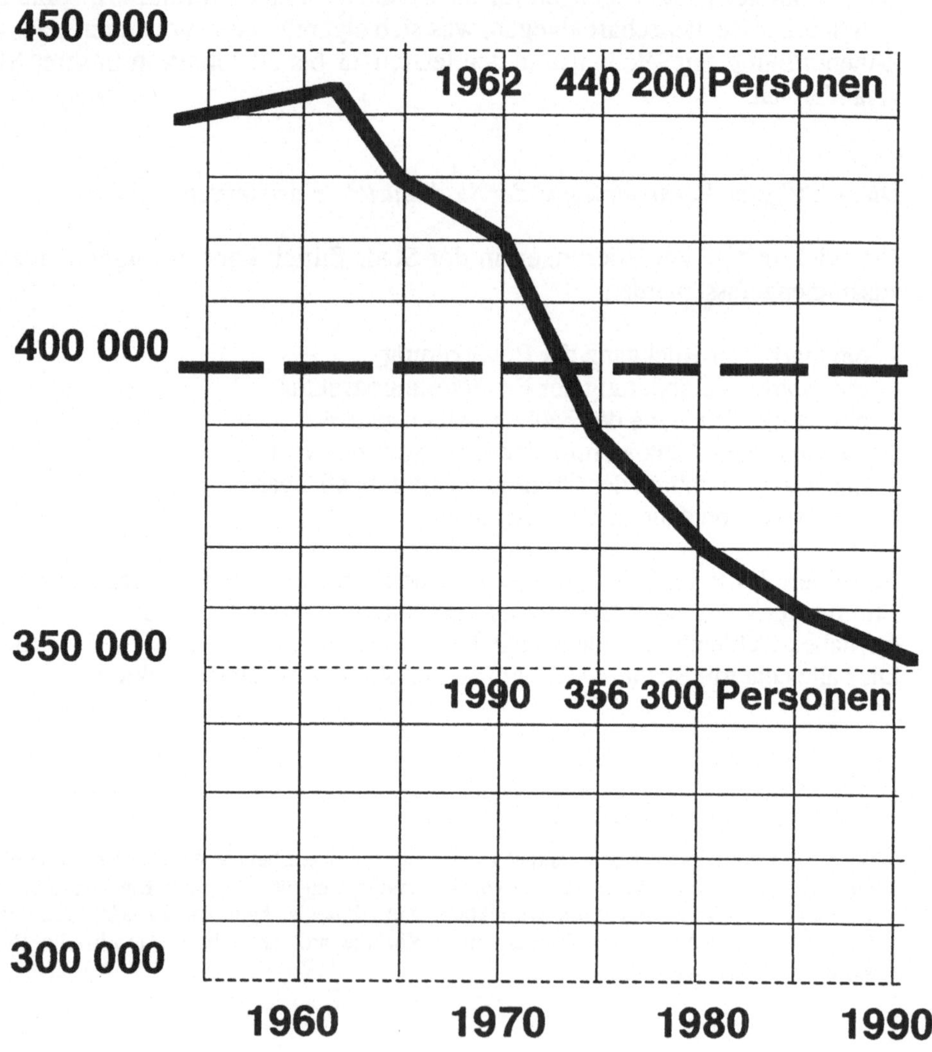

Abbildung 1

2. Veränderung der Alterszusammensetzung der Stadtbevölkerung

Im selben Zeitraum stellen wir eine starke Zunahme der älteren Menschen über 65 Jahren und eine starke Abnahme der Jugendlichen unter 20 Jahren fest. Die Altersstruktur der Bevölkerung hat sich also in den letzten 20 bis 30 Jahren stark verändert. (Abb. 2)

Stadt Zürich: Veränderung der Bevölkerungsstrukturen nach Alter 1960 - 1990

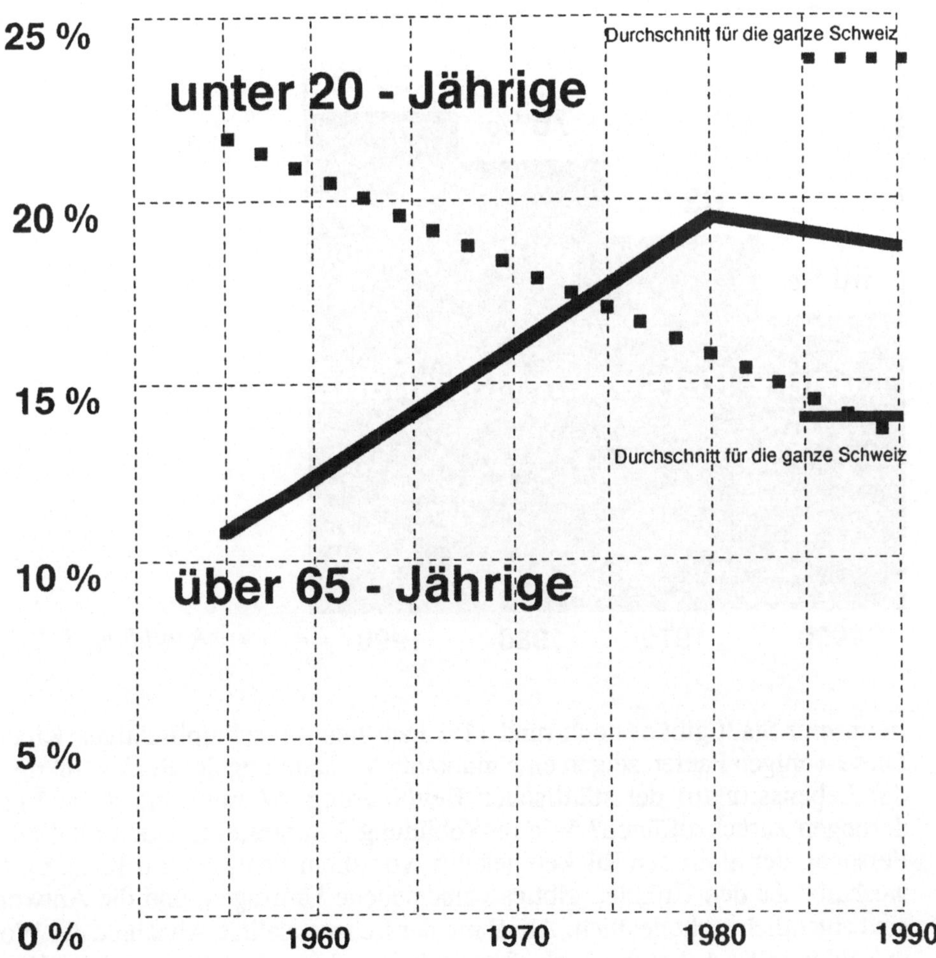

Abbildung 2

3. Veränderung der Zusammensetzung der Haushalte

1960 waren rund 50% der Haushalte Ein- und Zweipersonenhaushaltungen und 50% waren Mehrpersonenhaushaltungen. 1990 ist die Zahl der Ein- und Zweipersonenhaushaltungen auf etwa 80% gestiegen. Noch rund 20% der Haushaltungen sind Mehrpersonenhaushaltungen. Rund 50% aller Haushaltungen sind Einpersonenhaushalte. Die Hälfte aller Wohnungen ist also nur von einer Person bewohnt.

Stadt Zürich: Haushaltsgrössen 1960 - 1990

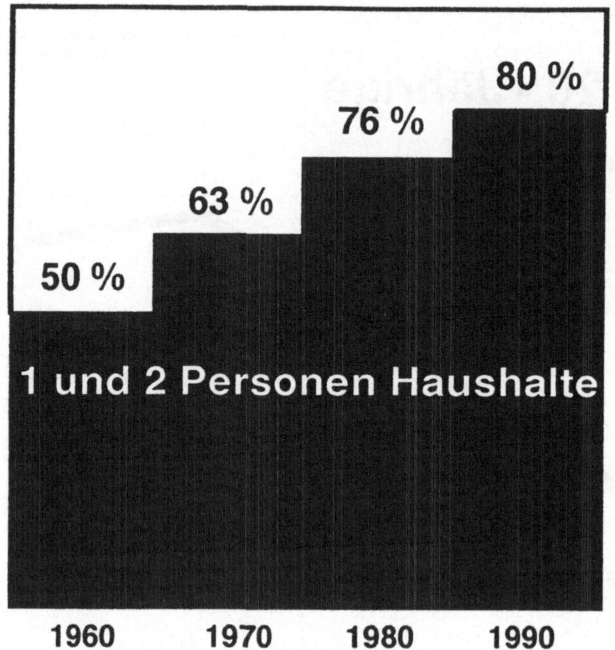

Abbildung 3

In unserer Stadt gibt es noch rund 11% Familien mit schulpflichtigen Kindern. Diese wenigen Fakten zeigen eine markante Veränderung der Sozialstruktur und der Lebensstruktur der städtischen Bevölkerung. Worauf sind diese Veränderungen zurückzuführen? Wie in Abbildung 2 dargestellt, haben rund 80'000 Personen der Stadt den Rücken gekehrt, vor allem Familien mit Kindern. Und weshalb? Zu den Gründen gibt es verschiedene Umfragen, und die Antworten sind eigentlich recht deutlich: Abnahme der Lebensqualität, Abnahme der Wohnumfeldqualität, Abnahme der Luftqualität, Zunahme des Lärms und der Hektik. Vor allem wird beklagt, dass die Lebensumgebung für Kinder schlechter geworden sei.

In Esslingen z.B. kostete eine 4-Zimmerwohnung lange Zeit nur gut halb so viel wie eine entsprechende Wohnung mitten in der Stadt und hat dank angenehmerer, d.h. "grünerer" Umgebung erst noch mehr Lebensqualität. Es ist deshalb verständlich, dass viele Familien ausgezogen sind. Lebten die jungen Leute noch allein, war es für sie noch recht gut in der Stadt. Man hatte alles, was man suchte, Kultur, Unterhaltung, Einkauf, urbane Ambiance usw. Sobald die Familie aber wuchs und die Wohnung etwas grösser sein musste, wurde es schon komplizierter und beim zweiten Kind wurde für viele klar, dass man mit der Familie nicht mehr in der Stadt leben möchte. Man suchte sich eine Wohnung auf dem Lande, den Arbeitsplatz behielt man aber in der Stadt. Die Familien zogen aufs Land, der Familienvorstand arbeitete weiter in der Stadt, was zu einem immer höheren Verkehrsaufkommen führte.

4. Zunahme der Zahl der Arbeitsplätze

Im selben Zeitraum stellen wir eine sehr starke Zunahme der Zahl der Arbeitsplätze in unserer Stadt von 295'000 auf über 360'000 fest. Insbesondere in den letzten 5 bis 6 Jahren hat, auch wenn in den Zeitungen immer wieder das Gegenteil zu lesen ist, die Zahl der Arbeitsplätze zugenommen, und zwar um über 20'000. (Abb. 4)

5. Verkehrsaufkommen in der Stadt Zürich

Die Zunahme der Arbeitsplätze und die Abnahme der Bevölkerung hat Folgen, die alle, die noch in der Stadt wohnen, sehr wohl zu spüren bekommen: das hohe Verkehrsaufkommen. Rund 180'000 Menschen arbeiten in der Stadt, die auch hier wohnen, und rund 180'000 Menschen fahren jeden Tag in die Stadt hinein, um hier zu arbeiten. Das heisst, es gibt rund 180'000 Berufspendlerinnen und Berufspendler, die vom Limmattal, vom Knonaueramt, vom Zürichberg, vom Pfannenstiel, vom Oberland, von Winterthur, vom Glattal und vom Unterland in die Stadt fahren. Und es ist vorauszusehen und es wurde auch vorausgesagt, dass sich insbesondere die Zahl der ZupendlerInnen aus dem Knonaueramt noch markant vergrössern wird, wenn die Autobahn einmal auch dieses Gebiet erschlossen hat. Die Hälfte der Berufspendlerinnen und Berufspendler fahren mit dem Privatauto in die Stadt. (Abb. 5 und 6)

Arbeitsplatzentwicklung 1965 - 1990

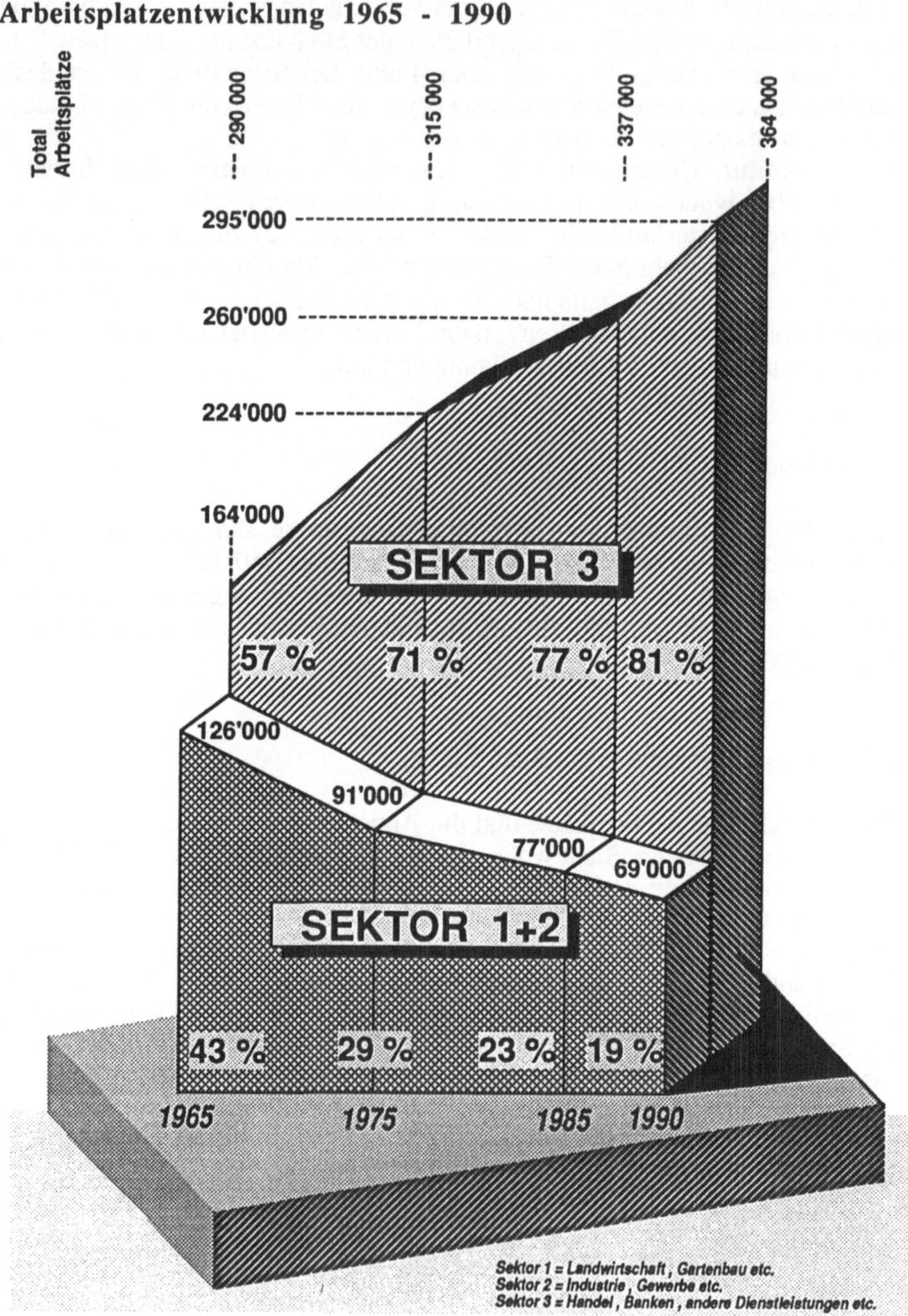

Abbildung 4

Stadt Zürich: Entwicklung der Wohnbevölkerung und der Arbeitsplätze

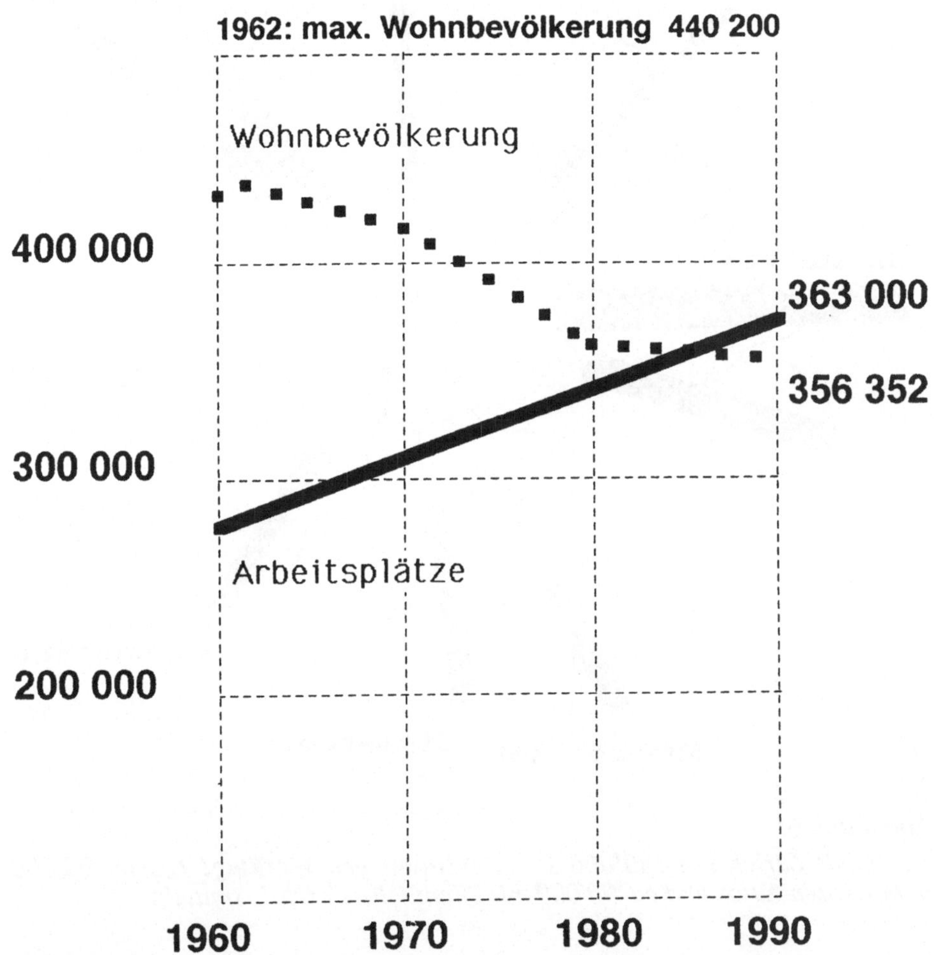

Abbildung 5

Die Folgen dieser Entwicklung für diejenigen Menschen, die in der Stadt zurückbleiben, sind eindeutig. Noch schlechtere Luft, noch mehr Hektik, noch mehr Parkplätze, noch mehr Lärm, noch weniger Wohnqualität. Die Stadt gerät in einen negativen Teufelskreis: Wer in der Stadt wohnhaft ist, überlegt sich ebenfalls, ob er/sie nicht auch ausziehen soll, womit dann das Verkehrsaufkommen in der Stadt nochmals vergrössert wird.

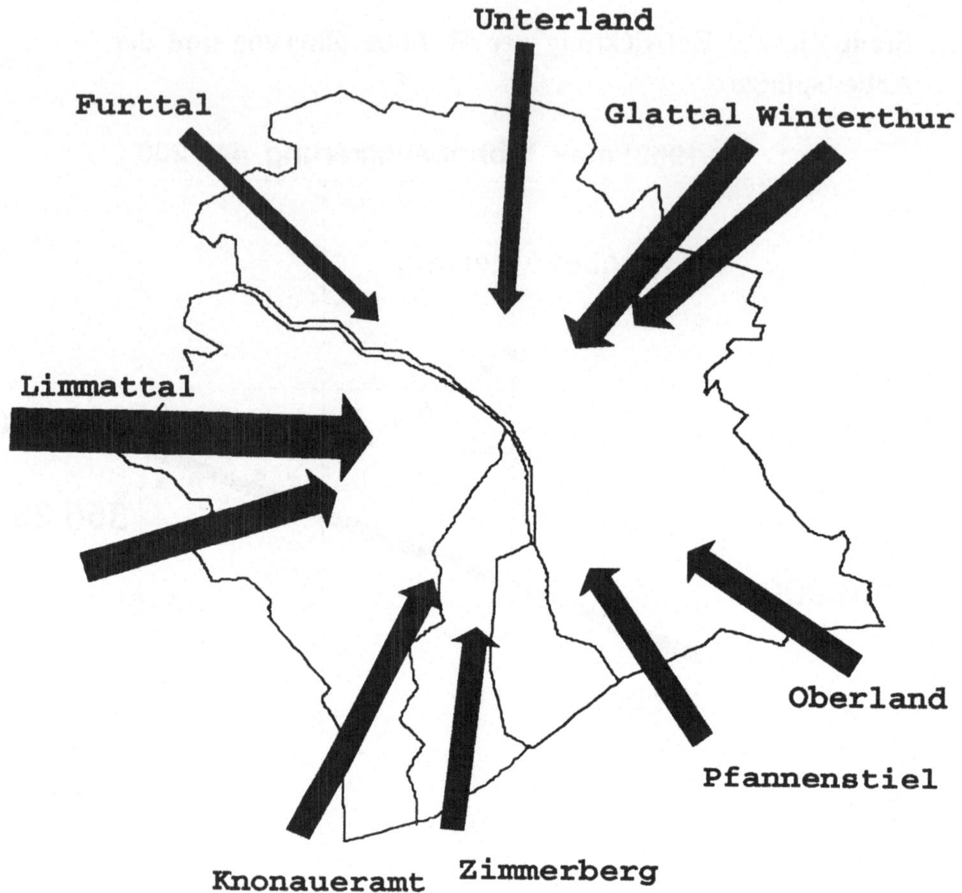

Abbildung 6
*Die Stadt Zürich hat **180'000 PendlerInnen pro Werktag!** Davon 90'000*
mit privaten Autos und ca. 90'000 mit öffentlichen Verkehrsmitteln

Ziele der Stadtentwicklung

Wenn man Stadtentwicklungsziele neu formuliert, muss man sich überlegen, ob
die dargelegten Trends und Tendenzen gut und deshalb zu fördern oder ob sie
schlecht und deshalb umzukehren sind. Die Antwort ist eigentlich sehr deutlich.
Wir wissen sehr genau, dass die Entwicklung der vergangenen 30 Jahre nicht
zugunsten unserer Wohnbevölkerung verlief und dass wir dieser negativen
Entwicklung etwas entgegensetzen wollen. Die Ziele für die Stadtentwicklung
ergeben sich deshalb fast zwangsläufig:

Stadtentwicklungsziele:

- Stabilisierung der Zahl der Bevölkerung
- Verbesserung der Altersstruktur
- Zuzug von Familien in die Stadt
- Stabilisierung der Zahl der Arbeitsplätze
- Gute Durchmischung der Arbeitsplätze
- Schutz der ertragsschwächeren Branchen
- Reduktion der PendlerInnenzahl
- Verbesserung der Wohnqualität
- Erhaltung der Freiräume und Erholungsflächen in der Stadt Zürich.

Um diese Ziele in einzelne Planungsschritte umzusetzen, haben wir ein Zielsystem erarbeitet, wie es die Tabellen 1 - 3 für die Bereiche Arbeitsplatzpolitik, Wohnen sowie Stadtgestaltung und Image illustrieren. Zielniveau 1 beschreibt jeweils die politischen Ziele, Zielniveau 2 die Umsetzung in die Stadtplanung, Zielniveau 3 die nötigen rechtlichen Mittel und Massnahmen

Ziele der BZO 1985: Arbeitsplatzpolitik

Zielniveau 1	Zielniveau 2	Zielniveau 3
Stabilisierung der Zahl der Arbeitsplätze	Arbeitsplatzsteuerung im Sinne einer Stabilisierung	Bauordnung (BO): Verhindern von Betriebsansiedlungen in ungeeigneten Lagen durch Festsetzen eines Wohnanteils
Umstrukturierung der Wirtschaft ermöglichen, ohne die für die Versorgung der Stadt und für die Arbeitsplatzsicherung wichtigen, ertragsschwächeren Betriebe zu benachteiligen	Schaffen eines vernünftigen Verhältnisses von Arbeitsplätzen in den verschiedenen Wirtschaftssektoren	BO: Industriezonenvorschriften den neuen Bedürfnissen anpassen
	Jene Wirtschaftsmassnahmen fördern, die keine negativen Auswirkungen auf Siedlungsentwicklung und Umwelt bewirken	Zonenplan (ZP): Geeignete Gebiete als Schwerpunkte von Handels- und Dienstleistungsbetrieben ausweisen

Ziele der BZO 1985: Wohnen

Zielniveau 1	Zielniveau 2	Zielniveau 3
Möglichst viele Einwohner und Einwohnerinnen bei möglichst hoher Wohnqualität Verbesserung der Bevölkerungsstruktur (Zuzug junger Familien) Reduktion der PendlerInnenzahl	Bestehenden Wohnraum und Wohngebiete erhalten und besser nutzen Umwandlung von Wohnungen in Büros verhindern Umwandlung von geeigneten Arbeitsflächen in Wohnungen (Hochschulquartier, Industriezonen) Bessere Ausnützung sanierungsfähiger Wohngebiete Qualitativ hochwertigen neuen Wohnraum schaffen (dichte Überbauungen mit Einfamilienhausqualitäten) Qualität der Wohngebiete sicherstellen Quartiertypische Werte der Bausubstanz erhalten	Bauordnung (BO): Dachgeschossnutzung zulassen Zonenplan (ZP): Wohnanteil festsetzen ZP: Umzonung in Wohnzone Sonderbauvorschriften, Gestaltungspläne, Gebietssanierung für gebietsspezifische Probleme BO: Bestimmungen für Wohnzonen und Kernzonen schaffen, die wünschbare Bebauungsdichte und -art fördern BO: Bestimmungen auf erhaltenswerte, typische Stadtstruktur abstimmen (z.B. Blockrandbebauung) BO: Kernzonen festsetzen (§ 50 PBG)

Ziele der BZO 1985: Stadtgestalt und Image

Zielniveau 1	Zielniveau 2	Zielniveau 3
Erhalten der Stadtgestaltqualität (architektonischer, historischer bzw. gesellschaftlicher Wert)	Umfassende Erhaltung der nicht reproduzierbaren Bausubstanz Gebiete mit typischer Stadtstruktur und eigenem architektonischem Wert erhalten Stadtteile mit spezifischer Nutzungs- oder Sozialstruktur schützen (Milieuschutz)	Inventar der Schutzobjekte gemäss § 209 PBG erstellen allfällige Unterschutzstellungen BO: Kernzonen (§ 50 PBG) festsetzen BO: Bestimmungen auf erhaltenswerte, typische Stadtstruktur abstimmen Wohnanteil festlegen
Erhöhung der städtischen Attraktivität (Wohnqualität)	Umgebung der Wohnquartiere (Wald, Frei- und Grünflächen, Ufer) sichern Wohnumfeld verbessern (Höfe aktivieren, Vorgärten sichern)	Freiflächenkonzept umsetzen ZP: An geeigneten Orten Freihaltezonen erweitern BO: Spiel- und Ruheflächen verlangen
Begegnung unter der Bevölkerung fördern	Lärmgeschützte Ruhezonen für bessere Erholung schaffen Freizeit- und Erholungsmöglichkeiten erhöhen	BO: Gebäudetiefe bei Blockrandbebauungen begrenzen BO: Baumschutzbestimmungen (§ 76 PBG) Konzept öffentlicher Bauten und Anlagen erstellen

Die wichtigsten Anforderungen der Stadtbevölkerung an ihre Umwelt

Aus Umfragen wissen wir, wie wichtig den Bewohnerinnen und Bewohnern der
Stadt Lebensqualität ist. Abbildung 7 zeigt den jeweiligen prozentualen Anteil der
räumlich relevanten Werte, mit denen die Befragten Lebensqualität definieren.

**Prozentuale Anteile von räumlich relevanten Werten, die mit
Lebensqualität in Beziehung gebracht werden**

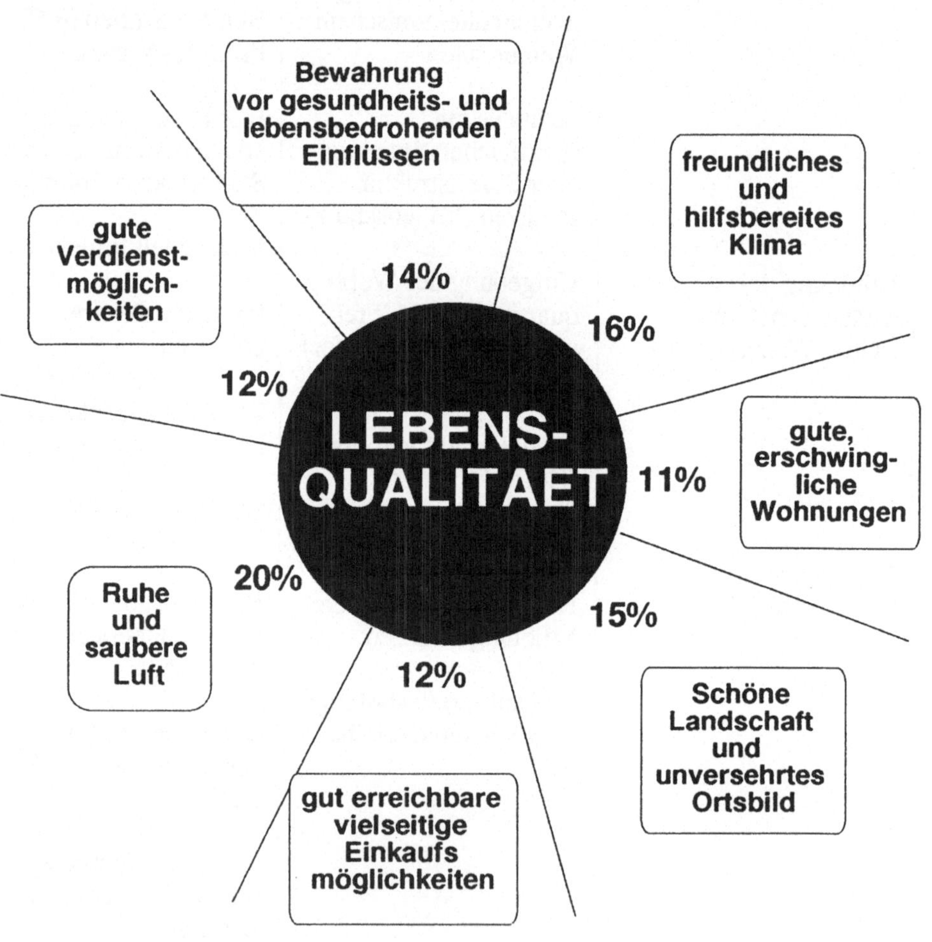

Abbildung 7

Häufig realisieren die Menschen allerdings nicht, dass ihre Wünsche zum Teil im Gegensatz zueinander stehen, ja sich sogar ausschliessen - besonders dann, wenn sie auf knappem Raum gleichzeitig zu erfüllen sind.

Die übergeordnete Gesetzgebung zur Raumplanung

Wenn man nun eine neue Bau- und Zonenordnung erarbeitet, eine neue Stadtplanung realisieren will, kann man nicht einfach tun und lassen, was man gerne möchte und was man eigentlich auch als richtig erkennt. Es gibt viele übergeordnete Gesetze, die für die Behörden verbindlich sind und die diese einzuhalten haben. Wir wollen untersuchen, welches die übergeordnete Gesetzgebung im Bereich Raumplanung und Ökologie ist.

1. Die eidgenössische Gesetzgebung

Die 1989 festgelegte Eidgenössische Raumplanungsverordnung verlangt von den Behörden, die die Nutzungspläne, also die Bau- und Zonenordnung erlassen, einen Bericht über die Umwelt- und Raumverträglichkeit. Wir müssen der Genehmigungsbehörde, in unserem Falle dem Kanton, einen Bericht abliefern über die Raumverträglichkeit unserer Planung. Unter Art. 26 enthält die Verordnung folgende Bestimmungen (Hervorhebungen U.K.):

1. Die Behörde, die die Nutzungspläne erlässt, erstattet der kantonalen Genehmigungsbehörde Bericht darüber, wie der Nutzungsplan die Ziele und *Grundsätze der Raumplanung*, die Anregungen aus der Bevölkerung, die Sachpläne und Konzepte des Bundes und den Richtplan berücksichtigt sowie den Anforderungen des übrigen Bundesrechts, *insbesondere der Umweltschutzgesetzgebung*, Rechnung trägt.
2. Insbesondere legt sie dar, welche Nutzungsreserven im weitgehend überbauten Gebiet bestehen und wie diese Reserven haushälterisch genutzt werden sollen.

Wie sehen nun diese gesetzlichen Bestimmungen des Bundes in beiden Bereichen Raumplanung und Umweltschutz aus, und welche Auswirkungen haben sie auf die Stadt Zürich?

Grundsätze der Raumplanung
Bundesgesetz über die Raumplanung (RPG) vom 22.6.1979 Art. 1 Ziele:

1. Bund und Kantone sorgen dafür, dass der Boden haushälterisch genutzt wird. Sie stimmen ihre raumwirksamen Tätigkeiten aufeinander ab und verwirklichen eine auf die gewünschte Entwicklung des Landes ausgerichtete Ordnung der Besiedlung. Sie achten dabei auf die natürlichen Gegebenheiten sowie auf die Bedürfnisse von Bevölkerung und Wirtschaft.
2. Sie unterstützen mit Massnahmen der Raumplanung insbesondere die Bestrebungen
   a) die *natürlichen Lebensgrundlagen* wie Boden, Luft, Wasser, Wald und die Landschaft *zu schützen;*
   b) *wohnliche Siedlungen* und die räumlichen Voraussetzungen für die Wirtschaft zu schaffen und zu erhalten;
   c) das soziale, wirtschaftliche und kulturelle Leben in den einzelnen Landesteilen zu fördern und auf eine *angemessene Dezentralisierung der Besiedlung* hinzuwirken;
   d) die ausreichende Versorgungsbasis des Landes zu sichern;
   e) die Gesamtverteidigung zu gewährleisten.

Art. 3 Planungsgrundsätze:

1. Die mit Planungsaufgaben betrauten Behörden achten die nachstehenden Grundsätze:
2. Die *Landschaft ist zu schonen.* Insbesondere sollen
   a) der *Landwirtschaft genügend Flächen* geeigneten Kulturlandes erhalten bleiben;
   b) Siedlungen, Bauten und Anlagen sich *in die Landschaft einordnen;*
   c) *See- und Flussufer freigehalten* und öffentlicher Zugang und Begehung erleichtert werden;
   d) naturnahe Wälder ihre Funktionen erfüllen können.
3. Siedlungen sind nach den Bedürfnissen der Bevölkerung zu gestalten und in *ihrer Ausdehnung zu begrenzen.* Insbesondere sollen
   a) Wohn- und Arbeitsgebiete einander zweckmässig zugeordnet und durch das öffentliche Verkehrsnetz hinreichend erschlossen sein;
   b) Wohngebiete vor schädlichen oder lästigen Einwirkungen wie Luftverschmutzung, Lärm und Erschütterungen möglichst verschont werden;
   c) Rad- und Fusswege erhalten und geschaffen werden;
   d) günstige Voraussetzungen für die Versorgung mit Gütern und Dienstleistungen sichergestellt werden;
   e) *Siedlungen viele Grünflächen und Bäume enthalten.*

4. Für die öffentlichen oder im öffentlichen Interesse liegenden Bauten und Anlagen sind sachgerechte Standorte zu bestimmen. Insbesondere sollen

a) regionale Bedürfnisse berücksichtigt und störende Ungleichheiten abgebaut werden;

b) Einrichtungen wie Schulen, Freizeitanlagen oder öffentliche Dienste für die Bevölkerung gut erreichbar sein;

c) *nachteilige Auswirkungen auf die natürlichen Lebensgrundlagen, die Bevölkerung und die Wirtschaft vermieden oder gesamthaft gering gehalten werden.*

Art. 5 Abs. 1 Ausgleich und Entschädigung:

1. Das *kantonale Recht* regelt einen *angemessenen Ausgleich für erhebliche Vor- und Nachteile*, die durch Planungen nach diesem Gesetz entstehen.

Dies also sind Anforderungen an die Nutzungsplanung, die erfüllt werden müssen. Was bedeuten sie für Zürich und wie muss eine Nutzungsplanung für Zürich aussehen, die - aus Sicht der Eidgenossenschaft - eine angemessene Dezentralisierung der Besiedlung in der ganzen Schweiz garantiert und darauf hinwirkt? Ist der "Wasserkopf" Zürich weiter auszubauen oder ist diese Entwicklung im Gegenteil abzubremsen?

Art. 5, Absatz 1 dieses Gesetzes ("Das kantonale Recht regelt einen angemessenen Ausgleich für erhebliche Vor- und Nachteile, die durch Planungen nach diesem Gesetz entstehen") ist eine wichtige Bestimmung, die die Planung stark beeinflusst, diese aber auch sabotiert, wenn sie nicht eingehalten wird. Was ist mit Vor- und Nachteilen, die durch "Planungen nach diesem Gesetz entstehen", gemeint? Wenn jemand ein Stück Land besitzt, das in einer Bauzone liegt, aber von einem Landwirtschaftsbetrieb als Kulturland benötigt wird und dieses Land z. B. in eine Freihaltezone umgezont wird, entsteht ein planerischer Minderwert. Dieses Land ist nach der Umzonung weniger wert. Als Bauland kann man es möglicherweise verkaufen, als Land in der Freihaltezone hat kaum jemand Interesse daran. Der/dem GrundeigentümerIn ist also aufgrund dieser Planung eine erhebliche materielle Einbusse entstanden. Diese Einbusse muss das Gemeinwesen entschädigen. Das sind also die sogenannten Nachteile, die für EigentümerInnen aufgrund dieses Gesetzes entstehen können. Ein weiteres Beispiel: EinE GrundeigentümerIn besitzt ein Stück Land in der Industriezone. Ein Quadratmeter Industriezonenland wurde bis vor kurzem für rund Fr. 1'000.-- bis Fr. 1'300.-- gehandelt. Wird es in eine Dienstleistungszone umgezont, beträgt sein Handelswert etwa Fr. 3'000.-- bis Fr. 5'000.-- pro m^2. Durch diese Umzonung ist es möglich, einen planerischen Mehrwert von rund 2-3'000

Franken pro Quadratmeter zu realisieren. Das ist dann der planerische Vorteil. Es ist unschwer zu erraten, wohin dieser planerische Vorteil fliesst. Selbstverständlich in die Tasche des Grundeigentümers/der Grundeigentümerin. Und aus den privaten Taschen der Steuerzahlenden fliessen die Entschädigungen für die planerischen Nachteile wiederum in die privaten Taschen der GrundeigentümerInnen - so ist alles bestens geregelt!

Der Kanton Zürich hat, mit andern Worten, das Bundesgesetz über die Raumplanung, insbesondere Art. 5, nicht angewendet, obwohl hier klares Recht gesetzt ist. Es gibt im Kanton Zürich keine planerische Mehrwertabschöpfung, ein entsprechendes Gesetz wurde einfach schubladisiert. Ich nehme an, dass es noch Generationen braucht, bis dieses Bundesrecht tatsächlich auch in unserem Kanton Gesetz wird. Es lebe die Kantonsautonomie!

Bundesgesetz über den Umweltschutz (USG) vom 7.10.1983
Art. 1 Zweck:

1. Dieses Gesetz soll Menschen, Tiere und Pflanzen, ihre Lebensgemeinschaften und Lebensräume gegen schädliche oder lästige Einwirkungen schützen und die Fruchtbarkeit des Bodens erhalten.
2. *Im Sinne der Vorsorge sind Einwirkungen, die schädlich oder lästig werden könnten, frühzeitig zu begrenzen.*

Ich möchte auch hier nicht in alle Details gehen. Dennoch ist es für unseren Zusammenhang wichtig, auch die Bundesverordnungen über die Luftreinhaltung und die Lärmschutzverordnung zur Kenntnis zu nehmen. Wie oben erwähnt, verlangt das Raumplanungsgesetz, dass die Nutzungsplanung so ausgestaltet wird, dass die Bestimmungen der Umweltschutzgesetzgebung eingehalten werden. Mit andern Worten, wir haben so zu planen, dass mit dieser Planung sowohl die Lärmschutzverordnung als auch die Luftreinhalteverordnung eingehalten wird.

2. Die kantonale Gesetzgebung

Wir haben aber auch ganz direkt das kantonale Bau- und Planungsgesetz anzuwenden. Die kantonalen Gestaltungsgrundsätze, die auch für die Nutzungsplanung der Gemeinden, also für die Bau- und Zonenordnung anzuwenden sind, lauten:

Planungs- und Baugesetz des Kantons Zürich (PBG) vom 7. September 1975:
Art 18 PBG

> Die Richtplanung soll die räumlichen Voraussetzungen für die Entfaltung
> des Menschen und für die *Erhaltung der natürlichen Lebensgrundlagen*
> schaffen oder sichern sowie der Bevölkerung der verschiedenen Kantons-
> teile in der Gesamtwirkung *räumlich möglichst gleichwertige Lebensbe-
> dingungen gewähren.*
> Insbesondere ist anzustreben, dass
> a) *die natürlichen Lebensgrundlagen des menschlichen Lebens,* wie
>   Boden, Wasser, Luft und Energie, sparsam beansprucht und vor
>   Beeinträchtigungen *geschützt werden;*
> b) neben den Städten Zürich und Winterthur *weitere gut erschlossene* und
>   mit übergeordneten öffentlichen und privaten Diensten ausgestattete
>   *Schwerpunkte der Besiedlung entstehen können;*
> c) *Wohngebiete gegen nachteilige Umwelteinflüsse abgeschirmt* werden
>   können und eine *soziale Durchmischung der Bevölkerung ermöglicht
>   wird;*
> d) die Wohngebiete mit genügend erreichbaren öffentlichen und privaten
>   Diensten der Versorgung, Fürsorge, Kultur, Bildung und *Naherholung*
>   ausgestattet werden oder ausgestattet werden können;
> e) die für eine gesunde wirtschaftliche und siedlungspolitische Entwick-
>   lung des Kantons erforderlichen Standorte für Handel, *Gewerbe und
>   Industrie* sichergestellt werden;
> f) grössere, wirtschaftlich und *zweckmässig nutzbare Landwirtschafts-
>   gebiete erhalten bleiben;*
> g) *die für die Erholung der Bevölkerung nötigen Gebiete dauernd zur
>   Verfügung stehen;*
> h) schutzwürdige Landschaften sowie andere *Objekte des Natur- und
>   Heimatschutzes* vor Zerstörung oder Beeinträchtigung *bewahrt* werden;
> i) die Siedlungsgebiete zweckmässig erschlossen und mit ihren Schwer-
>   punkten durch leistungsfähige öffentliche Verkehrsmittel und Strassen
>   angemessen verbunden werden.

Nach diesen Kriterien also haben wir zu planen. Wir nehmen die Vorgaben der
Bundesgesetzgebung und des Kantons sehr ernst, denn wir sind von der
Richtigkeit, ja sogar von der Notwendigkeit der dort festgelegten Ziele überzeugt;
wir wollen diese Planungsgrundsätze einhalten, so gut es geht.

Ökologie

Die Stadtplanung, die Siedlungsplanung ist wahrscheinlich die wichtigste präventive Umweltschutzmassnahme. Es geht ja nicht an, ständig über Kehrichtverbrennungsgebühren, Sackgebühren, Glasrecycling, Aludeckelsammeln etc. die Bevölkerung in Trab zu halten und gleichzeitig in der Siedlungsplanung die Voraussetzungen für die Zunahme der Umweltverschmutzung, des Landverschleisses, der Verminderung von Erholungsflächen zu schaffen. Es ist also vor allem die Planung, die als präventives Instrument eine umweltgerechte Entwicklung zu gewährleisten hat. Der Bericht, den wir als planende Behörde gemäss Eidgenössischer Raumplanungsverordnung zu erstellen hatten, legt dar, ob die Bestimmungen der Umweltschutzgesetzgebung eingehalten sind. Vier Bereiche wurden bezüglich umweltrelevanter Veränderungen untersucht.

Bereich 1: Boden
Der Versiegelungsgrad des Bodens ist ein ausgezeichneter Indikator für die Umweltqualität einer Siedlung. Der Versiegelungsgrad in der Stadt Zürich ist schon so weit fortgeschritten, dass echte Probleme im Bereich Abwasser, Meteorwasser entstehen. Wir können diese Probleme heute kaum mehr bewältigen. Es muss deshalb eines der wichtigen Ziele sein, den Versiegelungsgrad des Bodens möglichst einzudämmen, nicht anwachsen zu lassen. Ist dies überhaupt möglich?

Negative Auswirkungen auf den Boden haben: Verdichtung von bestehenden Baugebieten auf Kosten von Freiräumen und auf Kosten der Vegetationsstruktur, die Versiegelung freier Flächen durch Bebauungen, Erschliessungen, Infrastrukturen, Parkplätze sowie die unterirdische Versiegelung durch das Aushöhlen und Auslöffeln ganzer Grundstücke für unterirdische Parkierungsanlagen oder Lagerflächen. Durch all diese Tätigkeiten werden die Bodenverdichtung und Bodenversiegelung laufend zunehmen. Obwohl unsere Planung zurückhaltend ist, müssen wir feststellen, dass so oder so eine zusätzliche Versiegelung des Bodens stattfinden wird. In diesem Punkt können wir also dem Umweltschutzrecht nicht vollumfänglich nachleben. Wo finden diese Versiegelungen statt? Überall dort, wo massiv verdichtet wird, in den Dorfkernen, in den Industrie- und Dienstleistungszonen, auf unbebauten Grundstücken der Bauzonen und in Landwirtschaftsgebieten, die ständig intensiver genutzt werden. Wie nun hat unsere Planung versucht, dieser Entwicklung etwas entgegenzusetzen?

In der Stadt Zürich wurden sogenannte "besondere Wohngebiete" geschaffen. Das sind Wohngebiete entlang den Hügeln des Zürichbergs, des Hönggerbergs und des Friesenbergs. Auf diesen Geländen wurde die Gebäudelänge beschränkt.

Diese Gebiete zeichnen sich aus durch Einzelbebauungen, Villen, kleinere Ein-
und Mehrfamilienhäuser. Mit der Bauordnung von 1963 konnten diese stark
durchgrünten Gebiete massiv verdichtet werden mit über 90 m langen Riegeln.
Auf diese Weise wurden viele Gärten zugebaut und sind verschwunden. Die
meisten Häuser an den Hanglagen, in Witikon und am Zürichberg haben im
Durchschnitt eine Länge von rund 18 m. Es gibt auch solche von 16 m und andere von 20 m. Eine wichtige Bestimmung der neuen Bauordnung für diese
Gebiete ist, dass die Gebäudelänge beschränkt wird auf 25 m und dass die
Überbauungsziffer 22% sein soll. Das bedeutet, dass nur 22% der Grund-
stückfläche befestigt werden darf. Das ist eine der Massnahmen, um an diesen
Orten der Versiegelung des Bodens entgegenzuwirken. Zudem haben wir in allen
Wohngebieten Spiel-, Grün- und Ruheflächenanteile verlangt. Wir haben
festgelegt, dass zwei Drittel der nicht bebauten Parzellen, also die Umgebung
eines Hauses, für Grün-, Spiel-, Ruhe- und Erholungsflächen hergerichtet
werden müssen. Auch in den Arbeitsplatzgebieten wurden Freiflächenziffern
festgelegt: 10% in den Industriezonen und 20% in den Dienstleistungszonen. Das
bedeutet, dass 20% der Grundstücke nicht versiegelt werden dürfen. Dies ist insbesondere in den Arbeitsplatzgebieten sehr wichtig, weil eben dort der Versiegelungsgrad ausserordentlich hoch ist und grosse Probleme bei der Abwasser-
und Wasserversorgung bestehen.

Wir haben mit der vorliegenden Planung Freiräume für die Stadtbewohnerinnen
und Stadtbewohner festgelegt. Die als Landwirtschaftsgebiete genutzten Flächen,
die bis heute in den Bauzonen lagen, haben wir in Landwirtschaftsgebiete umgezont. In diesen Freihaltezonen haben wir die Nutzung bestimmt und einge-
schränkt. Zugelassen sind in einzelnen Freihaltezonen Sportanlagen, Friedhöfe,
Familiengärten. Es ist nicht erlaubt, in diesen Freihaltezonen etwas anderes zu
bauen.

Bereich 2: Lärm, Energie
Es ist völlig klar, dass neue Verkehrsströme auch mehr Lärm verursachen.
Überall dort, wo Baulandreserven, die nicht mit dem öffentlichen Verkehr
erschlossen sind, neu genutzt werden, findet eine Verdichtung und damit ein
zusätzliches Verkehrsaufkommen statt. Wie wollen wir dieses Problem in den
Griff bekommen?

In vorbelasteten Gebieten, die nicht mit dem öffentlichen Verkehr erschlossen
sind, insbesondere in Gebieten am Stadtrand, haben wir darauf verzichtet, grosse
Aufzonungen zuzulassen. Dies würde nämlich eine erhebliche Verdichtung und
damit neue Verkehrsströme bewirken. Zudem haben wir auf die generelle
Öffnung von Industriezonen in Dienstleistungszonen verzichtet. Die Arbeitsplatz-
dichte in Industriezonen, die in Zürich mit dem öffentlichen Verkehr häufig

schlecht erschlossen sind, würde durch eine solche Umzonung in Dienstleistungszonen massiv zunehmen und damit ebenfalls zu einem erheblichen Anschwellen der Verkehrsströme führen. Zudem haben wir verschiedene Bauzonen in Freihaltezonen gelegt, vor allem solche, die heute noch von Landwirtschaftsbetrieben genutzt werden.

Bereich 3: Luft, Klima
Es ist sehr schwierig, mit der Nutzungsplanung direkt auf die Verbesserung der Luftqualität und auf das Stadtklima einzuwirken. Folgende Festlegungen der Nutzungsplanung können aber zu Verbesserungen beitragen: Waldabstandslinien und Gewässerabstandslinien, Freiflächenziffern, Spiel- und Grünflächen in den Wohn- und Arbeitsplatzgebieten, zusätzliche Freihaltezonen, Hochhausausschlussgebiete in Kernzonen, Verzicht auf Ausnutzungserhöhungen usw.

Bereich 4: Vegetation und Tierwelt
Der Verlust oder die Beeinträchtigung von Vegetationsflächen und deren Strukturen durch Überbauungen und damit verbundenen Infrastrukturen kann tagtäglich sowohl in unserer Stadt wie auch auf dem Land beobachtet werden. Früher zusammenhängende Lebensräume werden isoliert und zerschnitten. Die planerischen Massnahmen haben zum Ziel, der Beeinträchtigung der Landschaftsbilder entgegenzuwirken. Aber genügen die Massnahmen tatsächlich? Ist die fortschreitende Landschaftszerstörung auch in der Stadt wirklich aufzuhalten? Ich will ehrlich sein. Wir haben planerisch getan, was politisch überhaupt machbar ist. Trotzdem müssen wir feststellen, dass die bauliche Verdichtung und die Zerstörung der Landschaft weitergehen wird. Es ist nicht anzunehmen, dass in Zukunft nichts mehr gebaut wird. Der berühmte Tessiner Architekt Mario Snozzi hat einmal sehr ehrlich gesagt:"Bauen ist immer Zerstörung, zerstöre deshalb mit Verstand".

Die Nutzungsreserven der Stadt Zürich nach dem Zonenplan 1992

Auch nach dem neuen Zonenplan haben wir in der Stadt Zürich noch ausserordentlich hohe Nutzungsreserven. Bei einem Vollausbau der Stadt Zürich aufgrund der neuen Bau- und Zonenordnung könnte man Wohnraum für zusätzlich 95'000 bis 150'000 Einwohnerinnen und Einwohner schaffen. Ebenso sind Reserven für zusätzlich 100'000 bis 150'000 Arbeitsplätze vorhanden. Diese sogenannten Langzeitreserven sind aber irrelevant. Wichtig sind diejenigen Baureserven, die für die nächsten 15 Jahre zur Verfügung stehen. Da sieht die Bilanz folgendermassen aus: Es gibt Kurzzeitreserven für insgesamt 34'000 neue Wohnungen und rund 38'000 neue Arbeitsplätze. Das ist sicher mehr, als in den nächsten 15 Jahren konsumiert wird. Es ist auch mehr, als die Bauwirtschaft in den letzten 15 Jahren tatsächlich realisiert hat. Würden alle diese Kurzzeitreserven in den nächsten 15 Jahren wirklich ausgebaut, müsste die Kapazität der Zürcher Bauwirtschaft namhaft zunehmen. Es sind also genügend Baureserven vorhanden, doch stehen wir damit vor einem grossen Dilemma. Einerseits fordert das Gesetz genügend Reserven für die Erfüllung der Bedürfnisse der Bewohnerinnen und Bewohner und der Wirtschaft. Wenn wir aber andererseits die Ziele des Umweltschutzgesetzes oder des Raumplanungsgesetzes wirklich erfüllen würden, dann müssten wir - im Gegensatz zu den gesetzlich geforderten Reserven - diese auf Null stellen. Die beiden Zielsetzungen stehen also miteinander im Widerspruch.

Viele bezweifeln die Grösse der Kurzzeitreserven. Wo befinden sich diese grossen Reserven? Einerseits existieren auf unbebauten Grundstücken (rund 17% aller Parzellen auf dem Gebiet der Stadt Zürich) Reserven für rund 11'000 neue Wohnungen und rund 20'000 neue Arbeitsplätze. Wenn man Grundstücke dazu rechnet, die nur etwa ein Fünftel der möglichen Ausnützung realisiert haben, d.h. also stark unternutzt sind, sind insgesamt Reserven für rund 20'000 neue Wohnungen und 60'000 neue Arbeitsplätze vorhanden.

Kurzfristreserven (15 Jahre)

	Wohnen Mio m^2	Nichtwohnen Mio m^2	Total Mio. m^2
unbebaute Areale	1.15	0.9	2.05
Gebäude mit niedr. Zeitbauwert	0.5	0.4	0.9
Reserve auf bebauten Grundstücken ab 2 Vollgeschosse	1.80	0.6	2.40
Total	3.45	1.90	5.35

Im Bereich Wohnen können somit rund 35 000 Wohnungen à 100 m^2 neu erstellt und 38 000 Arbeitsplätze à 50 m^2 errichtet werden.

In diesen Reserveberechnungen nicht enthalten sind die neue Möglichkeit des Ausbaus der Dachgeschosse und der Neunutzung der Untergeschosse. Dies führt zu einer weiteren Zunahme der Verdichtungsmöglichkeit in allen Zonen.

Trotz einer sehr sorgfältigen Planung, die den ökologischen Ansprüchen und den Ansprüchen der Raumplanung und des Umweltschutzes möglichst gerecht werden will, haben wir mit einer weiteren Zunahme der Bodenversiegelung zu rechnen, weil weitere Baugebiete entstehen werden, weil die Siedlungen sich ausdehnen werden, weil die wohnungsnahen Freiräume trotzdem weiterhin abnehmen werden und ein zusätzliches Verkehrsaufkommen nicht zu verhindern ist. Es ist nicht möglich, alle Anforderungen der übergeordneten Gesetzgebung im ökologischen Bereich wirklich zu erfüllen. Dennoch, mit der neuen Planung haben wir neue Freihaltezonen geschaffen, besondere Wohngebiete, die die Grünräume schützen, Spiel-, Grün- und Ruheflächen eingeführt, Freiflächen-ziffern in allen Gebieten verlangt, Wald- und Gewässerabstandslinien neu fest-gelegt. Dies alles sind Massnahmen, die in die richtige Richtung zielen.

Und die Realpolitik?

Wir stehen im Abstimmungskampf um die neue Bau- und Zonenordnung, aus dem ich einige Beispiele vorlegen möchte:

Aus einem SVP-Inserat: "Die Bau- und Zonenordnung bringt mehr Steuern". Obwohl in polemischer Art vorgetragen, stimmt die Aussage insofern grund-sätzlich, weil planerische Minderwerte, wie ich bereits dargelegt habe, von den Steuerzahlenden entschädigt werden müssen. Dass allein aus diesem Grund in den nächsten 20 Jahren die Steuern erhöht werden müssen, ist eine reine Behauptung. Erhöht werden sie sicher, aber aus ganz anderen Gründen! Selbst-verständlich gibt es ja auch Planungsmehrwerte, aber eine eigentliche Abschöp-fung dieses Planungsmehrwertes, der dann für die Entschädigung von Minder-werten benutzt werden kann, hat der Kanton bis heute verhindert.

"Noch mehr Vorschriften?", wird in einem anderen Inserat des gegnerischen Komitees gefragt. Hier wird gedroht, mit der neuen Bau- und Zonenordnung würden mehr Vorschriften entstehen. Genau das Gegenteil ist zwar richtig: die neue Bauordnung enthält rund ein Drittel weniger Vorschriften als die alte - doch spielen Fakten in der Abstimmungspropaganda bekanntlich kaum eine Rolle. Auch das gehört zur Realpolitik.

"Noch mehr Arbeitslose?" Dass es noch mehr Arbeitslose geben kann, ist für die nächsten Jahre sehr wahrscheinlich. Dies hat selbstverständlich nichts mit der

Bau- und Zonenordnung zu tun, sondern vor allem mit der Wirtschaftslage. Trotzdem - alles Übel kommt von der neuen Bau- und Zonenordnung.

Doch Spass beiseite. Welches sind die Hauptkontroversen bezüglich der neuen Bau- und Zonenordnung.

1. Die Landwirtschaftsgebiete

Die Minderheit der vorberatenden Kommission, die Minderheit des Stadtrates und die Minderheit des Gemeinderates wollten unter allen Umständen verhindern, dass Landwirtschaftsgebiete, die seit Jahrzehnten in der Bauzone lagen, heute gemäss ihrem echten Gebrauch eingezont werden, nämlich als Freihaltezonen für die Landwirtschaft. Man wollte sich diese Gebiete als Bauland reservieren, obwohl diese Parzellen meist mit dem öffentlichen Verkehr nicht erschlossen sind und deshalb nach der Definition des Amtes für Raumplanung auch nicht baureif sind.

2. Die Arbeitsplatzzonen

Der zweite grosse Streitpunkt war die Zonierung der Industriezonen. Häufig sind Industriezonen mit dem öffentlichen Verkehr nicht sehr gut erschlossen. Diese Industriezonen wollte man unbedingt für Dienstleistungszonen öffnen. Damit würden riesige planerische Mehrwerte entstehen. Wir haben ausgerechnet, dass dieser Mehrwert in der Stadt Zürich in der Höhe von 10-14 Milliarden Franken liegen würde. Wir haben uns stark gegen dieses Ansinnen gewehrt, weil durch die Festlegung von Dienstleistungszonen in allen Industriezonen eine sehr hohe bauliche Dichte erreicht würde und damit das Verkehrsaufkommen ausserordentlich ansteigen würde. Damit wäre die Zielsetzung der Bau- und Zonenordnung, nämlich ein Abbau bzw. eine Stabilisierung der Umweltschäden, nicht zu erreichen. Die neuen Verkehrsströme wären nicht mehr zu bewältigen, wenn die freigegebenen Industriezonen auch tatsächlich für Dienstleistungsbetriebe genutzt werden könnten. Zudem ist, wie bereits erwähnt, bei einer solchen Umzonung mit einer hohen Steigerung der Bodenpreise zu rechnen. Dies würde aber zur Folge haben, dass die jetzt noch bestehende Industrie und die Gewerbebetriebe sich in diesen Zonen aus wirtschaftlichen Gründen nicht mehr halten könnten. Für Gewerbe und Industrie gäbe es dann keine reservierten Gebiete mehr. Dies würde zu einem Exodus der Industrie und des Gewerbes führen, was von den Bedürfnissen der Stadt her gesehen unverantwortlich ist.

3. Aufzonung in den Wohngebieten

Der dritte grosse Streitpunkt war die Forderung nach Aufzonungen in Wohngebieten. Solche Aufzonungen wurden z.T. flächendeckend verlangt. Auch dagegen haben wir uns gewehrt. Warum? Mit der neuen Bauordnung kann in Wohngebieten zusätzlich ein Dachgeschoss und das Untergeschoss neu genutzt werden. Das ergibt bereits, zusammen mit neuen Messweisen des kantonalen Planungs- und Baugesetzes, eine z.T. recht grosse Erhöhung der Ausnützung. Zusätzlich zu dieser generellen Aufzonung wurde verlangt, dass ein oder zwei Vollgeschosse mehr erlaubt würden. Dies aber hätte zur Folge, dass in heute noch intakten Wohngebieten ein massiver Baudruck entstünde, der zu vorzeitigem Abbruch von Wohnbauten führen würde, die heute noch günstigen Wohnraum anbieten können. Diese würden dann durch Neubauwohnungen ersetzt, die für die Durchschnittsbevölkerung unbezahlbar sind. Wir haben aus sozialpolitischen Gründen nicht zulassen wollen, dass Tausende von Wohnungen mit noch einigermassen bezahlbaren Mieten in kurzer Zeit verloren gehen, weil wir nicht wissen, wo diese Menschen in Zukunft wohnen sollen. Die Mietzinsnot in unserer Stadt würde mit diesen Massnahmen nur noch verschärft. Es ist auch nicht klar, wer die teuren Neubauwohnungen, die ohnehin an andern Orten entstehen, heute noch bezahlen kann.

Entwicklungsmöglichkeiten in der Stadt Zürich

Es wurde oft die Frage gestellt, ob es denn für die Entwicklung und Weiterentwicklung unserer Stadt genügend Möglichkeiten gäbe. Ja, es gibt sie, doch ist es nicht unsere Absicht, grosse Entwicklungsmöglichkeiten in der Grundordnung festzulegen. Das Planungs- und Baugesetz des Kantons Zürich gibt den Gemeinden die Möglichkeit, mit sogenannten Spezialplanungen, also Gestaltungsplänen, Sonderbauvorschriften und Arealüberbauungen grössere Gebiete so zu gestalten, dass qualitativ hochstehende Bauten in einer hohen Umgebungsqualität entstehen. Durch Neufestlegung der Nutzung kann zudem dafür gesorgt werden, dass solche Gebiete für verschiedene NutzerInnen interessant werden. Es ist wichtig, solche grössere Gebiete mit Verstand und Zukunftsvisionen zu planen, um für die künftigen Bewohnerinnen und Bewohner und Arbeitenden städtebaulich attraktive Quartiere entstehen zu lassen.

Das Industriegebiet Oerlikon als Beispiel eines Entwicklungsgebietes der Stadt Zürich

Dieses Areal ist rund 72 ha gross, vom öffentlichen Verkehr gut groberschlossen (Abb. 8). Heute liegt das ganze Areal in einer Industriezone. Die Grundeigentümerinnen haben ursprünglich das Begehren gestellt, dieses Areal in eine Dienstleistungszone umzuwandeln. Wir haben uns dagegen ausgesprochen und mit den Grundeigentümerinnen vereinbart, auf diesem Areal eine Spezialplanung vorzunehmen. Das Quartier ist fast so gross wie die Zürcher City. Es wäre ausserordentlich schade, wenn in einem so grossen Gebiet einfach nur neue Dienstleistungsbürobauten entstehen würden. Wir haben einen anderen Ansatz gewählt: Aus diesem Gebiet soll ein sogenanntes Mischgebiet, ein neues Stadtquartier mit Wohnungen, Kultureinrichtungen, Freiräumen, Dienstleistungsarbeitsplätzen, Gewerbe- und Industriearbeitsplätzen, öffentlichen Einrichtungen etc. entstehen. So etwas kann selbstverständlich nur mit einer Langfristplanung realisiert werden. Zusammen mit den Grundeigentümerinnen hat die Stadt Zürich einen städtebaulichen Wettbewerb ausgeschrieben. Mit diesem Vorgehen ist sichergestellt, dass das Gebiet, welches mit dem öffentlichen Verkehr gut erschlossen ist, von Anfang an umfassend geplant wird. Wichtig ist, dass es zusätzlich feinerschlossen wird. Die gute Erschliessung mit dem öffentlichen Verkehr bezieht sich heute vor allem auf das S-Bahnnetz: Vom Hauptbahnhof Zürich ist man in 6 Minuten mit der S-Bahn in Oerlikon. Beim Bahnhof Oerlikon gibt es verschiedene Linien der VBZ, die das Gebiet an das übrige Netz des öffentlichen Verkehrs anbinden. Es fehlt jedoch die Feinerschliessung, die von Anfang an mitgeplant werden muss. Bezahlt werden soll diese Erschliessung aus dem planerischen Mehrwert, der durch die entsprechende Zonierung entsteht. Mit dieser Art der Planung wird sichergestellt, dass von Anfang an genügend Freiräume in den Wohnquartieren und in den Arbeitsplatzgebieten entstehen. Der Energieverbrauch soll minimiert und die Versiegelung des Bodens möglichst klein gehalten werden. Auch den übrigen Umweltbelangen haben wir von Anfang an Rechnung getragen. Es ist ausserordentlich wichtig, dass diese übergeordneten Probleme zu Beginn einer Planung bereits beachtet werden, weil sonst die öffentliche Hand im Nachhinein die negativen Folgen zu tragen hat, Sanierungen mit öffentlichen Mitteln durchgeführt und die Steuerzahlenden gewaltig zur Kasse gebeten werden. Bei der neuen Nutzung so grosser Areale ist die Mitverantwortung der GrundeigentümerInnen wichtig und es ist auch absolut gerechtfertigt, dass sie die entsprechenden Kosten tragen.

Abbildung 8

Nochmals zurück zur politischen Realität

In Zürich ist sehr umstritten, ob die Stadt überhaupt mit dem Instrument der Spezialplanungen operieren soll. Man hat uns immer wieder vorgeworfen, wir würden die liberale Ordnung untergraben und einem Staatsdirigismus huldigen.

GrundeigentümerInnen, so das Argument, sollten eigentlich völlig frei über ihre Grundstücke verfügen können und bauen, was im Moment vom Markt verlangt wird. Selbstverständlich sind wir da ganz anderer Meinung. Die Umgestaltung grosser Gebiete in einer dicht bebauten Stadt kann nicht allein die private Angelegenheit der jeweiligen GrundbesitzerInnen sein, die nur die privaten Interessen auf ihren Grundstücken verfolgen können. Die Wirkung auf das übrige Stadtgebiet, auf die übrige Stadtbevölkerung ist - je nach Grösse und Nutzung des Areals - ausserordentlich gross. Das Gemeinwesen hat die übergeordneten Interessen, also die Interessen der gesamten Stadt und der gesamten Stadtbevölkerung einzubringen und - falls nötig - dem/der GrundeigentümerIn entsprechende Auflagen zu machen und Einschränkungen aufzuerlegen.

Ich bin sehr zuversichtlich, dass diese Art der rollenden Planung, die immer in Absprache mit den GrundeigentümerInnen erfolgt, je länger je mehr zum Durchbruch kommt. Ich bin davon überzeugt, dass dies eine für die Stadt Zürich, aber auch für andere Städte zukunftsgerichtete Planung ist, mit der die übergeordneten Raumplanungs- und Umweltschutzanliegen besser berücksichtigt werden können.

Ökologische und soziale Stadterneuerung aus der Sicht von Frauen

Rosemarie Ring

Ich werde im folgenden Gestaltungsmöglichkeiten von Stadterneuerung vorstellen, die Frauen sich in selbstorganisierten Projekten geschaffen haben. Dabei ist neben den Aspekten Baukultur, Wohnkultur und Ökologie auch Planungskultur Thema. Selbstorganisierte Projekte greifen in den Planungsprozeß ein, sie überlassen es nicht länger den bekannten Akteuren - Eigentümern, Investoren, Bauträgern, Architekten, Verwaltungen - räumliche Strukturen zu verändern.

Es sind dies Ergebnisse einer Untersuchung, die FOPA 1988 und 1989 durchführte, gefördert mit Mitteln des Arbeitsamtes Dortmund. Die Feministische Organisation von Planerinnen und Architektinnen - FOPA - ist eine unabhängige Organisation von Fachfrauen, die 1981 in Berlin gegründet wurde. Inzwischen gibt es FOPA auch in Dortmund, Kassel, Hamburg, Frankfurt und Bremen. FOPA hat zum Ziel, sowohl Frauen ins Blickfeld von Planungs- und Bauprozessen zu rücken als auch Freiräume für Frauen zu schaffen[1].

Ich werde zu Beginn des Textes die Auswahl der Projekte und unseren Forschungsansatz erörtern und werde dann auf unser Verständnis von ökologischer und sozialer Stadterneuerung eingehen. Es folgt die Darstellung der Projekte und eine kurze Auswertung. Mit Forderungen zur Veränderung der Stadterneuerung und Planung im Interesse von Frauen werde ich schließen.

Zur Eingrenzung des Untersuchungsgegenstands

Selbstorganisation gewinnt auch im Bereich der Stadterneuerung gesellschaftlich an Bedeutung. Menschen ergreifen Initiativen zur Um-Gestaltung ihrer Lebens-, Wohn- und Arbeitssituation gegen herrschende Politik und Planung. Ein beson-

---

1 "Frei-Räume" heißt die Zeitschrift der FOPA, die ab Heft 5 regelmäßig jährlich erscheint.

ders vielfältiges Initiativenspektrum entwickelt sich dabei in den Großstädten. Es reicht von der Selbsthilfe im Gesundheitsbereich über die Kinderladeninitiative bis zur Umnutzung von brachliegenden Flächen und Gebäuden und der Schaffung von Arbeitsplätzen in der Stadterneuerung.

Die von uns untersuchten Projekte sind im Planungsbereich angesiedelt, haben aber vielfältige Verknüpfungen mit sozialen Belangen. Eine Sonderstellung nimmt Nürnberg Gostenhof-Ost ein. Da Initiativen im Stadtteil ausdrücklich einbezogen und gefördert werden, weist dieses Projekt u. E. in eine wünschenswerte Zukunft der sozialen und ökologischen Stadterneuerung der Kommune.
Das Engagement von Frauen in solchen Initiativen ist zwar allgemein bekannt, aber selten Gegenstand von Untersuchungen. Deshalb stellen wir die Beteiligung und Selbstorganisation von Frauen in den Mittelpunkt unserer Betrachtung.

Zur Auswahl der Fallbeispiele

Es handelt sich um eine exemplarische Untersuchung von selbstorganisierten Projekten in verschiedenen Großstädten der alten Bundesrepublik. Die Beispiele sollten ein möglichst breites Spektrum von zukunftsweisenden Ansätzen sozialer und ökologischer Erneuerung aufzeigen. Das Spektrum der Arbeit reicht von NutzerInnenselbsthilfe über Planungsberatung bis Gemeinwesenarbeit. Es sind Regionen unterschiedlicher wirtschaftlicher Entwicklung einbezogen.

Ausschlaggebend für die Wahl eines Projektes war:
- daß Frauen - meist ausdrücklich - als Zielgruppe erkannt und angesprochen werden;
- daß Kontakte von FOPA zu den Initiatorinnen/Akteurinnen der Projekte bereits bestanden und eine Basis für Zusammenarbeit bildeten;
- daß die an den Projekten Beteiligten ein eigenes Interesse an dieser Untersuchung hatten.

Weil wir die Unterschiedlichkeit von Stadterneuerungsprojekten aufzeigen wollen, haben wir sie nicht nach einem einheitlichen Schema ausgewertet.
Zwei Aspekte bildeten die Schwerpunkte, nach denen alle Projekte beforscht wurden. Zum einen wurde das Spektrum der Beteiligung erfaßt, das von Selbsthilfe bis hin zu Gemeinwesenarbeit reicht, zum anderen unterscheiden wir nach dem Grad von Beteiligung und Selbstorganisation von Frauen in den Projekten.

Von Selbsthilfe bis Gemeinwesenarbeit

Das Frauen-Stadtteilzentrum Berlin (Schoko), das Frauenstadthaus Bremen und das Stadtteilzentrum Adlerstraße Dortmund wollen zunächst mit dem Projekt ihren eigenen Bedarf als Gruppe und Initiative decken. Bei diesen Projekten sprechen wir von Selbsthilfeprojekten. Nach Abschluß der Bauphase bieten die Projekte aber Räume zur Nutzung an und Möglichkeiten zur aktiven Beteiligung für andere.

Bei zwei Projekten spielen die Initiatorinnen eher die Rolle von "Anwaltsplanerinnen" in einer "Intermediären Organisation"[2]; sie sind Vermittlerinnen zwischen Verwaltung und BürgerInnen. Die Initiatorinnen sind hierbei nicht identisch mit den Betroffenen. Sie wollen die derzeitigen oder die zukünftigen BewohnerInnen beraten und darin motivieren und unterstützen, sich in Stadterneuerungsaktivitäten in ihrem Gebiet, ihrer Siedlung, ihrem Gebäude einzumischen. Das ist der Fall in Hamburg Kirchdorf-Süd und bei der Wohngruppe im Verein "Leben in der Fabrik" in Düsseldorf. Bei diesen Projekten sprechen wir von BewohnerInnenbeteiligung.

Die Nachbarschaft Georgenschwaige in München und das Projekt "Grüne Nordstadt" des Planerladens in Dortmund wollen das Gemeinwesen stärken. Hierfür werden je nach Zielgruppe und deren spezifischen Bedürfnissen unterschiedliche Beteiligungsformen zum Teil auch über Kurs-, Beratungs- und Beschäftigungsprogramme entwickelt.

Selbstorganisation und Beteiligung von Frauen

Von den untersuchten Projekten sind drei autonome Frauenprojekte:
Das Frauenstadthaus Bremen, das Frauenstadteilzentrum in Berlin und die Gruppe "Frauen planen um" in Hamburg Kirchdorf-Süd. Letztere sind als Projektgruppe autonom, fördern in der BewohnerInnenbeteiligung bewußt Frauen ohne Männer auszuschließen.
Die Wohngruppe im "Verein Leben in der Fabrik" in Düsseldorf wurde von Planerinnen und Architektinnen initiiert und über schwierige Phasen zusammengehalten.
Im Stadtteilzentrum Adlerstraße Dortmund sind Frauen Initiatorinnen und als Nutzerinnen in der Mehrzahl.

---

[2] Selle, 1991

Der Planerladen Dortmund vertritt keinen explizit frauenspezifischen Ansatz, aber
bei seinem Beschäftigungsprojekt "Grüne Nordstadt" war ihm eine paritätische
Besetzung der Stellen wichtig.
In der Nachbarschaft Georgenschwaige in München engagierte sich eine Mitar-
beiterin zusammen mit Bewohnerinnen in der Stadtentwicklung vor Ort; es gibt
spezielle Angebote für Frauen.
Bei der Stadterneuerung in Nürnberg Gostenhof-Ost fanden wir die Arbeit der
unabhängigen Beraterin für zwei in der Erneuerung engagierte Vereine
beispielhaft.

Unser Forschungsverständnis

Wertfreiheit, Objektivität und Rationalität sind die anerkannten Kriterien für
Wissenschaft. Diesen HERRschenden Maßstäben setzen wir eine feministische
Vorgehensweise entgegen.

Der angeblichen Allgemeingültigkeit von männlich geprägten Normen und
Begriffen halten wir die Ideologie vor Augen, die sich darin spiegelt. Nehmen
wir beispielsweise den Begriff "Schlafstadt": Frauen arbeiten den ganzen Tag in
diesen angeblichen Schlafstädten. Der Ausgrenzung von weiblichen Sichtweisen
und weiblicher Erfahrung aus der Planung begegnen wir durch das bewußte
Aufspüren des weiblichen Blickwinkels. Wir wenden uns gegen Ausblendung
des Emotionalen bei technisch-rationalen und planerischen Entscheidungen. Die
von Männern kaum hinterfragte Höherbewertung ihrer Normen und Bedürfnisse
macht es notwendig, durch bewußte Parteilichkeit eine entsprechende Wertschätzung der Vorstellungen von Frauen zu erreichen.

Statt Abstraktion und Zerstückelung unseres Forschungsgegenstands suchen wir
seine Ganzheitlichkeit und Lebendigkeit aufzuspüren. Mit dem praxisnahen
Ansatz der Fallstudie erhofften wir uns realistische, den Projektalltag abbildende
Aussagen. Der qualitative Ansatz wird der Komplexität des untersuchten Gegen-
standes gerechter als statistisch abgesicherte Einzelaspekte. Gespräch und
Diskussion sowie Beobachtungen und Befragungen vor Ort waren die wichtigsten Methoden unserer Untersuchung, ergänzt durch einen zweifachen Erfahrungsaustausch mit Projektmitarbeiterinnen.
Wir nehmen bei dieser Forschungsarbeit keine Betrachtungsweise "von oben"
ein. Unsere Arbeit bei FOPA findet ebenfalls in einem selbstorganisierten
Rahmen statt. Wir bringen eigene Projektpraxis in den Forschungsprozeß ein und
haben ein starkes Eigeninteresse, von den Erfahrungen der anderen Projekte zu
lernen.

Ein wichtiges Anliegen unserer Studie war es, zur Vernetzung von Frauen, die in diesen Projekten tätig sind, beizutragen und Reflexionsprozesse in Gang zu setzen, für die im Projektalltag kaum Zeit und Raum ist. Vernetzung ist generell Ziel der Arbeit von FOPA, worauf ich zum Schluß noch eingehen werde.

Zu unserem Verständnis von ökologischer und sozialer Stadterneuerung

Seit einigen Jahren sind "ökologisch" und "sozial" Schlagwörter in der Diskussion um ein neues Verständnis von Stadterneuerung. Margrit Kennedy umriß diese Aufgabe in ihrer Veröffentlichung "Ökostadt, Prinzipien einer Stadtökologie" so: "Zur Ökologie als 'Haushaltslehre' gehört heute ebenso der behutsame Umgang mit gewachsenen Sozialstrukturen und mit bestehendem Wohnraum, wie mit Trinkwasser und Energie, mit Grund, Boden und Luft - Ressourcen, die nicht beliebig vermehrbar sind und von allen benötigt werden."[3]

Die sogenannte harte Stadterneuerung der 60er und 70er Jahre, bekannter als Kahlschlagsanierung, mußte u.a. wegen des Widerstands der Betroffenen aufgegeben werden. Stadterneuerung wird inzwischen als Daueraufgabe angesehen, doch die bestehenden Stadterneuerungsprogramme ignorieren die spezifische Betroffenheit von Frauen. Auch in der "einfachen" oder "behutsamen" Stadterneuerung" der 80er Jahre und selbst in der ökologischen Stadterneuerung finden Erkenntnisse und Forderungen feministischer Stadtplanung noch zu wenig Beachtung. Ökologische Stadterneuerung ist aber nur unter Einbeziehung und Mitwirkung der BewohnerInnenschaft möglich.
Auf dem Ökologie Workshop der IBA Berlin im August 1983 bezeichnete Hardt-Waltherr Hämer "die Beteiligung der Bürger" als "das erste ökologische Gesetz"[4]. Ökologische Stadterneuerung muß von den Interessen der Bewohner und hier endlich auch der Bewohnerinnen getragen werden.

Es wird im allgemeinen nicht realisiert, daß die mit Stadterneuerung verbundenen Bauarbeiten in der Wohnung und im Stadtviertel Frauen enorm belasten: Sie müssen den Dreck wegputzen und alle Mehrarbeit bewältigen, werden dafür weder bezahlt, noch haben sie Mitspracherechte beim Ablauf der Arbeiten. Ihre eigene Arbeits- und Zeitorganisation müssen sie der Modernisierung anpassen und einschränken, wenn z.B. stundenweise Wasser, Strom oder Gas abgestellt sind und HandwerkerInnen in der Wohnung ein und aus gehen. - Eine Studie

---

[3] Kennedy, 1984, Bd.1, S. 5
[4] Kennedy, 1984 Bd. 2, S. 141

von Anja Kämper während der Erneuerung in Berlin Kreuzberg belegt diese
Belastungen eindrucksvoll[5]. Dazu Margrit Kennedy: "Ohne den aktiven Einsatz
von Frauen ... wird es eine ökologische Stadterneuerung - eine der wichtigsten
sozialen und wirtschaftlichen Aufgaben für die Zukunft - nicht geben."[6]

Wenn ökologische Stadterneuerung zunehmend als überlebenswichtig für unsere
Gesellschaft erkannt wird, muß auch die Bedeutung der Arbeit von Frauen in
diesem Prozeß thematisiert und - auch finanziell - anerkannt werden. Bei der bestehenden geschlechtsspezifischen Arbeitsteilung bedeutet ökologische Stadterneuerung Mehrarbeit für Frauen, selbstredend unbezahlt im Dienste der Allge-
meinheit. Das beliebte Beispiel, aktuell in der Diskussion, die getrennte Müll-
sammlung im Haushalt: Männer planen die Systeme zur Getrenntsammlung,
Frauen haben die Arbeit damit.

Planung sollte u.E. die Aufgabe haben, Eigeninitiative und Verantwortlichkeit für
den unmittelbaren Lebensbereich zu fördern. Wir meinen, daß eine so verstandene Stadterneuerung uns Frauen Chancen bietet, uns in Stadtplanung einzumischen. Dazu braucht es aber zusätzliche Angebote zur Beratung und Organisation, was langfristig nicht ehrenamtlich geleistet werden kann.

Selbstorganisation der BewohnerInnen

Eine bislang wenig bekannte Form der Einflußnahme von Frauen auf die
Gestaltung des Lebensraums scheinen uns Selbstorganisierte Projekte zu sein.
Die Bedeutung solcher Projekte als Lern- und Arbeitsort von Frauen werde ich
im folgenden anhand unserer Fallbeispiele darstellen.

1. "Schokoladenfabrik" - Frauenstadtteilzentrum Berlin-Kreuzberg

Ein außergewöhnlicher Frei-Raum für Frauen:
Ort für weibliche Kunst, Kultur und Kreativität, Ort des Lernens und der
Erfahrung, Ort feministischer Politik und Meinungsbildung, Ort der Entspannung
und Gesundheit, Arbeits- und Wohnort.

---

[5] Kämper, 1984
[6] Kennedy, 1983

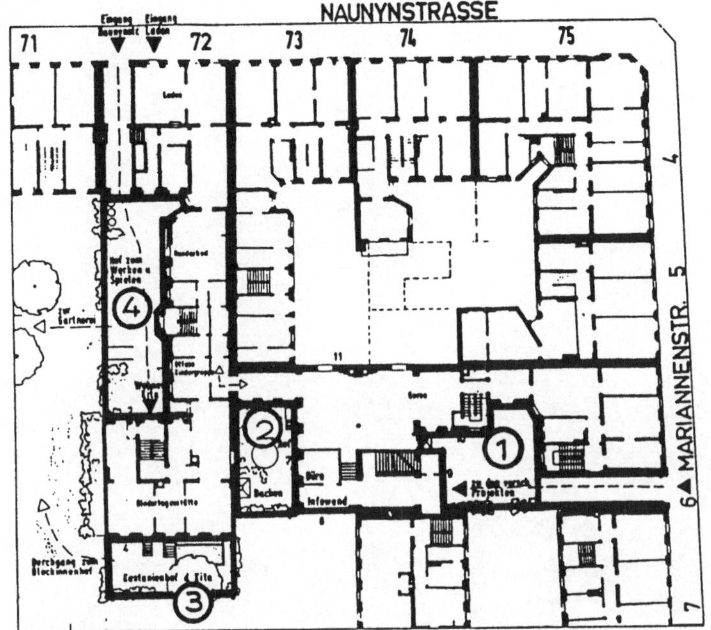

Abbildung 1
Grundriß Schokoladenfabrik

Das Frauenstadtteilzentrum ist ein Umnutzungsprojekt, an dessen Realisierung viele Frauen und Fraueninitiativen aus Kreuzberg beteiligt waren. Das Gebäude, die ehemalige Schokoladenfabrik "Greiser & Dobritz", stand 8 Jahre leer bevor sie im Mai 1981 von Frauen besetzt wurde, die in dem 2.000 qm großen Gebäudekomplex fehlende Infrastruktur für Frauen schaffen wollten. Im selben Jahr wurde der Verein "Frauenstadtteilzentrum Kreuzberg" gegründet. Planerinnen der Internationalen Bauausstellung Berlin unterstützten das Projekt. Mit der Eigentümerin, der Gemeinnützigen Siedlungs- und Wohnungsbaugesellschaft, konnte ein langfristiger Mietvertrag abgeschlossen werden. Die Architektinnengruppe "Planschoko" erarbeitete Anträge für die Finanzierung des Umbaus. Und schon nutzten verschiedene Gruppen die provisorisch hergerichteten Räume. Da das Gebäude im Gebiet der Internationalen Bauausstellung Altbaubereich (IBA) lag, wurde der Umbau als IBA-Projekt durchgeführt. Die Bauzeit dauerte von 1982 bis 1987, verzögert durch einen halbjährigen Baustop wegen Mittelsperre und pauschaler Mittelkürzung von 5 %.

Abbildung 2
Hinterhaus Naunystraße 72

Abbildung 3
Dieselbe Hofansicht nach Umbau und
Begrünung

Das Zentrum umfaßt zwei über Eck verbundene Gebäude. Im Herbst 1985 wurde in dem ehemaligen Verwaltungsgebäude das Ökodach fertiggestellt: Es besteht aus einem Dachgewächshaus, einer begrünten Dachfläche im Norden und einer Dachterrasse (gefördert von der Ikea-Stiftung). In den darunterliegenden Etagen wurden im Januar 1986 sieben Wohnungen für Frauen (z.T. mit Kindern) bezogen. Im Erdgeschoß dieses Gebäudes konnte im Sommer 86 die Kindertagesstätte einer Elterninitiative, "Schokoschnute", und Räume für offene Kinderbetreuung in Betrieb genommen werden. Im Kellergeschoß des ehemaligen Fabrikgebäudes befindet sich das türkische Bad "Hamam" und im Erdgeschoß das Café. Im 1. Obergeschoß sind Werkstätten, im 2. die Sportetage. Darüber liegen die Gruppenräume für Beratung, Kurse und das Frauenkrisentelefon. In der Kunst- und Tanzetage im 4. Geschoß finden auch Ausstellungen statt.

Die ökologischen Maßnahmen im Zentrum, das Ökodach, Fassaden- und Hofbegrünung, Regenwassernutzung und Wärmerückgewinnung im türkischen Bad
wurden von der Ökogruppe "Die Wüste lebt" entwickelt und z.T. auch durchgeführt.

Der Verein Frauenstadtteilzentrum beschäftigte 1990 22 Frauen, davon 6 über
eigene Einnahmen (6 Stellen werden vom Senat finanziert, weitere 6 aus Mitteln
der Arbeitslosenversicherung sowie 4 Stellen vom Sozialamt). Die Miete wird zu
80 % vom Senat subventioniert. Für die Zukunft, gerade auch im Hinblick auf
die in Kreuzberg einsetzende Spekulation, ist an den Kauf der Gebäude gedacht.
Die vielfältigen Angebote der Schoko werden täglich von weit mehr als 100
Besucherinnen, besonders auch Immigrantinnen, wahrgenommen. Das Zentrum
ist weit über Berlin bekannt und erfüllt eine wichtige Vorbildfunktion auch für
Frauen aus der ehemaligen DDR.

2. Das Frauen-Bauprojekt des Vereins Frauenstadthaus Bremen

Qualifikation und Existenzgründung:
Das Frauen-Bauprojekt wurde in der Arbeit des Vereins "Bewohnerberatung,
Modernisierungs-, Miet-, und Selbsthilfeberatung Walle e.V." entwickelt. Dieser
Verein hat sich auf Erhaltung und Erneuerung preiswerter Wohnungen im Altbau
konzentriert. Er initiiert und unterstützt Selbsthilfegruppen im Wohn- und
Wohnumfeldbereich und bei der Umnutzung bestehender Gebäude.

Mitarbeiterinnen des Vereins entdeckten das Thema Frauen und Planung auf der
Frauenveranstaltung im Rahmen der Norddeutschen Architekturtage in Hamburg
1986. Aus einer eigenen Veranstaltung während der 4. Bremer Frauenwoche
entstand eine Gruppe aus Ingenieurinnen, Bauhandwerkerinnen, Sozialpäd-
agoginnen, Juristinnen und Ökonominnen, die das Konzept "Frauenstadthaus,
integratives Wohn- und Arbeitsprojekt für Frauen" entwickelten. Im Sommer
1987 wurde der Verein Frauenstadthaus gegründet. Das ursprüngliche Konzept
sah vor, neben Wohnungen für sozial benachteiligte Frauen in einem Gewerbeteil
Raum für Frauenbetriebe und kulturelle Aktivitäten zu schaffen. Für Umbau und
Modernisierung des Gebäudes unter ökologischen Gesichtspunkten wurde das
Frauen-Bauprojekt entwickelt.
In einer 2-jährigen Arbeitsbeschaffungsmaßnahme werden 15 arbeitslose Bauhandwerkerinnen aus den Gewerben Tischlerei, Elektro und Malerei beschäftigt.
Parallel dazu erfolgt eine 3-jährige Weiterqualifizierung in Kursen und Fach-
Seminaren zu umweltschonenden Heizsystemen, Solarenergie, Elektrobiologie,
ökologischer Wärme- und Schallisolierung, Feuchtigkeitssanierung und Bau
einer Anlage für die Regenwassernutzung. Im 3. Jahr werden Grundlagen für die
spätere Existenzgründung vermittelt. Die dreijährige Praxis als Gesellinnen im

Abbildung 4
Frauenstadthaus Bremen

Abbildung 5
Frauenstadthaus

Bauprojekt wird als Voraussetzung für die Meisterinnenprüfung anerkannt. Eine Zielsetzung des Projektes ist die Gründung einer Sanierungskooperative, die Planung und Durchführung von Modernisierung aus Frauenhand anbietet.

Ein eigens entwickeltes Finanzierungsmodell, der Frauenstadthaus-Fonds (Gesellschaft bürgerlichen Rechts), der finanzkräftigen Frauen als Geldanlage dient, ermöglichte den Ankauf des Gebäudes (Mindesteinlage 5.000 DM, ab Vermietung mit 4% verzinst). Das Modell wurde in Zusammenarbeit mit dem Frauenbetrieb Finanzkontor GmbH entwickelt. Der Fonds beteiligt sich als Stille Gesellschaft 15 Jahre an der Frauenstadthaus Modernisierungs-, Verwaltungs- und Vermietungs-GmbH.

Im November 1989 konnte ein Altbremer Haus mit rückwärtigem Gewerbeteil in einer Zwangsversteigerung erworben werden. Es liegt im zentrumsnahen Ortsteil Peterswerder, verkehrsgünstig und mit öffentlichen Verkehrsmitteln gut erreichbar. Aufgrund der geringeren Größe des Gebäudes Am Hulsberg 11 wurde der Bereich Wohnungen zugunsten von Räumen für gewerbliche Nutzung aufgegeben. Neben Tischlerei, Malereibetrieb und Elektrowerkstatt entstehen Büroflächen für ein Planungsbüro und andere Dienstleistungen. Räume für Sport und Bewegung werden Frauengruppen zur Nutzung angeboten.

3. "Stadtteilzentrum Adlerstraße e.V., Dortmund" (STAZ)

Frauen schaffen sich Raum in einem soziokulturellen Zentrum:
Das Stadtteilzentrum Adlerstraße ist ebenfalls ein Umnutzungsprojekt in den
Verwaltungsgebäuden einer ehemaligen Maschinenfabrik, in der westlichen
Innenstadt Dortmunds gelegen.

Vereine und Gruppen, die im Viertel arbeiteten und mehr Raum brauchten,
wollten den geplanten Abriß verhindern und die Gebäude mit eigenem Konzept
umnutzen. Im Mai 1986 wurde dazu der Verein Stadtteilzentrum Adlerstraße gegründet. Von Anfang an waren zahlreiche Frauen initiativ und aktiv; es sind
Frauenvereine wie Baufachfrau Dortmund, ein überregionaler Zusammenschluß
von Architektinnen und Bauhandwerkerinnen, das Mütterzentrum, die Frauenzeitschrift Igitte, Wildwasser, eine Selbsthilfeinitiative gegen sexuelle Gewalt an
Mädchen und Frauen. Auch die FOPA Dortmund hat hier ihren "Sitz".

1987 wurde der Antrag auf Städtebauförderung für die Verwaltungsgebäude bewilligt, und der Verein konnte im Herbst in eigener Regie mit dem Umbau beginnen. 10% der Bausumme von rund 1 Million war als Eigenleistung zu erbringen.

In Kooperation mit dem vom Verein beauftragten Architekturbüro übernahmen
eine Architektin und eine Bauingenieurin die Organisation und fachliche Anleitung der Selbsthilfe am Bau. Sie erleichterten den Bauhelferinnen den unge-
wohnten Einsatz mit Handwerkzeugen aller Art. Entsprechend der Struktur des
Dachvereins arbeiteten viele Frauen auf der Baustelle.

Das STAZ erhielt von der Stadt einen langfristigen Vertrag, der Mietfreiheit ge-
währt. Die Vereine haben die Kosten für Betrieb und Instandhaltung in Höhe von
rund 70.000 DM im Jahr selbst aufzubringen.

Mit der Eröffnung dieses Zentrums im Januar 1989 wurde das Angebot an
kultureller und sozialer Infrastruktur im Stadtteil erweitert. Doch eine gesicherte
Finanzierung für diese Angebote gibt es nicht. Die im Zentrum hauptamtlich
arbeitenden Kräfte - derzeit fast 30 - werden überwiegend aus Mitteln des
Arbeits- und des Sozialamts bezahlt.

Abbildung 6
Stadtteilzentrum Adlerstraße e.V. Dortmund

4. "Frauen planen um e.V."
Planungsberatung in der Großsiedlung Kirchdorf-Süd in Hamburg

Anfang der 80er Jahre war Kirchdorf-Süd eine der Siedlungen mit großen Problemen: soziale Konflikte, fehlende Infrastruktur und hohe Fluktuation drängten zum Handeln. Zehn Frauen aus den Bereichen Planung, Architektur, Landschaftsplanung und Psychologie gründeten 1983 den Verein *"Frauen planen um"* und entwickelten eine Konzeption zur Erneuerung der Siedlung. Ihr Ansatz rückte Verbesserungen im Interesse der Bewohner und insbesondere der Bewohnerinnen und deren Beteiligung an der Planung in den Vordergrund.
Das Konzept wurde als Forschungsantrag beim Bundesministerium für Raumordnung, Bauwesen und Städtebau eingereicht. Nach langwierigen Auseinandersetzungen mit zuständigen städtischen Institutionen erhielten "Frauen planen um" im Rahmen eines Modellprojekts einen Auftrag zur Planungsberatung in Kirchdorf-Süd. Mit der Einrichtung des Büros für BewohnerInnenberatung vor Ort begann 1985 die Arbeit.

Nicht nur bauliche Erneuerungen, die rasch sichtbare Verbesserungen bringen sollten, sondern auch langfristige Überlegungen zur Umgestaltung der Wohnumgebung mit den BewohnerInnen war Ziel des Projekts. Die Beraterinnen ermutigten und regten zur Mitarbeit an. Sie ermittelten Mißstände und Wünsche und übernahmen die "fachliche Übersetzung" und Konkretisierung von Vorschlägen der BewohnerInnen. Sie unterstützten die Durchsetzung dieser Vorschläge bei Wohnungsbaugesellschaften, städtischen Behörden und politischen Gremien.

"Frauen planen um" erreichte eine intensive Beteiligung der Bewohnerinnen, weil hier auf Seite der Fachleute Frauen agierten, die Verständnis für ihre Kritik signalisierten. Manche Anregung wäre sonst gar nicht erst zur Sprache gekommen. Wichtig für diese Kommunikation war der Ansatz der Fachfrauen, Vorschläge - auch die eigenen - in besonders anschaulicher Form zur Diskussion zu stellen, denn die herkömmliche Präsentation von Plänen ist für Laien nicht verständlich.

Es wurden Verbesserungen durchgeführt, die sich auf den Alltag von Frauen und die Betätigungsmöglichkeiten für Kinder und Jugendliche beziehen.
- Die extrem zugigen Laubengänge in den Hochhäusern wurden verglast.
- Zur besseren Orientierung und Nutzbarkeit wurden die Eingangsbereiche umgebaut.
- Fahrstühle wurden vergrößert, das Bedienungstableau für Kinder erreichbar gemacht.
- Es wurden Gärten angelegt und Innenhöfe umgestaltet.

5. *"Leben in der Fabrik e.V." Düsseldorf*

In Düsseldorf-Bilk verlagerte sich 1985 die Maschinenfabrik Jagenberg und gab ein 60 ha großes Areal frei mit 70.000 qm Geschoßfläche in Gebäuden, Hallen und Schuppen. Das Gelände liegt in 3 km Entfernung zur Innenstadt und unmittelbar neben den Uni-Kliniken. Die hohe Standortgunst sowie die mit der Wohnumfeldverbesserung verbundene Aufwertung und die Ansiedlung des Landtags im gleichen Stadtbezirk geben dem Gelände eine besondere Bedeutung für die Stadtentwicklung.

Als Gegenleistung für den Verbleib der Firmenverwaltung in Düsseldorf sollte die Umnutzung des alten Geländes im Sinne der Firma Jagenberg gestaltet werden können. Noch vor Abschluß der Verlagerung der Produktionsstätten änderte die Stadt den Flächennutzungplan entsprechend. Die von Jagenberg in Auftrag gegebene Planung sah den kompletten Abriß vor und eine hochverdichtete Neubebauung mit Eigentumswohnungen und Büros. An dieser Planung

Abbildung 7
Leben in der Fabrik e.V. Düsseldorf

entzündete sich massive Kritik und es gründete sich die "Bürgerinitiative Uns Jagenberg". Unterstützt durch den "Arbeitskreis ökologische Stadtplanung" erreichte die BürgerInneninitiative bereits 1984, daß das Verwaltungsgebäude, ein vom Jugendstil geprägter Stahlskelettbau - nach seinem Archtitekten als Salzmannbau benannt - unter Denkmalschutz gestellt wurde. Gemeinsam mit anderen Interessierten bildete der Arbeitskreis die "Projektgruppe Jagenberg", um andere Ideen zur Nutzung und Gestaltung des gesamten Geländes zu entwickeln. Ende August 1984 präsentierten sie ihre Ideenskizze der Öffentlichkeit: Eine Alternative für Jagenberg: Wohnen, Arbeiten & Kultur statt Abriß & Luxusbau.

Diese Gegenplanung fand große Resonanz und war Thema im laufenden Kommunalwahlkampf. Unter diesem (Ein-) Druck kaufte die Stadt Düsseldorf das Gelände im darauffolgenden Jahr und leitete die Sanierung nach Städtebauförderungsgesetz ein. Als erstes beauftragte sie die landeseigene Landesentwicklungsgesellschaft (LEG) mit der Erarbeitung eines Nutzungs- und Finanzierungskonzeptes für den ehemaligen Verwaltungskomplex, den Salzmannbau. Für diesen wurde eine rasche Umnutzung angestrebt.

Für den Salzmannbau erarbeitete die Wohngruppe des Vereins, ein Team aus Architektinnen und Planerinnen, ein Nutzungskonzept "offener Planung". Es sieht die Einbeziehung der Nutzer-/MieterInnen in den Planungsprozeß vor. Die am Bestand orientierte Umbauplanung setzt auch auf gegenseitige Mithilfe beim Ausbau. Ziel ist eine Nutzungs- und Gestaltungsvielfalt, die Freiräume für neue Initiativen läßt.

Innerhalb der Wohngruppe organisierten sich diejenigen, die sich im Salzmannbau selbst Wohnungen nach eigener Vorstellung und mit einem hohen Anteil an baulicher Selbsthilfe schaffen wollten. Ein Jahr intensiver Diskussionen war erforderlich bis die Wohnperspektiven der einzelnen in Grundrißlösungen umgesetzt werden konnten. Die Planerinnen und Architektinnen verhandelten ab Sommer 1987 mit dem zuständigen Ministerium über die Durchführung dieses Selbsthilfeprojekts im Rahmen des sozialen Wohnungsbaus. Zugangsberechtigt für Sozialwohnungen sind alleinstehende Personen oder Familien mit geringem Einkommen. Nicht alle Mitglieder der Gruppe erfüllen diese Anforderung; insbesondere der einengende Familienbegriff schließt neue Formen gemeinschaftlichen Wohnens von der Förderung aus. Die Betreuerinnen erreichten die erforderlichen Ausnahmeregelungen.

Die Verhandlungen über das Selbsthilfeprojekt und ein Trägermodell für die gesamte Umnutzung, das "neue Wege" der Mitbestimmung und Selbstverwaltung eröffnet, blieben lange in der Schwebe. Der geplante Eigentumsübergang von der Stadt auf die LEG verzögerte sich bis Dezember 1990 (ungeklärte Altlastenfrage). Erst im Sommer 1991 konnte mit den Umbauarbeiten zu einem Wohn-, Arbeits- und Bürgerhaus auf rund 10.000 qm begonnen werden. Neben öffentlichen Einrichtungen, von Kultur-, Jugend- und Sozialamt betreut (1.800 qm), und Büros für soziale Initiativen und freie Gruppen (1.200 qm) werden im Salzmannbau 83 Wohnungen (auf 4540 qm) entstehen für alte Menschen, Behinderte, StudentInnen, und KünstlerInnen. Den Wohnungen der KünstlerInnen sind ihre Ateliers zugeordnet (2280 qm). 14 Wohneinheiten werden der Wohngruppe überlassen; im westlichen Seitenflügel kann sie über 2 Etagen ihre Wohnungen selbst ausbauen.

6. Bauteam "Grüne Nordstadt" und Grünbau GmbH Dortmund

Das Bauteam Grüne Nordstadt ist ein Beschäftigungs- und Ausbildungsprojekt für arbeitslose Jugendliche und junge Erwachsene in der Dortmunder Nordstadt. Entstanden ist das Projekt aus der Arbeit des Vereins zur Förderung demokratischer Stadtplanung und stadtteilbezogener Gemeinwesenarbeit - kurz Planerladen. Der Planerladen erprobt seit rund 9 Jahren in Stadtteilläden in der Nordstadt sein Konzept einer interdisziplinären Stadtplanung, die sich an den BewohnerInnen und an ökologischen und sozialen Prinzipien orientiert.

Die Dortmunder Nordstadt (hinter dem Bahnhof) gehört zu den typischen Hinterhöfen des Ruhrgebiets, in ihrer Entwicklung bestimmt durch den Rückzug der Montanindustrie. Hier leben viele Arbeitslose, alte Menschen und ausländische Familien mit geringem Einkommen; sowohl die Wohnungen als auch ihr Umfeld weisen z.T. erhebliche Mängel und hohe Verkehrsbelastung auf.

Die anfangs planerische Arbeit des Vereins wurde schon bald erweitert um Beratungsangebote im Sozialbereich (Wohngeld, Sozialhilfe), Initiierung von Nachbarschaftshilfen, Hausaufgabenhilfen und Sprach- und Alphabetisierungsangebote für türkische Frauen.

Das Bauteam Grüne Nordstadt - im Dezember 1987 nach einjähriger Vorbereitung gestartet - verknüpft Beschäftigung mit Umwelt- und Wohnumfeldverbesserung. Es konnten zehn Arbeitsplätze aus dem Landesprogramm "Arbeit statt Sozialhilfe" finanziert werden. Das nordrheinwestfälische Ministerium für Arbeit, Gesundheit und Soziales finanzierte eine Stammkraftstelle (Raumplaner), und drei Mitarbeiter des Planerladens (Landschaftspfleger, Sozialarbeiter, Raumplaner) ergänzten die fachliche Betreuung. Die zehn Arbeitsstellen wurden belegt durch je 5 junge Frauen und Männer ohne Qualifikation, die durch praktische Begrünungsarbeiten - vorrangig in der Nordstadt - zwei Jahre lang ausgebildet wurden:
- Hof-, Fassaden- und Dachbegrünung unter Einbeziehung von Selbsthilfe der BewohnerInnen

- Anlage und Pflege von Naturgärten
- Gestaltung, Begrünung und Pflege von Brachen und Baulücken
- Gestaltung und Begrünung von Industrieanlagen.

Im zweiten Jahr konnten mit einem Zuschuß des Europäischen Sozialfonds auch Arbeiten im Baunebengewerbe durchgeführt werden:
- Instandsetzung und Modernisierung von Gewerberäumen für das Bauteam
- Mietermodernisierung in Kooperation mit einem alternativen Handwerksbetrieb
- Umbau von Geschäftsräumen und Hofbegrünung für den Kinderladen einer Elterninitiative.

Im Winter 1989 wurde dieses Projekt mit weiteren 10 Jugendlichen fortgesetzt. Sie begannen mit dem Umbau des Hinterhofgebäudes, in dem die gemeinnützige Beschäftigungsgesellschaft des Planerladens, Grünbau, Anfang 1990 ihren Betrieb aufnahm.
Vier Jugendliche aus der ersten Gruppe erhielten einen 3-jährigen Arbeitsvertrag von Grünbau. Drei Jugendliche der ersten Maßnahme - drei Frauen - hatten die Ausbildung abgebrochen. Dennoch wurden auch für die Folgemaßnahme wieder 5 Frauen gesucht. Zu ihrer Unterstützung richtete Grünbau einen Gesprächskreis ein und engagierte eine Betreuerin.

7. Nachbarschaft Georgenschwaige München

Dieses Projekt wurde als Modell für Nachbarschaftsentwicklung vom Verein Wissenschaftszentrum München (WZM) konzipiert. Das WZM, 1984 von WissenschaftlerInnen der Universität München gegründet, verbindet darin eigene Forschung mit Praxis auf der Ebene des Stadtteils.

Das Konzept auf der Grundidee des "self reliance" - ein Begriff aus Entwicklungshilfeprojekten - will die Selbstorganisation der Nachbarschaft fördern. Gemeinschaftswerkstatt, neue Technologien, soziales Netz und Ökologie waren Bausteine des im Baukastenprinzip entwickelten Konzepts. Es sollte in Auseinandersetzung mit den konkreten Problemlagen der Nachbarschaft korrigierbar sein.

Von 1986 bis 1990 wurde das Konzept in Milbertshofen in der Praxis erprobt. Milbertshofen, nördlich an Schwabing grenzend, wird von Münchens verkehrsreichsten Straßen (Mittlerer und Frankfurter Ring) eingeschlossen und durchschnitten. Unter den rund 48.000 EinwohnerInnen sind viele alte Menschen und AusländerInnen (25%). Das Quartier wies durchschnittliche Defizite an sozialer und kultureller Infrastruktur auf. Die innenstadtnahe Lage, der geplante U-

Bahn-Anschluß nach Norden und Maßnahmen zur Verkehrsberuhigung und Wohnumfeldverbesserung lassen eine Aufwertung des Stadtteils erwarten.

Das Projekt finanzierte sich über Arbeitsbeschaffungsmaßnahmen und eine fünf-jährige sogenannte Stammpersonalstelle, die mit einer Stadt- und Regional-planerin besetzt wurde. Im Nachbarschaftsbüro arbeiteten eine Architektin, eine Sozialpädagogin und eine Schreibkraft; in der Gemeinschaftswerkstatt drei HandwerkerInnen. Eine Schreinerin mit pädagogischer Ausbildung leistete zwei Jahre lang vorbildliche Arbeit beim Aufbau der Werkstatt. Ansonsten kämpfte das Projekt mit einer hohen Fluktuation der MitarbeiterInnen.

Ab Februar 1987 wurden die Angebote des Nachbarschaftsbüros durch Faltblätter an alle Haushalte im Quartier bekannt gemacht. Eine der ersten prakti-schen Aktivitäten war die Einrichtung einer Mutter-Kind-Gruppe, eine der beständigsten und erfolgreichsten Initiativen. Schon kurze Zeit später wurde eine zweite Gruppe gebildet. Aus dem Bedürfnis von Müttern, sich ohne Kinder zu treffen, entstand 1989 der Frauentreff. Frauen sind allgemein diejenigen, die Angebote des Teams aufnehmen und sich für Verbesserungen aktivieren lassen. Mit ihrer Unterstützung erreichte die Planerin z.B. die Anlage eines Nach-barschaftsgartens mit Bänken, Sandkasten und Spielgeräten auf einem begehrten städtischen Grundstück. Für ein weiteres Grundstück erstellte sie in Zusammen-arbeit mit dem Stadtteilzentrum Milbertshofen und dem Stadtgartenamt die Grünflächenplanung "Märchenwiese". Eine letzte Initiative der Stadtplanerin ist die Konzeption einer Spielmeile auf den aufgelassenen Gleisen der Straßen-bahnlinien 12 und 13. Hier soll ein Grünzug als "Erlebnisweg" mit Spiel-, Kommunikations- und Bewegungsangeboten gestaltet werden. Öffentlichkeits-aktionen und "Zukunftswerkstätten" sollen eine frühzeitige Beteiligung der AnwohnerInnen fördern.

Seit Herbst 1990 hat sich das Projekt mit überwiegend dauerhaften Arbeitsplätzen als Stadtteilinitiative etabliert. Das WZM ist Mitglied im Trägerverein Stadt-teilzentrum Milbertshofen geworden (Zusammenschluß von Selbsthilfegruppen in der AusländerInnenarbeit) und hat damit seine Basis für die Zusammenarbeit mit Initiativen und Gremien im Stadtteil gefestigt.

8. Ökologische Stadterneuerung Nürnberg Gostenhof-Ost

Die ökologische Stadterneuerung Gostenhof-Ost ist ein kommunales Projekt im Bundesprogramm "Experimenteller Wohnungs- und Städtebau". Das Evan-gelische Siedlungswerk in Bayern (ESW) wurde im September 1986 als Treuhänder dieses Experiments eingesetzt.

Um die "ökologische Dimension" von Stadterneuerung auszuloten, wird die baulich-technische Erneuerung um immaterielle Handlungsfelder erweitert. Informations- und Weiterbildungsangebote, die sich auf die Lebenswirklichkeit und das soziale Gefüge im Stadtteil beziehen, kennzeichnen den offenen Planungsprozeß. Die Mitwirkungsbereitschaft von BewohnerInnen, EigentümerInnen und InvestorInnen wird durch Angebote des Stadtteilladens vor Ort und des städtischen Bildungszentrums gefördert. Diese Arbeit wird im wesentlichen von Frauen geleistet.

Damit die Auseinandersetzung mit Stadterneuerung gefördert wird, gibt es Angebote an die BewohnerInnen wie die Stadtteilzeitung Gostenhofer und die Stadtteilkonferenz. Sozialorientierte KapitalanlegerInnen, gemeinnützige Wohnungsbaugesellschaften oder Genossenschaften, aber auch Selbsthilfegruppen werden ausdrücklich anerkannt als ProtagonistInnen solcher Stadterneuerung. Weiter gibt es zwei bewohnerschaftliche Träger:
Hallo Nachbar, ein Verein, der einen Block-Innenbereich beplant und später verwalten soll sowie den Verein Gostenhofer Asphaltkinder, der die Freizeit- und Spielmöglichkeiten für Kinder und Jugendliche verbessern will. Beide Initiativen wurden von einer unabhängigen Beraterin aufgebaut; die Vereine bezahlen ihre Arbeit aus Mitteln der Stadterneuerung.
Schließlich existiert auch ein Ökozentrum, ein Ort, wo ökologische Materialien und Technologien präsentiert werden können. Es soll "Kristallisationspunkt für das integrierte Projektverständnis" sein.

Was zeigen diese Projekte?

Die Projekte bieten vielfältige Möglichkeiten der Aneignung; Aneignung von Räumen, öffentlichen und sozialen Kompetenzen, Sachwissen und gemeinschaftlicher Handlungsfähigkeit. Solche Erfahrungen sind im Rahmen der traditionellen Stadterneuerung nicht möglich, und sie stärken das Selbstbewußtsein der Beteiligten und ihre Fähigkeit zur Selbstorganisation.

Selbstorganisierte Projekte sind komplexe Gebilde, die sich auf alle Ebenen der Wirklichkeit beziehen, von der politischen bis zur psychosozialen. Da sie Erfahrungen und deren Reflexion gleichermaßen ermöglichen, stoßen sie entsprechende Lernprozesse an. Dabei lernen alle Beteiligten, die BewohnerInnen wie die Fachfrauen.

Für die Fachfrauen liegt das hauptsächliche Lern- und Erfahrungsfeld innerhalb des Projektteams im Erproben und Erfahren der Umsetzbarkeit ihrer Arbeits- und Lebensvorstellungen, aber auch in der Auseinandersetzung mit öffentlichen

Institutionen, PolitikerInnen und BewohnerInnen. Die Fachfrauen erhalten ihre Legitimation und ihren "Auftrag" von den BewohnerInnen. Ihr Planungsverständnis garantiert die Einbeziehung der Wünsche und Erfahrungen der Betroffenen, die zugleich angeregt werden, daraus zu lernen und in der Sache erfolgreich zu sein.
Für Fachfrauen bestehen in jedem Projekt vielfältige Qualifizierungs- und Weiterbildungsmöglichkeiten. Sie können mit neuen Ideen experimentieren und daraus innovative Lösungen entwickeln.

Rolle der Planerin/Fachfrau

Das Spektrum der Berufs-Rollen der Fachfrauen entspricht der Vielfalt der Projektinhalte. Gemeinsam ist allen Projektmitarbeiterinnen, daß sie die NutzerInnen als ExpertInnen ernstnehmen und Partei für sie ergreifen. Sie betonen die persönliche Ebene ihrer Arbeit und die Wertschätzung unabhängiger Beratung.

Die Rolle der Fachfrauen in solchen Projekten kann schlagwortartig als "Projektmanagerin" bezeichnet werden. Dies gilt für Planerinnen genauso wie für Frauen mit anderen Ausbildungswegen, die derartige Projekte initiieren. Sie benötigen vor allem Know-how rund um das Projektmanagement: Konzepte entwickeln, Durchsetzungsstrategien entwerfen, (Umbau-) Pläne erstellen, Räume beschaffen, Finanzierungsquellen ausloten, Geld beschaffen, Weiterbildung organisieren, mit Verwaltungen/Institutionen verhandeln, Umbau/(Projekt-) Betrieb organisieren und nicht zuletzt die Aufgabe, das Projekt bzw. die am Projekt Beteiligten "bei der Stange zu halten".

Diese Aufgabenfülle liegt quer zur Arbeitsteilung in der Verwaltung und bietet Frauen ein Praxisfeld, das sonst nur in der Selbständigkeit zu realisieren ist. Selbstorganisierte Projekte bieten demnach, gerade für Frauen, viele Chancen, sich in verschiedensten Bereichen weiterzuqualifizieren, da die "lockeren" Strukturen Möglichkeiten bergen, Neues zu entwickeln und kennenzulernen.

Gedanken zur Veränderung der Stadtplanung im Interesse von Frauen

Die gesetzlich geregelte BürgerInnenbeteiligung in Form einer einmaligen Veranstaltung zu einem Zeitpunkt, an dem die Planung verwaltungsintern abgestimmt und weitgehend fertig ist, erreicht Bürgerinnen noch weniger als Bürger. Laienhafte Einwendungen und Wünsche werden in der Regel als störend empfunden und entsprechend behandelt. Und das gilt in besonderem Maße für Einwendungen, die Frauen vortragen; sie werden, leider, schlicht nicht ernstgenommen. Aber auch anderes steht der Beteiligung entgegen: Frauen haben vielfach existenziellere Sorgen, als sich mit Planung zu befassen: das niedrige Einkommen, die magere Rente, die enge Wohnung, der fehlende Kindergartenplatz, die langen Wege für Besorgungen, Überlastung durch Haus- und Erwerbsarbeit. Deshalb muß eine effektive Beteiligung von Frauen an Planung u.E. weit vor den bisherigen Verfahren ansetzen, durch intensive Beratungsarbeit und Angebote vor Ort. Wir meinen, daß selbstorganisierte Projekte, die hier schon gesellschaftlich wichtige Arbeit leisten, in Zukunft eine adäquate finanzielle Förderung brauchen. Nötig wäre Projektförderung oder institutionelle Förderung; die Finanzierung mittels Arbeitsbeschaffungsmaßnahmen und Arbeit statt Sozialhilfe sind ein Behelf, der nicht weiter trägt. Die Förderung eines speziellen Beratungs- und Organisationsangebotes, das Frauen Gestaltungsspielräume verschafft, sehen wir dabei als unerläßlich an.

Diese Forderungen sind nicht neu, aber noch kaum umgesetzt. Deshalb möchte ich die Forderungen der *Frauen gegen eine lebensfeindliche Stadtplanung* in Erinnerung bringen. Sie haben sie in ihren *"nicht vorgesehenen - unvorhergesehenen Reden"* anläßlich des Anhörungsverfahrens zur Planung von Neubauten der IBA im November 1981 in Berlin vorgetragen - Frauen waren zu diesem Hearing nicht eingeladen und mußten sich ein Rederecht erzwingen. *"Zur Entwicklung sozialer Kreativität brauchen wir Freiräume zur Selbstentfaltung (Expertenplanung führt zu Passivität). Die Einrichtung animierender Partizipationsprozesse für Frauen, in denen Frauen ihre spezifischen Alltagserfahrungen positiv in die Gestaltung ihrer Lebenswirklichkeit einbringen können und die Chance der Durchsetzung gegeben ist."*[7]
Eine Konsequenz der Berliner Fachfrauen war die Gründung von FOPA.

Mit einer Aussage der niederländischen Planerinnen Jaqueline Loeffen und Karin Overdijk möchte ich schließen: *"Solange noch in erster Linie Männer bauen, wird die gebaute Umwelt besser zu ihnen passen als zu uns."*[8]

---

[7] Damerau, 1981

[8] Kerstin Dörhöfer/Ulla Terlinden (Hrsginnen.): Verbaute Räume. Auswirkungen von Architektur und Stadtplanung auf das Leben von Frauen, Köln 1987,

Literatur

Damerau, Rotraud: Forderungen von Frauen an die IBA-Planung. Zur Partizipation von Hausfrauen an Planungsprozessen - Entfaltung sozialer Kreativität; in: Frauen gegen eine lebensfeindliche Stadtplanung, (nicht vorgesehene - unvorhergesehene) Reden von Frauen anläßlich des Anhörverfahrens zur Planung der IBA 'Neubaubereich' am 13./14. November 1981, S. 13/14, unveröffentlicht

Dörhöfer, Kerstin (Hgin): Stadt - Land - Frau: soziologische Analysen feministischer Planungsansätze, Freiburg 1990

Karhoff, Brigitte; Ring, Rosemarie; Steinmaier Helga: Frauen verändern ihre Stadt. Vom selbstorganisierten Frauenstadthaus bis zur Umplanung einer Großsiedlung, Zürich: efef Verlag 1992

Kennedy, Margrit (Hgin.) 1984: Ökostadt. Bd. 1: Prinzipien einer Stadtökologie, Frankfurt 1984

Kennedy, Margrit (Hgin): Ökostadt. Bd. 2: Mit der Natur die Stadt planen, Frankfurt 1984

Kennedy, Margrit: Frauen, Ökologie und die Erneuerung unserer Städte. Thesen zum Vortrag an der Volksuniversität, Pfingsten 20.-23.5.1983, FU Berlin, Manuskript

Selle, Klaus: Neue Institutionen für die Entwicklung städtischer Quartiere, oder: warum entstehen intermediäre Organisationen?, in: Jahrbuch Stadterneuerung 1990/91. Beiträge aus Lehre und Forschung an deutschsprachigen Hochschulen, Berlin 1991, S. 69-87

Bildnachweis

Abbildung 1: S.T.E.R.N. GmbH und Frauenstadtteilzentrum Schokoladenfabrik e.V.: Ökologische Maßnahmen im Stadtteilzentrum Schokoladenfabrik, Berlin 1988, S. 43

Abbildung 2: ebenda S. 13, Foto: Rosemarie Ring

Abbildung 3: ebenda S. 43, Foto: Rosemarie Ring

Abbildung 4: Frauenstadthaus Bremen. Foto: Jochen Stoos, 1989

Abbildung 5: Frauenstadthaus. Foto: Lioba Feld, 1992

Abbildung 6: Stadtteilzentrum Adlerstraße e.V. Dortmund. Foto: Rosemarie Ring, 1989

Abbildung 7: Leben in der Fabrik e.V. Düsseldorf. Fotos: Raumplanung 44, 1989, S. 35; Rosemarie Ring 1989

Agrikultur - Baukultur

Benno Furrer

Einleitung

Ökologie wird - nach Duden - definiert als die "Lehre von den Beziehungen der Lebewesen zu ihrer Umwelt".
Im Elektronik-Jargon unserer Zeit könnte man auch sagen: Ökologie, die Wissenschaft der Schnittstellen. Anhand der "Mikroschnittstelle" Spalierbirnbaum möchte ich zur Einleitung drei wesentliche Aspekte der Ökologie aufzeigen: die technisch-physikalische, die ökonomische und die kulturelle Seite.

Die naturwissenschaftlich-technisch-physikalische Seite
Ein Spalier kann das Mikroklima eines Wohnhauses günstig beeinflussen. Durch seine bremsende Wirkung auf Winde, durch Schatten und Verdunstungskälte wirkt er temperaturregulierend. Zudem mildert er die direkten Witterungseinflüsse (Regen, Hagel, Sonne) auf die Fassade.

Die ökonomische Seite
"An diesen leeren Wänden (d.h. ohne Spalierbäume) hangen noch viele Tausende von Franken verborgen, die wir holen könnten, wenn wir mit Ernst und gutem Willen daran gingen, dieselben auszunützen. In einer Zeit, in der die Ansprüche an das Leben und die Bedürfnisse immer grösser werden, müssen wir auch die kleinsten Vorteile ausnützen, um unsere Einnahmen zu vermehren."[1]

Die kulturelle Seite
Die Zeitschrift Heimatschutz widmet in ihrer Ausgabe 11/1910 einen Artikel dem Urner Bauernhaus. Dabei werden unter anderem ein Bauernhaus mit und ein Haus ohne Spalier einander gegenübergestellt und wie folgt kommentiert: "Bauernhaus mit altem Spalierbirnbau in der Rütti, Schattdorf" und: "Bauernhaus in Bauen, des Schmuckes durch Obstspalier entkleidet."[2] Man kann den Spalier also durchaus auch von der ästhetischen Seite her betrachten. Diese Haltung geht auch aus einem anderen Zitat hervor: "Es kann nicht genugsam betont werden, dass alle kahlen Mauern und Hauswände (...) mit geeigneten Spalierbäumen

---

1 Der Schweizerische Obstbauer, 1906, Nr. 10, S. 155.
2 Heimatschutz 1910, Nr. 10, S. 86.

bepflanzt werden sollten. Nicht nur bieten derart grün bekränzte Häuser dem Auge ein ungleich wohltuenderes Bild, als nackte, im Sommer oft grell beleuchtete Wandflächen, sondern es lässt sich aus manch' toter Wand ein Kapital herausklopfen, das sich oft in die Hunderte von Franken beläuft."[3]

Ausgangspunkt des folgenden Aufsatzes bildet die Frage: Was haben uns traditionelle ländliche Bauten zum Thema Baukultur, Wohnkultur und Ökologie in unserer Zeit zu bieten. Ökologie, verstanden als "Lehre von den Beziehungen der Lebewesen zu ihrer Umwelt", bleibt zunächst eine sehr weitgespannte und unscharfe Definition. Die Interpretation, wie diese Beziehungen der Lebewesen zu ihrer Umwelt geartet sind, oder gar, wie sie zu gestalten seien (gerade im Hausbau), lässt einigen Spielraum offen.
Die in diesem Ökologieverständnis angesprochenen drei Bereiche findet man - wenn auch nicht unter diesem Begriff - in älteren Werken zur Architektur, so zum Beispiel bei Andrea Palladio in den vier Büchern zur Architektur, wo es ganz grundlegend heisst: "Bei jedem Bau sollen, wie Vitruv lehrt, drei Dinge beachtet werden, ohne die ein Gebäude kein Lob verdient. Diese drei Dinge sind: der Nutzen oder die Annehmlichkeit, die Dauerhaftigkeit und die Schönheit. Denn ein Gebäude, das nützlich, aber von geringer Lebensdauer ist oder aber stark und fest, ohne bequem zu sein, oder auch die beiden ersten Bedingungen erfüllt, aber jeder Schönheit ermangelt, kann nicht als vollkommen bezeichnet werden."[4] Man könnte also Nutzen bzw. Annehmlichkeit der technischen, die Dauerhaftigkeit der ökonomischen und die Schönheit der kulturellen Seite zuordnen.
Die einzelnen Bereiche lassen sich selbstverständlich nicht klinisch sauber auseinanderhalten. In einer technisch-physikalischen Betrachtung liegt das Schwergewicht etwa auf Fragestellungen, die Eigenschaften von Baumaterialien in ihrer gegenseitigen Beziehung und gegenüber dem Menschen betreffen. Ein Beispiel dafür sind Untersuchungen zu den Naturbaustoffen Holz und Stein, welche die Ingenieurschule beider Basel im Calancatal durchführte.[5] Solche Untersuchungen zeigen mit wissenschaftlichen Methoden das auf, was Bauern und Bauhandwerker früher intuitiv, mangels anderer Baustoffe oder aufgrund eigener oder

---

[3] Der Schweizerische Obstbauer 1907, S. 45.

[4] Palladio Andrea, die vier Bücher zur Architektur (1570), Zürich 1983, S. 20.

[5] Untersuchungen bezüglich Zug- und Druckfestigkeit, der Wärmeleitfähigkeit bzw. der Wärmedämmung von Holz oder zur Dimensionierung und Tragkraft auskragender Treppenstufen aus Gneis oder der Wärmespeicherung von Speckstein (In: Val Calanca Baukultur, Aufnahmen und Analysen 1978. Hrsg. Ingenieurschule beider Basel, Abt. Architektur, Muttenz 1979).

übernommener Erfahrungen in Bauten umgesetzt haben.[6] Obwohl sich hier etwa am Beispiel der Eignung von einzelnen Holz- und Gesteinsarten für bestimmte Bauaufgaben ein reicher Erfahrungsschatz zeigen lässt, führe ich dieses Thema nicht weiter aus.[7]

Eine Betrachtung der wirtschaftlichen Aspekte könnte bei der Fragestellung ansetzen, wie sich die Kosten ökologisch orientierter Bauweise kurz-, mittel- oder langfristig gegenüber einer Verwendung von mehrheitlich industriell gefertigten Baustoffen verhalten. Sowohl im Bauernbetrieb als auch in der Alternativ-Szene stehen aber auch die möglichen Eigenleistungen aus finanziellen Überlegungen im Vordergrund, Eigenleistungen, die bei einer Verwendung von Natur-Baustoffen (Holz, Stein, Lehm) in der Regel grösser sind als bei anderen Materialien. Was auf dem Bauernhof über eine lange Tradition verfügt, wird gelegentlich in nichtbäuerlichen Kreisen verwirklicht. Stellvertretend für viele andere erwähne ich das Projekt "Via Felsenau" in Bern, wo gemeinschaftliches Wohnen und Kultur auf ökologische Weise in einem Haus vereint werden sollen. GenossenschafterInnen und TrägerInnenverein wollen dort für rund 1.6 Millionen Franken Eigenarbeit leisten.[8] Raum für eigentliche Stadtflucht und "Do-it-yourself-Kulturen" bieten insbesondere die Vereinigten Staaten. Neben dem unverkennbar idealistischen oder weltanschaulichen Hintergrund spielen stets auch finanzielle Überlegungen eine wichtige Rolle.[9]

Von den eingangs erwähnten drei Aspekten (technisch-physikalische, wirtschaftliche und kulturelle) streife ich die beiden ersteren nur am Rande und gebe mehr Raum für die kulturelle Sicht. Mir schwebt für diesen Aufsatz ein theoretischer Ansatz vor, der den kulturellen, ganzheitlichen Aspekt als Angelpunkt für die Verknüpfung verschiedenster Aspekte des ökologischen Bauens sieht.

---

[6] Beispiel einer gedruckten Anleitung zur Baukunst: Schübler Johann Jacob, Nützliche Anweisung zur Unentbehrlichen Zimmermanns-Kunst (...), Nürnberg 1731, 1736, Reprint Hannover 1982; Wolff J.C., Der Baufreund oder allgemeine Anleitung zur bürgerlichen Baukunst, Zürich 1845.

[7] Einen ganzheitlichen Ansatz verfolgt der deutsche Vegetationsökologe Heinz Ellenberg, indem er Ursachen und Zusammenhänge zwischen Bauernhaus und Landschaft, die Ko-Evolution, wie er es nennt, Wirtschaft und Hofform in Deutschland untersucht und in raffinierter Darstellungsweise in Rasterkarten zusammenfasst (Ellenberg Heinz, Bauernhaus und Landschaft in ökologischer und historischer Sicht, Stuttgart 1990).
Auch andere Autoren - zumindest die jüngere Generation -, die mit der Ausarbeitung von Bänden der Reihe "Die Bauernhäuser der Schweiz" befasst sind, halten als Arbeitshypothese den Zusammenhang zwischen Bautyp und den natürlichen, wirtschaftlichen und sozialgeschichtlichen Rahmenbedingungen im Auge (Die Bauernhäuser der Schweiz, Herausgeber Schweizerische Gesellschaft für Volkskunde. Bisher sind 13 Bände erschienen, 1965ff).

[8] Hochparterre 1991, Nr. 7, S. 78.

[9] Bruyère Christian, Inwood Robert, In Harmony with Nature, New York, 1981; Deutsche Ausgabe: Bauen mit der Natur, Die Blockhäuser der neuen Zimmerleute, Frankfurt a.M. 1983.

Die sogenannten "bleibenden Werte"

Auf der Suche nach allgemeingültigen Aussagen ("Konstanten") stütze ich mich auf den Ansatz, dass traditionelle ländliche Bauten (Bauernhäuser) in der Regel aus ökologischem Denken und Handeln heraus entstanden sind. Insbesondere die Bauern im Berggebiet (nicht alle und nicht überall!) verstanden es offenbar in vergangenen Jahrhunderten, komplexe Regulationsmechanismen - auch im Baubereich - zu entwickeln, die es ihnen erlaubten, mit den beschränkten Ressourcen ihres Gebietes im Gleichgewicht zu bleiben.[10] Als zusätzliches überlagerndes Element verwende ich die Worthülse "schützenswert". Die mit einem solchen Prädikat versehenen Bauten sollten sich eigentlich aus der Masse aller Bauernhäuser hervorheben. Dabei lasse ich die Tatsache beiseite, dass das, was als "schutzwürdig" zu erachten sei, auch zeit-, personen- und institutionenabhängig ist. Darüber ist an anderer Stelle berichtet worden, und das Thema wird auch in Zukunft Diskussionsstoff liefern.[11] Die Worthülse kann folgende, als Aspekte für ökologisches Bauen relevante Begriffe beinhalten:

- Schönheit/Ästhetik, Massstäblichkeit
- der Landschaft angepasst - standortgerecht
- orts- oder regionaltypisch bezüglich Material und Bautechnik
- Künstlerische Gestaltung
- Menschenfreundlich bezüglich Material und Form - menschengerecht
- Kulturgeschichtlicher Stellenwert - Identifikationswert
- Siedlungszusammenhang - Sozialwert

Die Worthülsenbegriffe fasse ich unter den Gruppen Raum, Form und Geschichte zusammen. Auf diese drei Bereiche beschränke ich mich in der Darstellung von Aspekten ökologischer Baukultur. Was hier folgt, ist also keine umfassende Darstellung, sondern es sind einzelne, vor allem positive Facetten, die herausgegriffen werden. Ich betone, dass es nicht darum geht, frühere Verhältnisse zu idealisieren. Unbesehen soll man ohnehin nicht Vergangenes in unserer Zeit anwenden wollen.

---

[10] vgl. dazu Netting Robert McC.: Balancing on an Alp. Ecological change & continuity in a Swiss mountain community [Törbel, Wallis], Cambridge 1981.

[11] Knöpfli Albert, Dem Vergänglichen Dauer verleihen, In: Das Denkmal und die Zeit, Hrsg. von B. Anderes, G. Carlen, P.R. Fischer, J. Grünenfelder, H. Horat, Luzern 1991.

Raum

Traditionelle ländliche Bauten führen uns in eklatanter Weise die Verwendung örtlicher Baumaterialien, die Einbindung in die Natur, die Berücksichtigung von Topographie, Mikroklima und Naturgefahren vor Augen. Da diese Feststellung absolut keine neue Erkenntnis ist, darf ich sie als bekannt voraussetzen. Ich gehe weiter nicht darauf ein.
Weniger bekannt dürfte hingegen die vielfältige Bedeutung der Brache sein. Wir alle kennen das Brachland, ein nicht oder nur extensiv genutztes Stück Erde und die Brachzeit im jahreszeitlichen Ablauf der Arbeiten zur Erholung von Körper und Geist. Ich setze hinzu den Brachraum: in der Natur als Potential, als nicht ausgeschöpfte Reserve, als Zukunftsoption, im Haus ein Raum, der nicht zweckgebunden ist, z.B. Estrich und Speicher als Optionen für künftige Nutzung. Dabei kann nicht die Rede von Verschwendung sein, sondern es geht darum, dass es auch Räume geben soll, die nicht vordefiniert, nicht zweckgebunden sind. Ich plädiere also für Variabilität und für Offenheit bezüglich der Nutzung.

In der traditionellen Landwirtschaft im Berggebiet hat sich eine besondere Hofstruktur, der alpine Streuhof oder Stufenhof mit Talgut, Maiensäss und Alp herausgebildet. Im Mittelland war es typischerweise das Dorf mit einer Siedlung innerhalb einer Umzäunung (des Etters) und daran anschliessenden privaten Fluren und den Allmenden. Hier wie dort gibt es private und gemeinschaftlich genutzte Parzellen, Allmenden. Der direkte und der indirekte Zuständigkeitsbereich war somit für jeden einzelnen relativ gross. Damit ist auch die z. T. elementare und existentiell notwendige Übernahme von Verantwortung verbunden, die sich auf weite Räume erstreckt. Die Zwischenfrage sei erlaubt: Für wieviele Quadratmeter Boden ist der Durchschnittsschweizer/die Durchschnittsschweizerin heute zuständig oder verantwortlich?
Kreislaufwirtschaft oder Denken und Handeln in geschlossenen Kreisläufen war im ländlichen Hausbau fast selbstverständlich, und zwar in zweierlei Hinsicht: Erstens bei der Wiederverwendung von Rohstoffen (Neu- oder Umbau) und zweitens in der modularen Bauweise. Diese erlaubt es, Häuser den Bedürfnissen entsprechend relativ leicht aus- oder umzubauen, ohne dabei den Gesamtaspekt, das ästhetische Empfinden zu stören. Insbesondere der Gerüstbau (Ständerbau, Fachwerk) ist als ein modulares Bausystem anzusprechen, der eine relativ freie Raumeinteilung und auch nachträgliche Veränderungen ermöglicht.

Form

Bei ländlichen Bauten ist meist eine sehr enge formale Beziehung zwischen landwirtschaftlicher Nutzung und der Bauform festzustellen, am ausgeprägtesten bei sogenannten Vielzweckbauten; Beispiele dafür finden sich im Berner

Mittelland, in der Westschweiz oder im Engadin. Die einzelnen Nutzungsbereiche (Stall, Heuraum/Getreidescheune, Dreschtenne, Wohn- und Vorratsräume) sind unter einem Dach zu einer funktionalen Einheit zusammengefasst und treten nach aussen als formal durchgestaltete Einheit auf.

Der künstlerisch-architektonische Ausdruck ländlicher Bauten im allgemeinen vermittelt Zeichen von Selbst- oder Standesbewusstsein ohne Verlust der Massstäblichkeit.

Lokale und regionale Bauformen mit ihrer Ornamentik (z.B. Sgraffitto, Fassadenmalerei und plastische Gestaltung) lassen sich als Ausdruck von Gemeinschaften werten, wobei die gemeinsame Sprache oder die Religion als verbindende Elemente wirken.

Eine gewisse Hierarchie in der Bauordnung ist weniger als Zeichen der Unterordnung zu werten (das zwar auch), sondern vielmehr Ausdruck von Überschaubarkeit oder Durchschaubarkeit der Strukturen (Kirche, Schloss, Bauernhaus). Hier setzen Vertrautheit, Identifikationswert und Sozialwert von Bauten oder Siedlungen an.

Ästhetik oder Schönheit kommt als eine der gesuchten "Konstanten" im Hausbau in Betracht. Denn diesem Aspekt wird grundsätzlich zu allen Zeiten Beachtung geschenkt, wenn vom Hausbau die Rede ist. So etwa bei Palladio [1570]:

"Schönheit entspringt der schönen Form und der Entsprechung des Ganzen mit den Einzelteilen, wie der Entsprechung der Teile untereinander und dieser wieder zum Ganzen, so dass das Gebäude wie ein einheitlicher und vollkommener Körper erscheint. Entspricht doch ein Teil dem anderen, und sind doch alle Teile unabdingbar notwendig, um das zu erreichen, was man gewollt hat."[12]

Oder bei J. C. Wolff [1845]: "Zu Stadt und Land zeigt sich immer mehr das Bestreben, bequem, geräumig, gesund und schön zu bauen, und weitaus der grösste Theil neuerer Bauten beweisen klar, dass man finsterer, winkliger Zimmer, gefährlicher Treppen, dunkler Gänge herzlich satt ist, kurz, dass der Mangel an Raum, Luft, Licht in Wohnungen, sodann Feuergefährlichkeit und Hässlichkeit überhaupt nicht geeignet sind, dem Bewohner das Leben angenehm zu machen."[13]

Konrad Lorenz [1973]: "Ästhetisches und ethisches Empfinden sind offenbar sehr eng miteinander verknüpft, und Menschen, die in 'Wohnmaschinen' leben müssen, erleiden ganz offensichtlich eine Schrumpfung beider. Schönheit der Natur und Schönheit der von Menschen geschaffenen kulturellen Umgebung

---

[12] Palladio Andrea, Die vier Bücher zur Architektur (1570), Zürich 1983, S. 20.

[13] Wolff J.C., Der Baufreund oder allgemeine Anleitung zur bürgerlichen Baukunst, Zürich 1845, S. 1.

(dazu gehören die Wohnhäuser) sind offensichtlich beide nötig, um den Menschen geistig und seelisch gesund zu erhalten."[14]
Adolf Muschg [1975] "Wie die Schönheit eines alten Hauses nichts anderes ist als die Form, in der seine frühere Gegenwart eingetreten ist in eine heutige, so ist keine menschliche Zukunft denkbar, die nicht eine fortgesetzte Gegenwart wäre."[15]

Geschichte

"Dadurch, dass (traditionelle Bauten, B. F.) in der Tiefe menschlicher Zeiträume stehen, gewinnen sie ihr Gesicht. In die Erinnerungen ihrer Benützer gehen sie unmerklich ein als ihre Schwere. So kommt jeder von uns zu seinem Gewicht und zu seiner eigenen Geschichte."[16]
In der Betrachtung der Baugeschichte von ländlichen Bauten fällt auf, dass zwischen Bauherrschaft und HausbenutzerInnen meist eine relativ gute Übereinstimmung besteht. Auch Pfarrer und Patrizier unterhielten Landwirtschaftsbetriebe, der Bauer war auch Landammann oder Handwerker.
Daher lagen Bedürfnisse und Baulösungen personell nahe beieinander, was zu relativ einheitlichen Haustypen führte (Vielzweckbau, Ackerbauernhaus, Streuhof der Viehzüchter). Dabei wurde der Erfahrungsschatz innerhalb eines festen weltanschaulichen Gefüges weitergegeben.
Eine selbstverständliche, selbstbewusste Wohnkultur konnte sich entwickeln, besonders deutlich erkennbar in Möbelschreinerei oder Hafnerei. Viel stärker als heute bildeten geistige Kräfte (Religion, Glaube, Animismus) den Hintergrund. Auch hier entstanden Identifikationswerte.
Es stellt sich die Frage, wo in einer Zeit mit extrem aufgefächerter weltanschaulicher Vielfalt, mit grenzenlos scheinenden technischen Möglichkeiten und gleichzeitig immer enger werdenden natürlichen Ressourcen die Bemühungen um eine ökologische Bauweise anzusetzen haben, in den Beziehungen zwischen Mensch und Umwelt lebendig sein können. Ist ökologisches Bauen lediglich eine Frage der zu verwendenden Baumaterialien oder gibt es einen anderen Ansatz, der ausgeht vom Menschen und seinen Bedürfnissen?

[14] nach Lorenz Konrad, Die acht Todsünden der zivilisierten Menschheit, München 1973, S. 30.
[15] Muschg Adolf, Qualität des Lebens - für wen? In: Heimatschutz 1975, Nr. 1, S. 10.
[16] Muschg Adolf, Qualität des Lebens - für wen? In: Heimatschutz 1975, Nr. 1, S. 8.

Der Mensch und seine Bedürfnisse

Wer vom Bauen oder Umbauen spricht, denkt vorab an Häuser, Eigen-
tümerInnen, ArchitektInnen oder BauunternehmerInnen. Wo aber steht der/die
"NutzniesserIn", der/die BewohnerIn? Dieser Frage ist Ursula Rellstab 1988 in
einem Vortrag am Technikum Rapperswil nachgegangen.[17] Aus einer Befragung
von HausbewohnerInnen, InnenarchitektInnen, von MitarbeiterInnen von
Ämtern, von InvestorInnen und VermieterInnen, Quartiervereinen und weiteren
Kreisen, welches denn die Traumwohnung oder das Traumhaus der
SchweizerInnen sei, haben sich ein paar ganz grundsätzliche Erkenntnisse
herauskristallisiert, die ich in sechs Stichworten zusammenfasse:

1. Die Wohnung wird als "Bühne" aufgefasst. Zur Verdeutlichung ein Beispiel:
   Auf dem Bauernhof wurden früher häufig Stall und Miststock oder gar die
   Fensteröffnungen der Schlafkammer als Abort benutzt oder die in Trögen
   gesammelten Fäkalien periodisch auf Wiese oder Acker verteilt. Das ist zwar
   im ökologischen Sinne "wertvoller" als die zu Räumen für Körperkultur
   emporstilisierten Badezimmerlandschaften von heute mit dem damit verbundenen enormen Wasserverbrauch. Aber aus anderen Gründen (Hygiene,
   Bequemlichkeit) können diese alten Zustände nicht wieder angestrebt werden.
2. Austauschbare Zimmer, d.h. eine relative Gestaltungs- und Nutzungsfreiheit,
   insbesondere in Altbauten (modulare Bauweise!).
3. Ruhe vor Aussicht: Schutz vor Lärmbelästigung sowohl von aussen als auch
   von innen.
4. Brachraum: Nebenräume, Abstellräume zur extensiven oder zeitlich befristeten
   Nutzung.
5. Aussenraum, das "grüne Zimmer": Wintergarten, Gartensitzplatz oder (tiefer)
   Balkon als Erweiterung des Wohnraumes.
6. Wieviel Gemeinschaft? Spannungsfeld zwischen Privatheit und Öffentlichkeit,
   zwischen lebensgefährdender Vereinsamung und ideologiebefrachtetem Leben
   in einer Gemeinschaft.

Setzt man die Aspekte Raum, Form und Geschichte der ländlichen Bautradition
und die Wünsche heutiger HausbenutzerInnen einander gegenüber, erkennt man
eine nahe Verwandtschaft:
- Gewünscht werden von BenutzerInnen offenbar Häuser mit anpassungs-
  fähigen Innen- und Aussenräumen (Module).
- Wünsche und Vorstellungen wandeln sich mit der Zeit, je nach Alter der
  Beteiligten.

---

[17] Rellstab Ursula. Qualität nach innen und aussen. Gekürzte Fassung eines Vortrags am
Technikum Rapperswil. In: Heimatschutz 1988, Nr. 3, S. 4-7.

- Wieviel Luxus braucht der Mensch?[18]
- Brachraum oder Nutzungsvariabilität
- Gebaute und soziale Umwelt stehen im Einklang
- BewohnerInnen mit klaren Verantwortungs- und Zuständigkeitsbereichen üben gegenseitige Rücksichtnahme
- Übereinstimmung von Nutzung und Bauform
- Spannungsfeld Privatheit - Öffentlichkeit

Letztendlich (im Idealfall) sollte ein Organismus entstehen, zumindest dürfen die geschaffenen Strukturen die Entwicklung eines solchen Organismus (Mensch - Gesellschaft - Natur) nicht behindern.

Da jede Generation ihre Wohnbedürfnisse anders definiert, können die Unterschiede und die Vereinbarkeit mit dem Bestehenden mehr oder weniger stark ausfallen. Das bedeutet aber nichts anderes, als dass es im Hausbau keine Dogmatik geben kann und geben soll, auch nicht beim ökologischen Hausbau. Diese periodische "Neudefinition" von Ansprüchen sei an einem Beispiel dargestellt.

Sent - ein Idealbild und seine Bewährungsprobe in drei Akten[19]

Am Beispiel der Engadiner Gemeinde Sent wird im folgenden eine Nahtstelle (Makroschnittstelle) zwischen historisch gewachsenen Strukturen, einem Organismus und modernem Bauen mit neuen Bedürfnissen, Normen, Materialien beschrieben.

Erster Akt
Ein Brand zerstörte im Juni 1921 45 Häuser, zumeist kleinere Bauernhäuser, aber auch stattliche "Engadinerhäuser". Die Bauten ergaben vormals ein historisch gewachsenes Ortsbild von hoher ästhetischer Qualität.

Zweiter Akt
Man ist sich einig, dass ein unüberlegtes, lediglich auf Feuersicherheit orientiertes Drauflosbauen nicht stattfinden sollte. Deshalb wird ein Architekturwettbewerb ausgeschrieben mit folgenden Zielen: "Liebevolles Erfassen und harmonisch einheitliches Verwirklichen der ganzen neuen Bauaufgabe." Eine Kommission erarbeitet ein Baureglement zur praktischen und ästhetischen Verwirklichung "gesunder Bauideen", gültig für den volkswirtschaftlich und

---

[18] Vgl. dazu Vaucher Claude, Wieviel Luxus braucht der Mensch? In: Hochparterre 1992, Nr. 3, S. 43-45.
[19] Heimatschutz 1921, Nr. 5, S. 102-106; Heimatschutz 1922, Nr. 1, S. 2-10.

ästhetisch einwandfreien Wiederaufbau. Die Bauordnung enthält Möglichkeiten
des Anregens, Leitens, Modifizierens bis in die letzte Entwicklung des Bauens,
ist also sehr flexibel. Die Bezeichnung ökologisches Bauen gab es damals zwar
noch nicht, die Grundsätze liegen aus heutiger Sicht jedoch ganz in dieser Linie:
"Auf gute, bequeme Zugänglichkeit der Häuser, Ställe und Heuställe von der
Strasse aus ist Wert zu legen. Jedem Gebäude ist das seiner Zweckbestimmung
enstprechende Mass von Sonne, Licht und freiem Ausblick zu wahren. Jedem
Hause ist womöglich ein wenn auch kleiner Garten zuzuweisen, der in tunlichst
günstiger Beziehung zur Wohnung stehen soll. Überhaupt ist es Sinn und Zweck
des ganzen Bebauungsplanes, die Ordnung der Beziehungen jedes einzelnen
Hauses zu seinem Ökonomiebetriebe, zum Garten, zur Strasse, zum Nachbar-
haus, zu Sonne und Licht sowie schliesslich zum ganzen heimatlichen Dorf- und
Landschaftsbilde in möglichst vollendetem Masse herzustellen. (...) Immerhin ist
für die Zahl und Dimensionierung der Räume nicht allein das momentane
Bedürfnis des Einzelnen, sondern auch dasjenige kommender Gechlechter im
Auge zu behalten."

Dritter Akt
Der Wettbewerb und seine Folgen
Am Vorabend der Wettbewerbsausgabe hält ein Freund altbündnerischen Wesens
ein Referat und preist vor dem Chor der Bündner Architekten das alte
Engadinerhaus: die Stattlichkeit der gepflästerten Vorhalle, des Sulèrs, den Reiz
der "koketten" Erker und die solide Behaglichkeit der Prunkstube. Mit andern
Worten, das Engadinerhaus sei - modern gesprochen - ein Gesamtkunstwerk
oder eben konkret gewordenes Abbild eines gelungenen "Oikos", des Haushaltes
zwischen Natur und Mensch.
Der Brand aber stellte einen offensichtlich einschneidenden Bruch in der bisherigen Bauentwicklung dar. Dieser Bruch wurde als Tatsache akzeptiert und die
ganze Bedürfnis- und Baufrage im aktuellen Licht betrachtet. Das heisst, auch der
Stellenwert des oben so gelobten Engadinerhauses als beispielhafter Bautyp
wurde in Frage gestellt und einer Kritik unterzogen: Bauern klagten, die Ställe im
Untergeschoss seien zu dunkel, schlecht zugänglich und erhielten zu wenig Luft.
Der Wohnteil sei zügig, die Anlage zu weitläufig und enthalte zuviele Räume für
nunmehr weniger Menschen. Die Kritiker forderten mehr Ökonomie im ganzen.

Konsequenzen
Die Frage, was ökologisch ist, kann nicht ein für allemal festgelegt werden,
sondern muss im Prozess zwischen BenutzerInnen und Bauherrschaft immer
wieder neu definiert werden. Die einzelnen Elemente der ökologischen Bauweise
(Material/Natur, Wirtschaft, Ästhetik/Ethik) sind neu zu gewichten.
Zur Information sei gesagt: den 1. Preis im Wettbewerb um den Wiederaufbau
von Sent erhielt ein Projekt, das Bauten zeigt, die sich formal "den mittelschwei-

zerischen Wohnverhältnissen nähern". Dabei seien "Militärdienst, Zeitung und Rhätische Bahn" künstlerisch, bzw. baulich verwertet worden, will heissen, es fand eine Öffnung in die Moderne, ein Anschluss an neue Techniken und Architekturströmungen der damaligen Zeit statt.

Schluss

Was meiner Ansicht nach nicht eintreffen dürfte, wäre folgendes Szenario: Ökologisches Bauen wird zur "Mode", Experten werden bestellt, die ein Gebäude nach "ökologischen Grundsätzen" zu planen und zu bauen haben. "Wir" warten, bis jemand "ökologisch" baut oder bis die Behörden irgendwelche Vorschriften in dieser Richtung erlassen.

Was ist zu tun? Welcher Weg einzuschlagen?

Ich gebe keine Antworten, sondern stelle eine Reihe von Fragen.
- Ist Ökologie im Bauen "machbar" d.h. von den BauherrInnen oder UnternehmerInnen oder WissenschaftlerInnen, oder ist sie nicht vielmehr das Produkt aus einem kulturellen Prozess, an dem mehr als nur zwei PartnerInnen beteiligt sind und der seine Zeit bis zur Reife braucht?
- Wie sind die Elemente Kultur, Verantwortung und Ethik in der Bauökologie zu stärken? (Die technisch-physikalisch-naturwissenschaftliche Komponente lässt sich eher festlegen als die kulturellen Bedürfnisse.)
- Wo/wie finde ich Menschen, die vor und nach dem Bauen ganzheitlich denken wollen?
- Wie führt man Bauherrschaft und ArchitektInnen zusammen, die an sich gleiche Ideen verfolgen?
- Wie findet man GeldgeberInnen, die sich auf Prozesse einlassen, d.h. nicht nur angeblich sichere oder schnelle Rendite suchen?
- Werden die geplanten und gebauten Grundsätze der Ökologie von den BenützerInnen verstanden, aufgegriffen, nachvollzogen, mitgetragen?
Ich meine, eine Bauplanung sei so zu gestalten, dass ein Organismus entsteht oder entstehen kann, indem sich Natur, Gebäude und Mensch ergänzen. Dabei ist ein möglichst grosser Zuständigkeitsbereich für die BenutzerInnen vorzusehen.

Widerspiegelt die Nestform die Staatsform der Ameisen?*

Donat Agosti[1]

Als Biologe, genauer als Systematiker, bin ich an der Vielfalt der Natur und ihrer Entstehung interessiert. Zwar ist es äusserst spannend, Geschichten über die Evolution und deren Ursachen zu hören und zu lesen, doch bin ich zur Einsicht gekommen, dass man zwei Dinge in der Biologie auseinander halten muss: Beschreibung und Erklärung, die Struktur und deren Erklärung oder allgemein die Beobachtung und deren Interpretation[2], wobei, typisch für die Biologie, das letztere nur im Zusammenhang mit und ausgehend vom ersteren Sinn macht. Wir BiologInnen, die wir in einer Tradition des hypothetisch-deduktiven Argumentierens aufgezogen wurden, haben bereits eine Hypothese, die wir testen wollen, im Kopf, wenn wir in die Natur hinausgehen. Dahinter steckt, so glaube ich, eine grosse Ignoranz gegenüber dem Stand der Kenntnisse, die wir von der Natur haben. Vielleicht liegt es daran, dass wir kein Elektronenmikroskop brauchen, um die Taube auf dem Dache zu sehen. Vielleicht liegt es daran, dass wir seit unserer Kindheit einen Begriff für die Taube haben, was für ein Ribosom nicht gelten kann. Eine kritische Einstellung hilft, uns langsam an solche Begriffe und Konzepte für komplexe Strukturen, wie das Ribosom, heranzutasten. Erst in den letzten Jahren entdeckten wir wieder, dass die organismische Natur ein sehr komplexes, verzwicktes Gebilde ist, und dass wir eine sehr genaue Beschreibung davon brauchen, um deren Funktionsweise zu verstehen (beispielsweise in der molekularen Entwicklungsbiologie oder in der Waldforschung). Interessanterweise machen und machten diese Entdeckung viele Kreise, die durch die

---

* Anm. der Herausgeberin/der Herausgeber: Das Referat von Donat Agosti über Ameisen, ihre Wohnungen (in der Fachsprache: Nester) und ihre Staatsform beendete die Tagung "Baukultur, Wohnkultur und Ökologie". Selbstverständlich ging es nicht um Parallelen und Analogien zwischen Tierreich und menschlicher Gesellschaft oder gar um den Versuch, bei den Ameisen nach Modellen für ökologisches, umweltverträgliches Bauen und Wohnen Ausschau zu halten. Verantwortlich für diesen Abschluss war die Neugier der VeranstalterInnen, aber auch ihr Wunsch nach einem Kontrast zum stark anthropozentrischen Blickwinkel, unter dem an der Tagung referiert und diskutiert wurde.

[1] Herzlichen Dank an Gaby Hitz, Kirsten Keller, Nicole Müller, Cookie Timmel und die Kollegen der Neurobiologischen Abteilung des Zoologischen Instituts der Universität Zürich, deren Beiträge vieles vereinfachten.

[2] Rieppel, 1988

Entwicklung ihrer Gebiete nun auf einmal auf das genaue Verständnis solch scheinbar trivialer Dinge wie eines Baumes oder der Vielfalt der Natur angewiesen sind, um ihre präzisen, detaillierten Studien wieder in den Kontext zu stellen, aus dem sie ursprünglich herausgelöst worden waren. Zwangsläufig müsste man sich daher mit der Beschreibung der organismischen Natur, einschliesslich der Formalisierung der Beschreibung, beschäftigen.

Die Vielfalt des Lebens besteht aus unzähligen individuellen Schicksalen und historischen Begebenheiten, die wir nicht mehr beobachten können. Es gibt aber allgemeine Phänomene wie diejenige, dass gewisse Arten mehr oder weniger Merkmale gemeinsam haben. Dies wurde schon in der Zeit vor Darwin benutzt, um die Vielfalt der Lebewesen in 'natürliche Systeme', d.h. 'Verwandtschaftssysteme', die die Natur reflektieren sollen, zu klassieren.[3] Das Resultat war eine hierarchische Klassierung, deren einzelne Gruppen durch Merkmale diagnostiziert wurden, die von immer weniger Arten geteilt wurden.

Das kann so gedeutet werden, dass Arten aus der Aufspaltung von bestehenden hervorgegangen sein können, was durch neue, nur ihnen eigene Merkmale belegt ist. Dieses allgemeine Phänomen, die Aufspaltung der Arten in neue, wird als Cladogenese bezeichnet. Ausgehend von der hierarchischen Klassierung oder dem Stammbaum kann ein Szenario abgeleitet werden, wie die Vielfalt des Lebens entstanden sein könnte. In einem nächsten Schritt kann dieses nun mechanistisch erklärt werden.

Welches sind diese zugrunde liegenden Mechanismen? Damit wären wir bei der modernen organismischen Biologie angelangt, die sich fast ausschliesslich mit solchen Erklärungsversuchen abgibt: z.B. mit der Selektionstheorie oder anhand der molekularen Genetik.

Das Veständnis der Vielfalt der Natur braucht beides, Beschreibung und Theorien (Erklärungen) - frei nach Paul Feyerabend[4] könnte man sagen: Die Vielfalt in der Natur braucht eine Vielfalt in ihrem Studium. Nur scheint mir, dass das Verständnis der Natur auf Theorien beruhen sollte, die Phänomene der Natur erklären und die von ihrer fundierten Beschreibung ausgehen.

---

[3] Patterson, 1981
[4] Feyerabend, 1986

Die Beschreibung und Analyse der biologischen Vielfalt

Die moderne phylogenetische Systematik oder Cladistik ist eine Methode, die sich auf die Beschreibung und die Suche von neuen, gemeinsamen Merkmalen (Synapomorphien) beschränkt. Es scheint dies im Moment die einzige Methode zu sein, die es erlaubt, evolutive Sequenzen, d.h. den gesuchten Stammbaum, herzuleiten, da sie von evolutiven Theorien und Annahmen unabhängig ist. Dadurch wird ein Zirkelschluss verhindert. Es handelt sich um eine äusserst elegante Methode, die sich auf Merkmalsübereinstimmung (Kongruenz) und das logische Argument der Sparsamkeit abstützt und sich eines raffinierten Tricks bedient.[5]

Verwandtschaftsverhältnisse

A stammt
von B ab

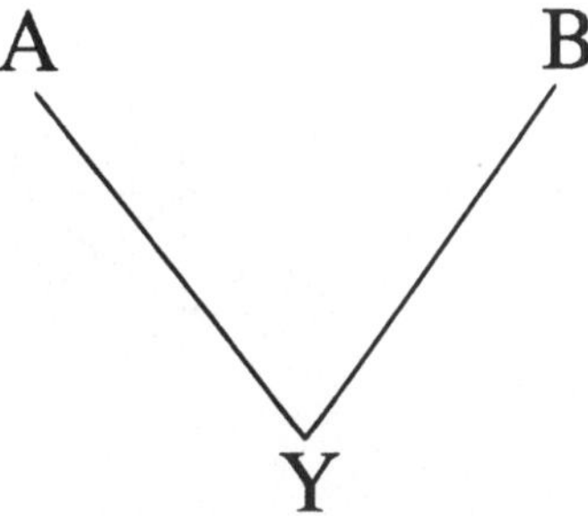

A und B stammen
gemeinsam von Y ab

Abbildung 1
Die zwei Formen evolutiver Beziehung, durch gemeinsamen Ursprung (A) und durch Abstammung (B). Die nicht-evolutive Beziehung entspricht nur dem Typ A (Patterson, 1981).

---

[5] Eine umfassende Darstellung der Phylogenetischen Systematik findet sich beispielsweise in Ax, 1984 oder Rieppel, 1988

Stammesgeschichtliche Verwandtschaft (Phylogenie) kann prinzipiell auf zwei Arten dargestellt werden: A stammt von B ab und A und B haben einen gemeinsamen Ursprung, stammen von denselben Eltern ab (Abb. 1). Das letztere drückt sich auch durch den Besitz von Merkmalen aus, die nur den beiden gemeinsam sind. Cuvier und andere französische Biologen haben bereits zu Beginn des letzten Jahrhunderts die Lebewesen auf diesem Kriterium basierend eingeteilt. Heute braucht man diesen Trick wieder, um die Stammesgeschichte darzustellen, denn nur das Verhältnis des gemeinsamen Ursprungs ist mit einem Minimum von Annahmen verwendbar[6].

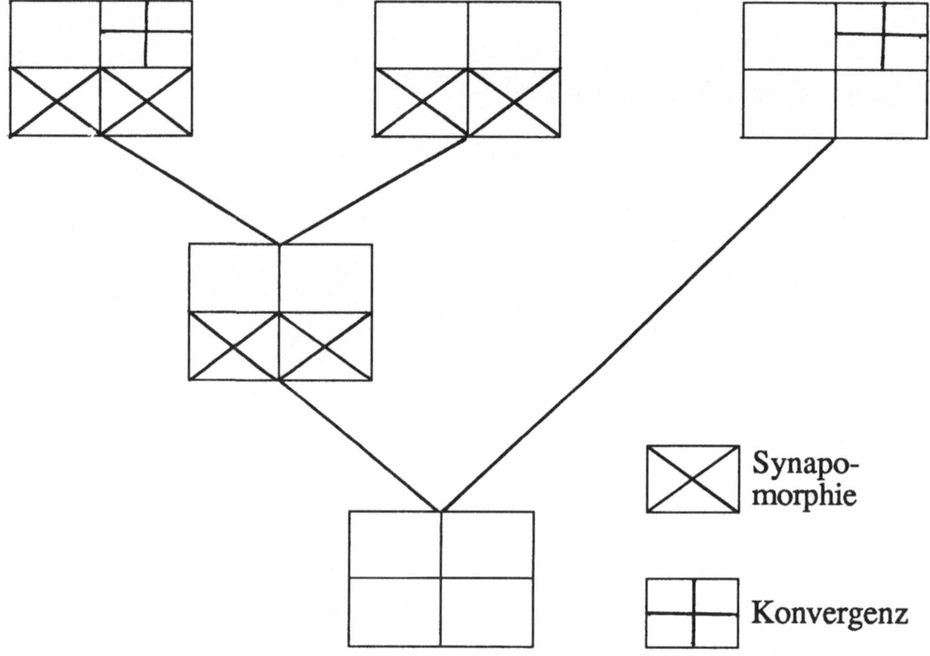

Abbildung 2
Caldogram. Verwandtschaftsverhältnisse werden durch Synapomorphien diagnostiziert, Merkmale, die einmal entstanden sind. Konvergenzen sind Merkmale, die mehrere Male unabhängig voneinander entstanden sind. Es braucht immer mindestens drei Taxa zum Vergleich, da die im Beispiel erwähnten zwei Taxa nur näher zueinander verwandt sein können im Vergleich zu einem dritten Taxon.

---

[6] Patterson, 1981

Die Beurteilung, ob es sich bei einem Merkmal um eine Synapomorphie handelt, basiert auf dem Kriterium der Kongruenz (Abb. 2). Als Synapomorphien werden diejenigen Merkmale bezeichnet, die im Verband mit anderen Merkmalen ein bestimmtes Verwandtschaftsverhältnis, z.B. (A+B)+C, am sparsamsten erklären, mit der kleinstmöglichen Anzahl von Änderungen.

Im Gegensatz zum beginnenden 19. Jahrhundert hat man heute eine viel grössere Palette von Merkmalen, beginnend mit Sequenzen der Erbsubstanz DNS, den Eiweiss-Molekülen bis zu Morphologie und Verhalten, die für eine solche Analyse verwendet werden können.

Was hat dieser Exkurs mit unserer Fragestellung zu tun? Die Frage, ob die Nestform eine bestimmte Staatsform widerspiegelt, können wir nur anhand eines Stammbaumes beantworten. Nur in dem Falle, wo in einem Stammbaum eine Staatsform und eine Nestform an derselben Verzweigung auftreten, könnte das darauf hinweisen, dass die Nestform die Staatsform widerspiegelt, also eine Korrelation besteht. Falls ein Nesttyp an einer Verzweigung auftritt, die eine umfassendere Gruppe diagnostiziert, wie eine bestimmte Staatsform, dann könnte das darauf hinweisen, dass eine bestimmte Nestform auf die möglichen Staatsformen beschränkend wirkt. Ist aber keine Korrelation vorhanden, dann heisst das, dass andere Faktoren, wie beispielsweise die Umwelt, wichtiger sind. Es wird also ein Stammbaum gebraucht, auf dem man die Verteilung der Nest- und Staatsformen eintragen beziehungsweise ablesen kann. Diesen erhält man aber nur mittels möglichst vieler anderer Merkmale, die in der oben erwähnten cladistischen Analyse eingeschlossen wurden.

Die Ameisen und ihre Staats- und Nestformen

Die Untersuchungen des Lebendgewichtes der Lebewesen (=Biomasse) in einem Gebiet im Amazonas zeigen, dass Soziale Insekten bis zu 30% der lebendigen tierischen Biomasse ausmachen. Bei den Sozialen Insekten stellen die Ameisen einen Anteil von knapp 40% dar[7]. Die meisten Ameisen sind räuberisch. Dementsprechend sollten sie in einem solchen Ökosystem nicht mehr als 10% der tierischen Biomasse ausmachen, denn nach klassischer ökologischer Theorie sollte jede höhere trophische Stufe nur 10% der Biomasse der nächst tieferen ausmachen[8]. Wenn also Ameisen hauptsächlich von phytophagen Tieren leben würden, sollten sie höchstens 10% der gesamten Biomasse ausmachen. Diese Diskrepanz mit dem gemessenen Wert könnte so erklärt werden, dass die Phytophagen einen viel grösseren Umsatz haben, also die Produktion pro Zeit grösser ist als bei den Ameisen. Dies könnte auf einen indirekten Einfluss der Ameisen auf die Artenvielfalt in den Tropen hinweisen, da die Chance für neue Mutationen natürlich grösser ist, je mehr Nachkommen produziert werden.
Ein anderer wichtiger Einfluss der Ameisen ist der Schutz von Pflanzen vor Pflanzenfressern. Dies zeigt sich deutlich bei Ameisenpflanzen, die ohne ihre Ameisen kaum oder gar nicht existieren können[9]. Dasselbe tritt zutage bei Ausschlussexperimenten, wo man riesige Frassschäden misst, wenn den Ameisen künstlich der Zugang zu den Kulturen verhindert wird. Das trägt möglicherweise wiederum zu einer grösseren Artenvielfalt unter den Pflanzen bei. Damit üben die Ameisen, so klein sie als Individuen sind, als Superorganismus und als Gruppe einen massiven Einfluss auf die Gestaltung der Umwelt aus, der jedoch lokal begrenzt ist. Das Resultat ist eine von uns hochgepriesene heile Welt: Beispielsweise die wunderbaren tropischen Regenwälder - die grüne Hölle für andere Kreaturen.

Eine weitere Eigenschaft der Ameisen ist, dass es sich fast ausschliesslich um K-Strategen handelt. Das bedeutet, dass sich die Kolonien so stark entwickeln, bis sie mit der Umgebung im Gleichgewicht stehen, also ihre Umgebung immer gerade so stark strapazieren, dass die Belastung noch verkraftet werden kann, ohne dadurch starke Schwankungen oder sogar dauernde Veränderungen der Umwelt hervorzurufen. Dahinter stecken Rückkoppelungen wie die Abhängigkeit der Ameisendichte von der Beutedichte. Es gibt eine maximale Dichte von Ameisen, die von der Beute abhängt, denn je seltener die Beute wird, desto länger müsssen die Ameisen danach suchen. Der abnehmende Eintrag (Beute pro Ameise) kann auch mit einer grösseren Anzahl Ameisen nicht mehr wettgemacht

---

[7] Fittkau und Klinge, 1973, 8
[8] Odum, 1971
[9] Zizka, 1990

werden, im Gegenteil bekommt dann jede Ameise weniger zu essen, womit die Produktion von Nachwuchs gedrosselt wird.

Die Metapleuraldrüse ist bei fast allen Ameisen vorhanden. Bei denjenigen, bei denen sie abwesend ist, handelt es sich fast ausschliesslich um Arten, die ihre Nester auf Bäumen anlegen. Diese Drüse, die nur bei den Ameisen gefunden wird, hat möglicherweise das Leben in grossen, langlebigen Erdnestern erst ermöglicht. Der Ausführgang dieser Drüse liegt oberhalb der Hinterbeine, und die Drüse scheidet dauernd kleine Stoffmengen aus. Erst neuere Untersuchungen, die durch die Entwicklung von sehr empfindlichen chemischen Analysegeräten ermöglicht wurden, zeigen, dass es sich bei diesen Stoffen um antibiotikaähnliche Stoffe handelt, die zur Bekämpfung von Pilz- und anderen Krankheiten ihre Verwendung finden könnten. Damit besitzen die Ameisen eine weitere Möglichkeit, in ihre Umwelt zu ihren Gunsten einzugreifen.

Im Gegensatz zu einigen Bienen- und Wespenarten bauen die Ameisen keine Waben. Eine Funktion der Waben, die räumlich aufgeteilte und einfach zugängliche Speicherung von Nahrungsmitteln, haben die Ameisen elegant umgangen. Arten wie die Körnerameisen des Mittelmeeres (Messor spp.) haben die einzigartige Fähigkeit, Stärke abzubauen. Dadurch können sie sich grosse Vorräte in Form von Samen anlegen.
Eine andere Möglichkeit nützen die Honigtopfameisen (z.B. die Camponotus inflatus von Zentralaustralien) aus, die von einem Funktionswechsel des Vormagens profitieren. Dieser ermöglicht es ihnen, grosse Mengen von Flüssigkeiten, beispielsweise Honigtau, zu speichern.

Alle Ameisen sind eusozial, da sie sich durch die folgenden drei Punkte ausweisen:

- Das Vorhandensein einer Geschlechts- und Arbeiterinnenkaste;
- verschiedene sich überlappende Generationen in demselben Nest;
- Brutfürsorge.

Die Geschlechtskaste ist meistens geflügelt, die Arbeiterinnenkaste ungeflügelt.

Ein einfacher, schematisierter Lebenszyklus einer Ameisenkolonie beginnt mit der Nestgründung durch ein einzelnes, einmal begattetes Weibchen, man spricht von einer Königin. Sie verlässt ihr Nest nie mehr und ernährt sich und die ersten Larven zu Beginn von der abgebauten eigenen Flugmuskulatur, andern Vorratsstoffen in ihrem Körper und von einem Teil der von ihr gelegten Eier. Erst nachdem die ersten Arbeiterinnen aus ihren Puppenwiegen schlüpfen - die Ameisen machen wie die Schmetterlinge ebenfalls eine vollständige Entwicklung durch mit Ei, 4 - 5 Larvenstadien, Puppe und Imago - bekommt die Kolonie

Nahrung von aussen, die von den Arbeiterinnen eingetragen wird. Arbeiterinnen werden fast kontinuierlich gezeugt, währenddem Geschlechtstiere nur in Zyklen entstehen. Die frischgeschlüpften Männchen und Königinnen verlassen das Nest und paaren sich bevor die Königin wieder mit der Nestgründung beginnt. Das Männchen lebt, im Gegensatz zur Königin, die bis zu 30 Jahre alt werden kann, nur eine sehr beschränkte Zeit und trägt nur sehr wenig zum Leben der Kolonie bei. Genetisch handelt es sich bei allen Königinnen und Arbeiterinnen um Weibchen.

Der Lebenszyklus der Ameisen ist sehr plastisch. Praktisch kann alles daran verändert werden. Die Lebensdauer einer Kolonie kann beliebig lang sein; es können fast beliebig viele Königinnen in einem Nest angetroffen werden; die Zahl der Arbeiterinnen kann von null (bei einigen Sozialparasiten) bis gegen 100 Millionen variieren. Auch das Geschlechtsverhältnis kann variieren: von Kolonien die nur aus Männchen bestehen über solche mit einem ausgewogenen Verhältnis bis zu solchen, die ausschliesslich aus Königinnen bestehen. Die Nester können auf verschiedenste Arten gegründet werden: Selbständig, von einigen Königinnen zusammen, sozialparasitisch mit der Hilfe von anderen Arten oder durch die Aufteilung des bestehenden Nestes in zwei. Eine Kolonie kann ebenso als locker definierter Staat wie als kompliziertes Gebilde mit mehreren tausend Nestern organisiert sein.[10]

Sehr verallgemeinert, unter Weglassung von zahllosen Spezialfällen, aber genügend detailliert für unsere Frage, kann man durch die Kombination von einer oder vielen Königinnen pro Nest (Monogynie versus Polygynie) und einem oder mehreren Nestern pro Kolonie (Monokalie versus Polykalie) vier Gruppen von Staatsformen bei den Ameisen unterscheiden. Innerhalb dieser vier grossen Gruppen können die folgenden Nesttypen auftauchen.

Monogyn-monokalisch: Erdnester mit einfachsten Strukturen, die in den Boden hinein gegraben sind (ein typischer Vertreter ist Formica fusca); Materialnester mit Homöostase, d.h. der Fähigkeit zur Thermoregulation innerhalb des Nestes, um ein ausgeglichenes Nestklima für die Aufzucht der Brut zu gewährleisten (F.rufa, Waldameise); riesige Nester mit einem Durchmesser von mehreren Metern, die in den Boden gegraben sind und die ausgeklügelte Pilzzuchten enthalten (Vertreter der Gattung Atta: Blattschneiderameisen); Ameisenpflanzen, das heisst Pflanzen, die mit den Ameisen eine Symbiose bilden, wobei sowohl die Pflanzen wie die Ameisen profitieren (Cladomyrma); langlebige Erdnester, die oftmals von Pflanzen bewachsen sind und die durch ihre Grösse eine Landschaft verändern können (ein Beispiel sind die Buckelwiesen, verursacht durch Lasius flavus); Kartonnester, die aus einer Mischung aus zerkautem Holz und einer Ausscheidung der Ameisen aufgebaut sind. In der selben Gattung (Polyrhachis) treten auch Erdnester und Nester in totem Holz auf.

---

[10] Für eine umfassende Darstellung der Ameisen siehe Hölldobler und Wilson 1990

Monogyn-polykalisch: Seidennester in der Kronenschicht der Bäume, die die Ameisen mit der Hilfe ihrer Larven, die eine Spinndrüse besitzen, mittels lebendiger Blätter bauen (Oecophylla); tiefgegrabene Erdnester mit Thermoregulation durch die Ausnutzung des Temperaturgradienten im Boden (Cataglyphis).

Polygyn-monokalisch: Kartonnester auf Bäumen und Sträuchern (Dolichoderus); Materialnester mit Homöostase (F.rufa).

Polygyn-polykalisch: Superkolonien mit über tausend Materialnestern, die miteinander in Kontakt stehen (F.exsecta und F.lugubris); grosse Kolonien mit Nestern in der Erde und Ritzen (Monomorium pharonis oder Pharaoameise und Iridomyrmex).

Widerspiegelt die Nestform die Staatsform der Ameisen?

Auf den ersten Blick muss man eine Abhängigkeit der Nestformen von den Staatsformen sicher verneinen. Alle Arten der Formica-rufa-Gruppe besitzen Materialnester, jene grossen Haufennester in unsern Wäldern; sie besitzen alle ähnliche Mechanismen der Homöostase, und doch haben sie alle grundlegend verschiedene Sozialstrukturen.
Was passiert, wenn man die Nest- und Staatsformen für die oben erwähnten Arten in einen Stammbaum einträgt? Leider gibt es erst einige wenige moderne stammesgeschichtliche Untersuchungen über Ameisen. Trotzdem gibt uns die Verteilung der Nesttypen in einem Stammbaum der Tribus Formicini, zu dem neben anderen die Gattungen Formica und Cataglyphis zählen, gewisse Aufschlüsse. (Abb. 3)

Stammbaum der Ameisen der Tribus Formicini

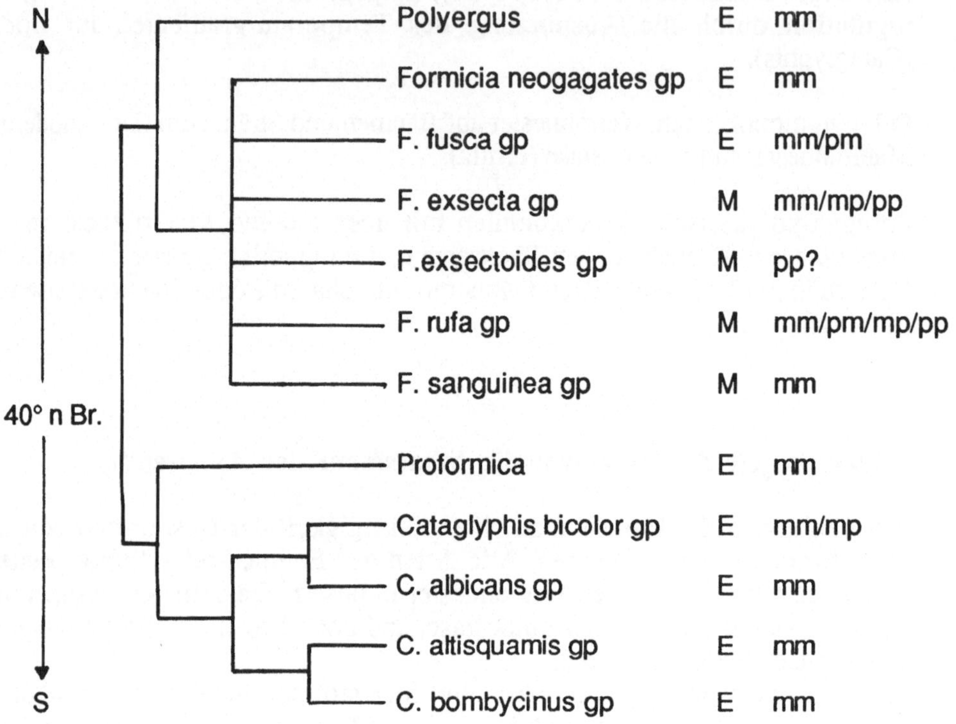

E:	Erdnest	mp:	eine Königin, viele Nester
M:	Materialnest	pm:	viele Königinnen, ein Nest
mm:	eine Königin, ein Nest	pp:	viele Königinnen, viele Nester

Abbildung 3
Die Verteilung von Nest- und Staatsformen innerhalb der Tribus Formicini (modifiziert und ergänzt nach Agosti 1990a, S. 300 und b, S. 1464).

Bei allen Gattungen handelt es sich um Arten, die in der nördlichen Hemisphäre vorkommen und die entweder Nester in der Erde oder aus pflanzlichem Material bauen. Es ist auffällig, dass die Gattungen mit Arten südlicherer Verbreitung wie Cataglyphis keine Materialnester mehr bauen, und dass sich zudem ihre Nester bis in beachtliche Tiefen erstrecken. Die Artgruppen mit Haufennestern sind diejenigen, die die grösste Vielfalt an Staatsformen aufweisen, währenddem allgemein die Erdnestbauer fast immer nur eine Königin und nur selten mehrere Nester besitzen.

Die beste Erklärung für dieses Phänomen ist wohl, dass der Norden für die Besiedlung der Ameisen eine Grenze darstellt, wo es entweder im Winter zu kalt wird, oder im Sommer die Temperaturen nicht hoch genug werden, um Brut aufzuziehen. Die gemässigten Breiten stellen gewisse Anforderungen ans Überleben im Winter, sind im Sommer aber nicht durch ausgeprägte Trocken- und Hitzeperioden ausgezeichnet. Wichtig ist hier, dass allfällige Kälteperioden überstanden werden können. Dafür sind die Haufennester durch ihre Homöostase, die es ermöglicht, beträchtliche Temperaturgradienten aufrecht zu erhalten, offenbar gut geeignet. Weiter im Süden wird der Sommer zu heiss und zu trocken, weswegen sich die Tiere in die Tiefe des Bodens zurückziehen und sich dort die optimale Temperatur auswählen. Dadurch entsteht in der subtropischen Wüstenzone eine Reduktion der Vielfalt der Nestformen, und erst südlich der Trockengebiete kommt es zur grossen Explosion punkto Nestformen. Dort scheint alles möglich zu sein, vielleicht gerade deshalb, weil die Feuchtigkeit und die Temperatur keine limitierenden Faktoren mehr darstellen. Auf die Bedeutung der Temperatur als den wichtigsten limitierenden Faktor deutet ebenfalls das fast schlagartige Verschwinden der Ameisen in den tropischen Wäldern über 2500 m hin.

Auch die Analyse von weiteren Stammbäumen, speziell von solchen, die Ameisen untersuchen, die in einem ökologisch ähnlichen Gebiet leben[11], unterstützen den Befund, dass die Nestformen wohl kaum Staatsformen widerspiegeln.

Ein Schluss, der sich ziehen liesse, ist, dass Kolonien mit nur einer Königin und mit einem Nest wohl die bizarrsten Nestformen entwickelt haben, und dass die Arten mit vielen Königinnen und Nestern diejenigen darstellen, die am erfolgreichsten vom Mensch geschaffene neue Habitate besiedeln können.

Zusammenfassend seien nochmals einige der Faktoren, die für das Auftreten von verschiedenen Nestformen von Bedeutung sind, dargestellt. Sie lassen sich in zwei grosse Gruppen einteilen: Die exogenen, durch die Umwelt bedingten Faktoren wie Temperaturangebot, Nahrungs- und Nistplatzangebot, und die

---

[11] z.B. Ward, 1991

endogenen Faktoren, die durch die Ameisen selbst bedingt sind, wie Fixation auf bestimmte Nestsubstrate: Nester im Boden, Nester in totem Holz oder Nester aus verarbeiteten Materialien, oder die Fähigkeit der Homöostase. Es scheint, dass diese Faktoren die Form und das Auftreten der Nester nicht direkt bestimmen, sondern einen Rahmen des Möglichen abstecken. Von unseren Beobachtungen her wissen wir, dass dieser Rahmen am weitesten in den Feuchttropen des Tieflandes gesteckt ist, da dort die grösste Arten- und Neststrukturenvielfalt auftritt. Zeichnete man eine Hierarchie der limitierenden Faktoren auf, müsste die Temperatur sicher als der alles kontrollierende Faktor betrachtet werden.

Die Frage, ob die Neststruktur die Staatsform widerspiegelt, muss wohl verneint werden. Es scheint vielmehr, dass die Vielfalt der Neststrukturen hauptsächlich durch die Umwelt beschränkt wird und weniger durch die Staatsform. Vielleicht deshalb, weil die Staatsform als solche weniger wichtig ist als die gemeinsam erzielte Leistung als Superorganismus oder als Staat, welche sie damit zu einer der erfolgreichsten Tiergruppen gemacht hat.
Dabei stellen sich zwei Fragen: Welche Rolle spielt in dieser Interaktion Superorganismus - Umwelt die Gegenwart von verschiedenen Staatsformen, oder warum sind noch viele Staatsformen präsent?
Integriert in diesen Superorganismus kann nun auf einmal die Ameise ihre Umgebung anscheinend während mehrerer Jahrmillionen, massiv beeinflussen, ohne sie zu zerstören. Was 'hindert' die Ameisen daran, eine Umweltkatastrophe auszulösen und sich dadurch ihrer eigenen Grundlage zu berauben?

Literatur

Agosti, D., 1990a. What makes the Formicini the Formicini? Actes Coll. Insectes Sociaux 6: 295 - 303.

Agosti, D., 1990b. Review and Reclassification of Cataglyphis. Journal of Natural History 24: 1457-1505.

Ax, P., 1984. Das Phylogenetische System. Gustav Fischer Verlag Stuttgart.

Feyerabend, P., 1986. Wider den Methodenzwang. Suhrkamp Taschenbuch Wissenschaft 597: 423pp.

Fittkau und Klinge, 1973. On Biomass and Trophic Structure of the Central Amazonian Rain Forest. Biotropica 5: 2-14.

Hölldobler, B. und Wilson, E. O., 1990. The Ants. Springer Verlag, Berlin.

Odum, E.P., 1971. Fundamentals of Ecology. Saunders Company, Philadelphia, London, 574pp.

Patterson, C., 1981. Significance of Fossils in determining evolutionary Relationships. Annual Review of Ecology and Systematics 12:195-223.

Rieppel, O., 1988. Fundamentals in Comparative Biology. Birkhäuser Verlag, Basel, 202pp.

Ward, P. S., 1991. Phylogenetic Analysis of Pseudomyrmecine Ants associated with Domatia-bearing Plants. pp. 335 - 352. In: Huxley, C.R. und Cutler, D.F., eds., Ant - Plant Interactions. Oxford University Press, Oxford.

Zizka, G., 1990. Pflanzen und Ameisen. Palmengarten Sonderheft 15: 126pp.

Ökologische Stadtplanung und Städtebau

Einleitung

Ökologische Stadtplanung als Ganzes, wie sie der Titel suggeriert, ist leider noch kaum verwirklicht worden. Vielmehr sind es, bis anhin nur einzelne Häuser, Grundstücke oder Siedlungen, die nach ökologischen Gesichtspunkten realisiert wurden.

In den Diskussionen um Stadtplanung und Städtebau wird vermehrt von der Erfahrung des öffentlichen Raumes gesprochen. Ein Anspruch ökologischer Stadtplanung ist es, nichtssagende, neutralisierende städtische Räume, Plätze und Strassen wieder als öffentliche Orte, als Wege, als Aufenthaltsorte zu entdecken. Orte, die soziale Kontakte nicht unterbinden, sondern ermöglichen.

Barbara Zibell geht in ihrem Artikel auf diese gesellschaftliche Ebene ein. Für eine ökologische Stadtplanung sind gesellschaftliche Veränderungen unabdingbar. Anhand eines feministischen Ansatzes versucht sie, die Komplexität der ökologischen Stadtplanung und des Städtebaus aufzuzeigen. Seit Frauen begannen, sich als Planerinnen, Architektinnen und Sozialwissenschaftlerinnen in die Planung einzumischen, entstand eine Vielfalt von neuen Ansätzen. Barbara Zibell differenziert diese Ansätze einer "frauengerechten" "frauenbezogenen" oder "feministischen" Stadtplanung bis hin zur ökologischen Stadterneuerung durch die drei Aspekte, Form und Gestalt, Inhalt und Funktion sowie Verfahren und Methode.

Wie eine ökologisch orientierte Stadtteilplanung konkret aussehen kann, zeigt Barbara Rothenberger mit Arbeiten von Architektur-Studierenden an der ETH Zürich. In Zusammenarbeit mit der Stadt St.Gallen soll ein gut erschlossenes, zentrumnahes Industrieareal für eine Wohn- und Gewerbezone projektiert werden. Zu berücksichtigen waren nebst den städtebaulichen Anliegen - verdichtetes Wohnen und Arbeiten in der Stadt - auch die Auseinandersetzung mit siedlungs- und bau-ökologischen Fragen. Die drei vorgestellten Projekte der Studierenden machen durch das breite Spektrum ihrer Lösungsansätze auf die Komplexität einer ökologisch orientierten Stadtplanung aufmerksam, die unter der Prämisse "Planen und Entwerfen mit der Natur im städtischen Kontext" vertretbar sein können.

Daniel Brunner schliesslich beleuchtet als Zuger Kommunal-Politiker die möglichen politischen Ansatzpunkte einer ökologischen Planung. Die Stadt Zug muss sich auf Grund ihrer geographischen Lage und ihrer Steuerpolitik vor allem mit zwei planerischen Problemen auseinandersetzen: dem PendlerInnen-Problem und dem Goldküsteneffekt. Wie sich gezeigt hat, sind in Zug die Einflussmöglichkeit der rotgrünen Politik via Referenden und Initiativen realtiv gross, denn Zug, als "Spezialfall", ist von ökologischen und sozialen Problemen ziemlich stark betroffen. Daniel Brunner zeigt, was auf privater und politischer Ebene in Zug diesbezüglich unternommen wurde und inwieweit politische Erfolge zu verzeichnen waren, aber auch, wie es trotz des 1990 mit den "Zwillings-Initiativen" erzielten politischen Achtungserfolges auf der realpolitischen Ebene mit der Umsetzung hapert.

Barbara Emmenegger

Zum Stellenwert von Ökologie und Weiblichkeit in der Stadtplanung

Barbara Zibell

"Men make houses, women make homes", so lautet ein bekanntes englisches Sprichwort; und damit ist bereits die gesamte Bandbreite der kulturellen Überformungen eines Geschlechterverhältnisses angesprochen, welches uns heute in seinen vielfältigen Auswirkungen nicht nur immer wieder beschäftigt, sondern uns im Alltag ganz ausgeprägt beeinträchtigt und behindert.
"Men make houses"; das heisst: Männer planen und bauen Häuser, Männer verfügen über den gesamten Bereich des Bauschaffens und damit der Baukultur.
"Women make homes"; das heisst: Frauen dürfen die von Männern geplanten und gebauten Häuser einrichten und gestalten; innerhalb eines – von Männern vorgegebenen – Rahmens dürfen sie ihre (dann noch verbliebene) Freiheit ausschöpfen. Mit der Erfüllung dieser ihrer Aufgabe tragen sie zu einer Wohnkultur bei, die massgeblich von männlichen Werthaltungen geprägt ist und innerhalb derer ihnen nur eine stark eingeschränkte (räumliche) Verfügungsgewalt zukommt, nämlich über eine kleine und überschaubare Welt innerhalb einer für unüberschaubar und feindlich gehaltenen grossen Welt, in der sie nichts zu sagen und zu der sie nichts beizutragen haben.

Die Welt ist ja tatsächlich – und das nicht nur für uns Frauen – unübersichtlich und unüberschaubar geworden; und spätestens seit den zahlreichen Publikationen eines Frederic Vester[1] wissen wir von linearen und nicht-linearen Beziehungen, von Wirkungen mit Grenz- und Schwellenwerten, mit Rückkoppelung und zeitlicher Verzögerung, von komplexen offenen Systemen und von groben und feinen Vernetzungstypen. Wir wissen spätestens seitdem auch, dass der Weg aus der ökologischen Krise ohne eine interdisziplinäre Zusammenarbeit, ohne veränderte Verfahren und Modelle und ohne ein verändertes Verhalten unsererseits kaum wirkungsvoll eingeleitet werden kann.
Es braucht aber Zeit, bis neue Erkenntnisse sich auch in einem neuen Verhalten niederschlagen. Nicht umsonst ist Vesters Wanderausstellung "Unsere Welt – ein vernetztes System" von 1978 immer noch unterwegs. Ende letzten Jahres war diese Ausstellung auch an der ETH Zürich zu sehen, an einem Ort, von dem man/frau eigentlich annehmen sollte, dass er die Avantgarde von Forschung und

---

[1] Vester, 1983

Kreativität bildet, einem Forum also, an dem neue Ideen entstehen. Offensichtlich ist es aber selbst hier immer noch nötig, Aufklärungsarbeit zu leisten.

Ökologie in der Stadtplanung

Auch vor der Planung haben die Erkenntnisse der Ökologie nicht haltgemacht, sondern sie beeinflussen seit einigen Jahren den Markt der Fachliteratur im allgemeinen und den der Rechts- und Planungsinhalte im besonderen.

Das Bundesgesetz über die Raumplanung (RPG) vom 22. Juni 1979 bezeichnet in seinem Artikel 1 die nationalen Ziele für die Entwicklung des Landes; dabei kommt dem vorsorgenden Umweltschutz besondere Bedeutung zu. Der Schutz der natürlichen Lebensgrundlagen steht in diesem Katalog *vor* der Schaffung und Erhaltung wohnlicher Siedlungen resp. räumlicher Voraussetzungen für die Wirtschaft.

Das Inkrafttreten des Umweltschutzgesetzes (USG) im Jahre 1985 markiert den Endpunkt einer jahrelangen Debatte um die Frage, wie eine rechtliche Grundlage der Schweiz im Hinblick auf den Schutz der Umwelt ausgestaltet sein soll. In einzelnen Verordnungen zu dem Gesetz sind heute neben dem Verfahren der Umweltverträglichkeitsprüfung die technischen Grundlagen zum Lärmschutz (Lärmschutzverordnung – LSV) und zur Luftreinhaltung (Luftreinhalteverordnung – LRV) geregelt.

Die 5 Prinzipien des Umweltschutzgesetzes[2]

1 Vorsorgeprinzip
2 Verursacherprinzip
3 Prinzip der ganzheitlichen Betrachtungsweise
4 Kooperationsprinzip
5 Prinzip der Verhältnismässigkeit

Eines der grundlegenden Prinzipien des Umweltschutzgesetzes, das Prinzip der ganzheitlichen Betrachtungsweise, deutet den Schritt in ein neues, von den Erkenntnissen aus der Ökologie beeinflusstes Denken an, jedoch bezieht sich die Ganzheitlichkeit dieser Betrachtungsweise hier eher auf die Vernetzung der Auswirkungen einer projektierten Anlage als auf die Betrachtung eines zusammenhängenden Lebensraumes.[3]

---

[2] Huber, 1990, S. 284
[3] Huber, 1990

In Stadtplanung und Städtebau sind die Ideen und theoretischen Forderungen mittlerweile auch zahlreich, realisierte Beispiele allerdings immer noch dünn gesät. Ökologisches Bauen wird – wenn es um die Errichtung einzelner Gebäude geht – inzwischen wohl hier und da praktiziert; Möglichkeiten alternativer Wohnkultur werden in diesem Zusammenhang oft jedoch auf das einzelne Haus und auf das einzelne Grundstück bezogen.

Auch der städtebauliche Beitrag neu errichteter, sogenannt "ökologischer Siedlungen" ist – insbesondere, wenn diese sich am Rande vorhandener Siedlungskörper oder als neue Dörfer in der vorher freien Landschaft befinden – häufig fragwürdig.
Und eine ökologische – oder zumindest ökologisch orientierte – Stadtplanung, die der umfassenden Bedeutung eines solchen Begriffes annähernd gerecht zu werden vermag, wird vermutlich noch kaum an einem Ort praktiziert.

Der Ökologiebegriff ist mittlerweile zu einem Schlagwort geworden. Im Rahmen der Ökologiebewegung wurde die Bezeichnung einer Wissenschaft zu einer Heilsmetapher[4] hochstilisiert; sie wird als Attribut in den unterschiedlichsten Zusammenhängen verwendet und häufig missbraucht, um positive Assoziationen hervorzurufen, um zu suggerieren, dass der/die VerwenderIn das "richtige" Bewusstsein hat. Aber wer kann denn von sich behaupten zu wissen, was aus der ökologischen Sicht heraus jeweils richtig ist?

Seit dem ersten Eingriff des Menschen in die vorgegebenen Vegetationsstrukturen der Erde wird der Naturhaushalt ununterbrochen beeinflusst, das heisst immer wieder aus seinem natürlichen, relativ stabilen Gleichgewicht gebracht. Die Bildung von Siedlungen, jede einzelne bauliche Massnahme ist ökologisch von Bedeutung, weil sie Auswirkungen hat auf das Ökosystem, auf das wechselseitige Wirkungsgefüge der Organismen mit ihrer Umwelt.
Von welcher Ökologie sprechen wir also, wenn wir den Begriff der "ökologischen Stadtplanung" in den Mund nehmen? Welchen Naturhaushalt, welches Gleichgewicht wollen wir schützen oder gar verteidigen? Welches Ökosystem meinen wir, wo begrenzen wir den jeweils betrachteten Lebensraum? Und welchen Stellenwert hat die Natur in einer "ökologisch" genannten Stadtplanung? Geht es um die Verstädterung und Zersiedlung der Landschaft oder um die Verländlichung und "Verkrautung" der Stadt?[5] Oder um beides? Ist denn der Stadt-Land-Gegensatz aufgehoben, wenn Siedlungslandschaften entstehen, die ein Sowohl-Als-auch, aber gleichzeitig auch ein Weder-noch sind?
Oder sollen wir wieder eine deutliche Abgrenzung zwischen Siedlung und Landschaft, zwischen Stadt und Natur herstellen, wie es vor der Zeit der Industriali-

---

[4] Bargholz, 1984
[5] Zibell, 1990

sierung und der Bevölkerungsexplosion der Fall war? Aber ist das nicht ein Anachronismus? Und wenn nein – (wie) kann das Ausmass der gegenwärtigen Zersiedlung wieder zurückgeschraubt werden?

Es geht bei der Stadtplanung in jedem Fall – ob ökologisch oder nicht – um die Lösung komplexer Probleme in räumlich begrenzten Bereichen, und zwar nicht begrenzt in biologischer oder geographischer Hinsicht. Der Zuständigkeitsbereich der Stadtplanung hört an den kommunalen Grenzen auf, auch wenn sich die Agglomerationen heute in der Regel nicht an diese Grenzen halten.
Von einer ökologischen Stadtplanung muss ein Überschreiten dieser Grenzen erwartet werden, weil die Ökologie eben nicht an den kommunalen Grenzen haltmacht, sondern Lebensräume, Ökosysteme erfasst, die nach anderen Kriterien abgegrenzt sind. Eine so verstandene ökologische Stadtplanung hat aber in den bestehenden Strukturen kaum eine Chance.

So wird in der Regel eher einer "Stadtökologie" Vorschub geleistet, die die verschiedenen ökologischen Massnahmen bereits in einem frühen Stadium der Betrachtung wieder zu Einzelpaketen schnürt. Da ist von Stadtklima, von Luftreinhaltung und Frischluftschneisen, vom Wasserhaushalt und vom Siedlungsraum, von Bodenschutz und Abfallwirtschaft, von Mangel an Stadtgrün und Verkehrslärm die Rede; die Komplexität ist in einzelne Sachgebiete aufgeteilt, handhabbar gemacht, Zusammenhänge und Wechselwirkungen werden auf diese Weise aber gerade wieder ausser acht gelassen.
Die Ökologie resp. deren Erkenntnisse verkümmern so zu einer Grundlagenwissenschaft des Umweltschutzes, die die Basis für die Entwicklung technischer Hilfsmittel und Massnahmen liefert, mit denen – meist kurzfristige – Lösungen gesucht werden. Diese Lösungen werden der Komplexität des Ökosystems in der Regel aber kaum oder nur unzureichend gerecht.
Die vielen Einzelthemen sind bis heute kaum zu einem ökologischen Gesamtkonzept vernetzt worden. Die Synthese der vielen "ökologisch" genannten Einzelmassnahmen wäre erst noch zu leisten.

Die gegenwärtigen Strukturen in Politik und Verwaltung sind auf eine solche Synthese überhaupt nicht eingerichtet. Sie sind hierarchisch und linear gegliedert und in sektorale Fachbereiche aufgeteilt, die eher vertikal funktionieren als horizontal vernetzt sind. Dabei kommt es in der Stadt Zürich zum Beispiel zu der besonders kuriosen Variante, dass das Hochbauamt und das Stadtplanungsamt zwei unterschiedlichen Zuständigkeitsbereichen zugeordnet sind, die von der grundsätzlichen Struktur des Verwaltungsaufbaus her nichts miteinander zu tun haben. Die Vernetzung findet erst auf der Ebene des Stadtpräsidiums statt.
Auch die Einrichtung besonderer Verwaltungs-Fachstellen wie zum Beispiel für Umweltschutz, für AusländerInnenfragen oder für die Gleichberechtigung unter Frauen und Männern zeigt, wie wenig eine ganzheitliche Betrachtungsweise sich

bisher in der Änderung von Strukturen niedergeschlagen hat. Offensichtlich ist es immer noch notwendig, die mangelnde Integration von Minderheiten resp. von in der Gesellschaft schwach vertretenen Aspekten mit besonderen Konstruktionen – zumindest dem Anschein nach – zu kompensieren.

Das gilt bis heute in der Regel auch für die Inhalte der Stadtplanung im allgemeinen und für die ökologisch genannte Stadtplanung im besonderen. Auch hier werden zur Lösung der vorhandenen Probleme regelmässig Einzelmassnahmen vorgeschlagen, die untereinander wenig vernetzt sind, zum Beispiel die restriktive Einzonung von Bauflächen oder die Einrichtung von Wohnstrassen usw.

Eine ganzheitliche Betrachtungsweise könnte sich aber erst auf einem veränderten gesellschaftlichen Hintergrund, auf dem die *herr*schenden Strukturen neu abgesteckt würden, auch in den vielfältigen Tätigkeitsbereichen von Politik und Verwaltung niederschlagen. Eine wirklich ökologische Stadt- und Raumentwicklung müsste nicht mehr "ökologisch" genannt werden; sie hätte die ökologischen Erkenntnisse verinnerlicht. Denn was selbstverständliches Allgemeingut, "common sense", geworden ist, braucht nicht mehr besonders benannt zu werden. Solange die Stadtplanung aber noch "ökologisch", "frauengerecht", "behindertengerecht" oder "kinderfreundlich" genannt werden muss, hat sie diese Bestandteile eben nicht in ihr selbstverständliches Programm aufgenommen, sind das Sonderbereiche, die es immer wieder hier und da abzudecken gilt, sobald und sofern die politische Notwendigkeit es verlangt.

Frauen und Weiblichkeit in der Stadtplanung

Im Zuge der immer stärkeren Durchsetzung patriarchaler Strukturen in der historischen Entwicklung der Gesellschaften wurde den Frauen allenfalls noch die Chance zuerkannt, Einfluss auf die Gestaltung des engeren Wohnbereiches zu nehmen; das Planen resp. Bauen war nun ausschliesslich Männersache. Bis in die Mitte des 19. Jahrhunderts wurde Architektur wie alle Bauhandwerke von Meister zu Schüler in der Praxis vermittelt. "Das Handwerk aber lag in den Händen der Zünfte und diese schlossen Frauen aus."[6]

Erst mit der allgemeinen Zugangsberechtigung zu den Hochschulen auch für Frauen war die Grundlage für eine akademische Beschäftigung mit dem Bereich des Planens und Bauens aus weiblicher Sicht gegeben. Im Zuge der neuen Frauenbewegung zum Ende der 60er Jahre begannen Frauen – als Planerinnen, Architektinnen oder Sozialwissenschaftlerinnen – sich in Studium und Forschung mit den Inhalten ihrer Fachdisziplin aus geschlechtsspezifischer Sicht

---

[6] Schnitter, 1984

auseinanderzusetzen. Es entstanden diverse Forschungsarbeiten, die die Einen-
gung weiblicher Lebenszusammenhänge aufgrund baulich-räumlicher Aspekte
zum Inhalt hatten. Seither gibt es eine Vielfalt von Ansätzen einer "frauengerechten" resp. "frauenbezogenen" oder "feministischen" Stadtplanung bis zur
"behutsamen" und heute aktuellen "ökologischen" Stadterneuerung.

Diese Ansätze möchte ich im folgenden unter den Aspekten Form und Gestalt,
Inhalt und Funktion sowie Verfahren und Methode zu differenzieren versuchen.

Zum formal-gestalterischen Aspekt

Ein Verständnis, das sich zum Ende der 70er Jahre entwickelte und insbesondere
in der deutschen Architektin Margrit Kennedy seine Vertreterin fand, geht von
dem Ansatz aus, dass Frauen resp. die weiblichen Prinzipien in der Gesellschaft
– und dementsprechend in der Architektur – wenig vertreten sind. Es wurde ver-
mutet, dass eine von weiblichen Werten und Erfahrungen geprägte Architektur
anders aussehen müsste – nur wie, das liesse sich heute mangels gebauter
Beispiele aufgrund des bisherigen Mangels an Gelegenheit für Frauen, sich baulich auszudrücken, (noch) nicht mit Bestimmtheit sagen.[7]

Insbesondere Männer achteten in der Folgezeit sehr genau darauf, was von
Frauen geplant und gebaut wurde, um immer wieder festzustellen, dass die
Ergebnisse des Planens und Bauens sich kaum der Urheberschaft oder den
Bedürfnissen des einen oder anderen Geschlechts zuordnen liessen. Ob Frauen
andere oder gar bessere Architektur machen, liess auch der Katalog über Ideen,
Projekte und Bauten von Architektinnen aus verschiedenen europäischen Ländern
offen, der im Jahre 1986 herausgegeben wurde.[8]

Auch die Erwartung, Frauen würden zum Beispiel ovale, organische Formen den
geometrisch-geradlinigen vorziehen, erfüllte sich nicht unbedingt. Runde,
bienenkorb- oder eiförmige Häuser waren zu einer Zeit verbreitet, die wir heute
"Vorgeschichte" nennen und zu der die Frau wahrscheinlich noch gewisse Rechte
besass.[9] Aus dieser Zeit sind uns nur wenige Anschauungsobjekte überliefert.
Heute, nach der jahrhundertelangen Herrschaft alles Männlichen, haben die gerade Linie und der rechte Winkel nahezu alles Gekrümmte und Gebogene aus der
Baukultur verdrängt. Allenfalls im Bereich der Kunst und des Designs, aus dem
die Objekte stammen, die als Accessoires den urbanen Strassenraum hier und da
zieren und möblieren, sind noch gebogene oder gekrümmte Linien anzutreffen.

---

[7] Kennedy, 1979
[8] Dietrich, 1986
[9] Bornemann, 1975

Doch hierbei handelt es sich auch wieder um einen nachgeordneten, eher "weiblichen" Bereich, der das Ambiente, die Wohnkultur einer Stadt betrifft.

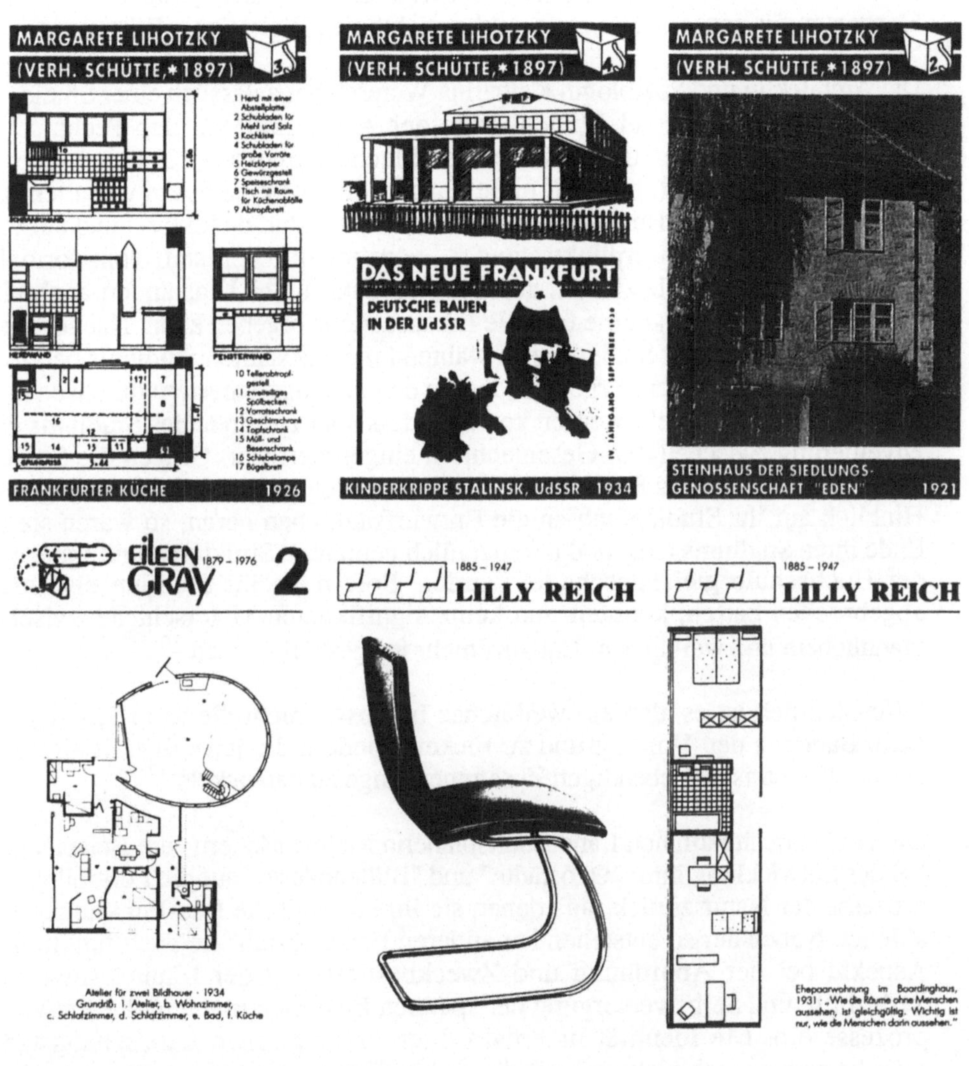

Atelier für zwei Bildhauer · 1934
Grundriß: 1. Atelier, b. Wohnzimmer,
c. Schlafzimmer, d. Schlafzimmer, e. Bad, f. Küche

Ehepaarwohnung im Boardinghaus, 1931 · „Wie die Räume ohne Menschen aussehen, ist gleichgültig. Wichtig ist nur, wie die Menschen darin aussehen."

Abbildung 1
Entwürfe von ArchitektInnen des 20. Jahrhunderts

Unsere städtischen Umwelten sind von der männlichen Form und deren Dominanz geprägt. Waren Frauen im Laufe dieses Jahrhunderts überhaupt im Bereich Städtebau und Architektur tätig, so galt ihr Interesse eher der Gestaltung von Innenräumen, die sie aus den funktionalen Abläufen der Hausarbeit ableiteten, dem Wohnungsbau für besondere Betroffenengruppen oder der sozialen Infrastruktur – wie Kinderkrippen, Kindergärten etc. – und weniger den grossen Konzepten für ganze Städte oder weithin sichtbaren Wohn- oder Bürotürmen.

Die Architektin und Soziologin Katharina Weresch hat anlässlich einer Studie, die sie unter Studenten und Studentinnen der Architektur an der Technischen Universität Hannover durchführte, geschlechtsspezifische Unterschiede im Entwerfen festgestellt, die sich nicht nur auf die Form, sondern vor allem auf eine unterschiedliche Herangehensweise – induktiv statt deduktiv – und auf eine unterschiedliche Schwerpunktsetzung – vom inhaltlichen statt vom formalen Aspekt ausgehend – beziehen, aus der sich dann unter Umständen auch eine andere Form oder sogar eine formale Inkonsequenz ergeben kann. Nachdem sie die Entwurfsarbeit der StudentInnen während ihres gesamten Studiums beobachtet hatte, kam sie zu dem Ergebnis, dass in den Anfangssemestern durchaus noch Unterschiede festgestellt werden konnten, dass aber am Ende des Studiums eine Nivellierung zwischen den Geschlechtern eingetreten war. Gingen die Studentinnen zu Beginn ihres Studiums also offensichtlich noch relativ unbefangen im Hinblick auf ihr Studienfach an die Entwurfsaufgaben heran, so waren sie am Ende ihres Studiums aufgrund der männlich geprägten Strukturen und Inhalte an der Hochschule gleichgeschaltet worden. Sofern sie ihr Studium also nicht abgebrochen hatten, konnten nun keine signifikanten Unterschiede zwischen männlichem und weiblichem Entwurf mehr festgestellt werden.[10]

Offensichtlich ist es also ein weibliches Interesse, nicht die formalen Aspekte beim Bauen in den Vordergrund zu rücken, sondern die jeweiligen Bauformen aus der Kenntnis der lebendigen Zusammenhänge zu entwickeln.

Die Gartenarchitektin und Landschaftsplanerin Merete Mattern zum Beispiel geht bei der Entwicklung ihrer "Ökostädte" und "Blütenhäuser" auf die Formbildungsprozesse der Natur zurück, aus denen sie ihre organische Bau-Funktionsweise ableitet. Neben der so entstehenden anderen Form bezieht sie auch funktionale Aspekte bei der Anordnung und Zweckbestimmung der Räume sowie die Selbsthilfe und Selbstversorgung der späteren BewohnerInnen in die Entwurfsprozesse ein. Die Identität innerhalb ihrer "ökologischen Landschaftsstadt" gründet sich danach nicht nur auf die andere Form, sondern vor allem auch auf die andere Lebensweise, aus der andere Baumethoden entstehen.[11]

---

[10] Weresch, 1990
[11] Mattern, 1979

Abbildung 2
Entwürfe nach dem Prinzip der kosmischen Spirale von Merete Mattern

Utopien wie diese sind seit dem Ende der 70er Jahre nicht weiterentwickelt worden. Die Frauen, welche sich heute für eine feministische Stadtplanung engagieren, sind auf den Boden der realen Tatsachen zurückgekehrt. Sie wollen Veränderungen im Hier und Jetzt, und dabei geht es ihnen zunächst um die öffentliche Akzeptanz besonderer weiblicher Anliegen und Interessen, das heisst eher um inhaltliche und methodische Aspekte, und erst in letzter Konsequenz vielleicht auch um eine andere Form.
Verschiedene Forschungsergebnisse bestätigen, dass Frauen grundsätzlich eine andere Herangehensweise in der Entwicklung von Bau- und Wohnformen an den Tag legen als Männer, dass es ihnen beim gebauten Ergebnis aber in der Regel nicht um die Entwicklung einer spezifisch weiblichen Formensprache, sondern um die Dominanz der Inhalte resp. um ein Gleichgewicht zwischen den funktionalen und den formalen Aspekten geht.[12]

---

12 vgl. hierzu u.a.: Hayden, 1983; Dörhöfer, 1989; Schnitter, 1984; sowie: Stadt und Utopien, Vortrag im Rahmen des Planungsseminars "Weibliche und männliche Aspekte in der Stadtplanung", gehalten am ORL-Institut ETH Zürich, 1992

Dennoch werden wir Frauen heute noch an dem gemessen, *was* wir anderes planen und bauen, nicht *wie* wir das tun. Die heute noch männlich dominierte Gesellschaft erwartet von Frauen eine andere bauliche Form. Sie will den weiblichen Aspekt einmal mehr in Form giessen, zum Standbild machen, aber am Grundsatz der männlichen Vorherrschaft nichts verändern. Formen, auch Bau- und Siedlungsformen, sind aber grundsätzlich Ausdruck vorhandener Macht- und *Herr*schaftsverhältnisse.[13] "Men make houses, women make homes" – solange diese Rollenverteilung noch ausgesprochen oder unausgesprochen den Geist der männlichen und weiblichen Menschen be*herr*scht, wird eine Veränderung der äusseren Formen auf der rein formalen Ebene steckenbleiben. Ohne eine inhaltliche Schwerpunktverschiebung, einen Wertewandel, der sich zuerst in den Köpfen, dann in den Strukturen der Gesellschaft, namentlich in Politik und Verwaltung, niederschlagen würde, muss die Veränderung äusserer Formen hohl, eine leere Hülse bleiben.

Zum inhaltlich-funktionalen Aspekt

Unter einer "frauengerechten Stadtplanung" werden in der Regel Massnahmen verstanden, die einerseits durch Veränderungen der Stadtgestalt die Sicherheit im öffentlichen Raum erhöhen und andererseits durch besondere stadtstrukturelle Eingriffe die – mehrheitlich von Frauen geleistete – Hausarbeit erleichtern helfen. Dabei lassen sich die Stadtgestalt und die Stadtstruktur nicht isoliert betrachten: Massnahmen, die im Hinblick auf die Sicherheit im öffentlichen Raum getroffen werden, oder solche, die die Hausarbeit erleichtern sollen, kommen in der Regel auch anderen Zwecken und anderen Bevölkerungsgruppen zugute.

Die einzelnen Massnahmen, die aus Sicht der Frauen zu den Verbesserungen in Quartier, Stadtteil und Gesamtstadt beitragen, sind jüngst in einem Katalog zusammengetragen worden, der sich auf Erfahrungen aus den Niederlanden abstützt, wo man in diesem praktischen Zusammenhang europaweit am längsten aktiv ist.[14] Diese Massnahmen umfassen verschiedene Anforderungen an Nutzungs- und Bebauungsstrukturen, die sich grundsätzlich auf die Aspekte der sozialen Kontrolle und der Überschaubarkeit einerseits sowie der Dezentralisierung, Funktionsmischung und Kleinteiligkeit andererseits zurückführen lassen. Die Umsetzung dieser Forderungen allein muss aber in der Konsequenz nicht unbedingt auch zu einer tatsächlichen Gleichberechtigung der Geschlechter in der Gesellschaft führen. Im Gegenteil – die Verringerung der Belastungen erwerbstätiger Mütter zum Beispiel würde vermutlich eher zu einer Perpetuierung des traditionellen Rollenbildes beitragen.

---

[13] frei nach Terlinden, 1980
[14] Siemonsen, Zauke, 1991

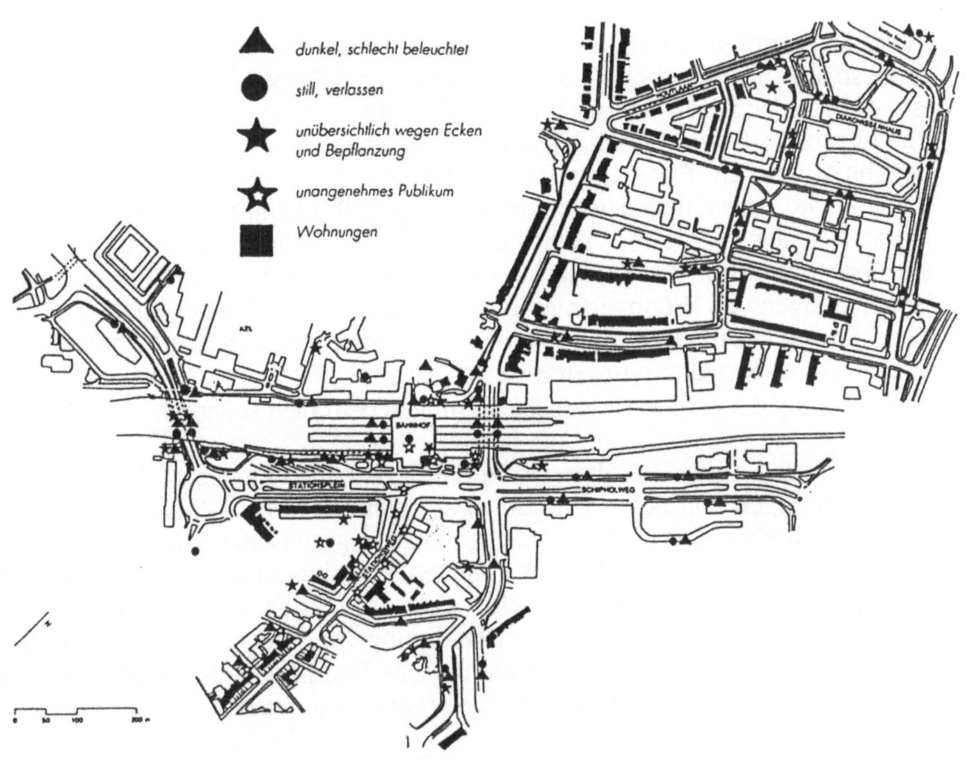

Abbildung 3
Plandarstellungen Angsträume

Das gilt genauso für den Aspekt der Sicherheit im öffentlichen Raum. Als Angsträume entlarvte schlecht beleuchtete oder verlassene Stadtbereiche werden durch entsprechende Massnahmen evtl. entschärft, aber das grundsätzliche Problem der (strukturellen) Gewalt wird damit nicht gelöst. Es handelt sich auch hier wieder um die einseitige, linear angelegte Lösung eines Einzelproblems.
Genau wie bei der ökologisch orientierten Stadtplanung bestünde die Gefahr einer Verfestigung der Strukturen: es wird – und zwar modellhaft, einmal hier, einmal da – etwas unter einem weiblichen oder ökologischen Blickwinkel getan, aber der weibliche und der ökologische Blickwinkel werden nicht zum Ausgangspunkt grundlegend neuer inhaltlicher Zielfestlegungen oder gar gesellschaftlicher Umbewertungen.

Zum verfahrensmässig-methodischen Aspekt

In einem weiteren Ansatz, der von Frauen in die Planung eingebracht wird, genauso aber auch in ökologischen Alternativ- und Selbsthilfeprojekten vertreten ist, geht es um veränderte Planungsverfahren resp. die Beteiligung von Planungsbetroffenen. In den Niederlanden ist bereits vor etwa 35 Jahren damit begonnen worden, Frauen als Expertinnen für Wohnung und Wohnumfeld in Planungsprozesse einzubeziehen, allerdings nur ehrenamtlich. In den sogenannten VAC's, den "Vrouwen Advies Commisies voor de Woningbouw", werden sie aber immerhin als Beraterinnen der Gemeinden bei Sanierungs- oder Neuplanungen von Wohngebieten hinzugezogen. In der Bundesrepublik sind im Zuge der "behutsamen Stadterneuerung" – insbesondere in den grösseren Städten – zahlreiche Projekte von Frauen in Angriff genommen worden, die zur Verbesserung der eigenen Lebensbedingungen beitragen sollen.[15]

Dieser Ansatz birgt in sich aber wieder die Gefahr, dass Frauen an der Gestaltung von Wohnungen und deren Umfeld zwar beteiligt, bestenfalls als Expertinnen akzeptiert werden, aber damit noch lange nicht in gesellschaftliche Machtpositionen vorrücken. Sie dürfen allenfalls mitreden, vielleicht mitbestimmen, aber nicht mitentscheiden. Angemessen wäre aber im Sinne der Menschen- und BürgerInnenrechte eine paritätische Beteiligung der Frauen in allen gesellschaftlich relevanten Bereichen *und* eine paritätische Beteiligung der Männer an allen Arbeiten, die mit Haushalt und Kinderbetreuung zu tun haben.

Ohne einen gewissen emanzipatorischen Charakter dieser Selbsthilfeprojekte – seien die Beteiligten jugendliche Arbeitslose, Drogenabhängige, Alleinerziehende oder eben Frauen – in Abrede stellen zu wollen, führen solche Massnahmen nicht zu einer wirklichen Emanzipation der Beteiligten. Im Gegenteil: der diesen Projekten anhaftende Modellcharakter bewirkt eher eine Beruhigung gewisser ausrufender Bevölkerungsgruppen, deren Engagement durch die Bindung an das gute einzelne Projekt absorbiert wird, nicht aber zwangsläufig auch zu einer Integration entsprechender Aspekte in Planung und Politik.

---

[15] vgl. hierzu den Beitrag von Rosemarie Ring: Ökologische und soziale Stadterneuerung aus der Sicht von Frauen (in diesem Tagungsband)

Zum Zusammenhang von Ökologie und Weiblichkeit in Planung und Gesellschaft

Ob es um ökologische oder feministische, um behindertengerechte oder familienfreundliche Planung geht – immer steckt hinter diesen Begriffen ein differenzierendes, separierendes, das heisst: ein polarisierendes und damit ein ausgrenzendes Denken. Es werden besondere bauliche Massnahmen für die verschiedenen genannten Gruppen getroffen, um die einseitigen Auswirkungen der Planung – *von* jungen, gesunden Männern *für* junge, gesunde Männer – wenigstens ansatzweise zu kompensieren: für die Behinderten rollstuhlgerechte Wohnungen oder Rampen im öffentlichen Raum, für Familien spezielle kinderfreundliche Siedlungen mit verkehrsberuhigten Strassen, für die Betagten Altenheime, für die Asylanten Container – jedem und jeder das, was ihm und ihr zusteht.

Hier wird das polarisierende Denken, welches gesamtgesellschaftlich von Bedeutung ist und sich dementsprechend auch in der Planung niederschlägt, besonders deutlich. Und ich denke, dass die ökologische Krise, in der wir uns heute befinden, auch ganz stark mit diesem jahrhunderte- und jahrtausendelangen polarisierenden Denken zusammenhängt. Pythagoras, einer der Urväter abendländischer Philosophie und Wissenschaft, formulierte im 6. Jahrhundert vor Christus bereits den folgenden "weisen" Satz: "Es gibt ein gutes Prinzip, das die Ordnung, das Licht und den Mann, und ein schlechtes Prinzip, das das Chaos, die Finsternis und die Frau geschaffen hat."[16]
Dieser Satz fusst auf einem polarisierenden Grundverständnis, welches trennt statt verbindet, welches nicht nur unterscheidet, sondern vor allem auch bewertet. Und dieses Denken hatte weitreichende Folgen für die Entwicklung der Gesellschaft – sie wurde bis heute immer patriarchalischer, immer stärker vom Mann geprägt und von männlichen Denkweisen dominiert.

Die weibliche und männliche Zuordnung bestimmter Wesensmerkmale hatte seinen Ausgangspunkt aber bekanntlich nicht erst bei Pythagoras und schon gar nicht beim abendländischen Denken. Auch das chinesische Konzept des Yin und Yang, das mehrere tausend Jahre vor Christus und damit lange vor Pythagoras entstanden ist, kennt die Unterscheidung in männliche und weibliche Eigenschaften; dabei wurde aber – zumindest im Ursprung – nicht von der Erhöhung des einen und der Erniedrigung des anderen Geschlechts ausgegangen. Vielmehr sind das männliche und das weibliche Prinzip hier Teilmengen einer Gesamtheit, die sich gegenseitig ergänzen und befruchten.[17]

---

[16] Schoeller, 1991
[17] Colegrave, 1984

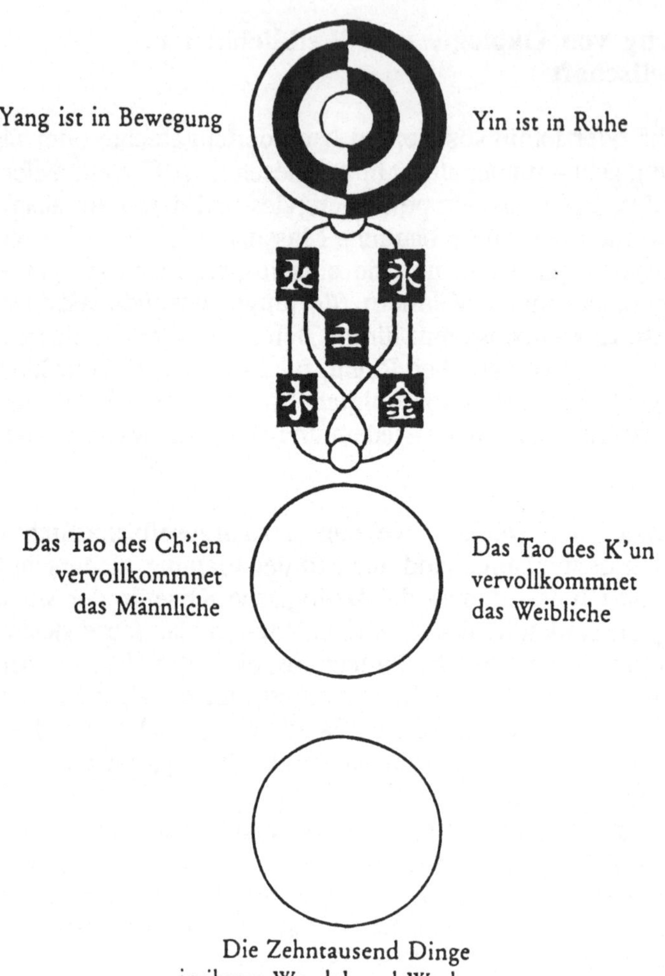

Abbildung 4
Yin-Yang Diagramm von Chou Tun-i aus dem 11. Jahrhundert

Erst die Zuordnung dieser weiblichen und männlichen Eigenschaften zu den TrägerInnen gewisser weiblicher resp. männlicher Geschlechtsmerkmale hat im Laufe der Entwicklung in den patriarchalen Gesellschaften zur Herausbildung grundsätzlicher Gegensatzpaare geführt, denen eine immer stärker werdende Unvereinbarkeit eigen zu sein scheint: Natur - Kultur, Gefühl - Geist, Inhalt - Form, Technik - Ambiente, Stadt - Landschaft, Bauen - Wohnen usw. sind nur einige dieser üblichen Polarisierungen, bei denen unausgesprochen klar ist, welche weiblich, welche männlich konnotiert sind und damit auch: welche dominant, welche unterlegen sind.

Solange Ökologie und Weiblichkeit noch besonders thematisiert werden müssen, liegt das Ziel eines gleichberechtigten Verhältnisses zwischen Stadt und Landschaft, zwischen Kultur und Natur und zwischen Mann und Frau noch in weiter Ferne. Aber sobald diese Themenbereiche diskutiert werden, zeichnet sich ein Silberstreifen am Horizont ab, der Visionen von Gleichheit und Gerechtigkeit näher rücken lässt. Die postmoderne Diskussion um veränderte Ziele und Inhalte und die Suche nach neuen Methoden und Verfahren zeugt vom Anbruch einer neuen Planungskultur, die weibliche und männliche Aspekte in einer ganzheitlichen Betrachtungsweise zum Ausgleich gebracht hat und die Inhalte, Ziele, Methoden und Verfahren selbst einem permanenten Diskussionsprozess unterwirft. Handelt es sich dabei um eine neue Planungskultur im Sinne einer "Ökologie des Geistes"?[18]

Eine umfassend verstandene Ökologie ist heute noch längst nicht zum geistigen Allgemeingut innerhalb der Gesellschaft avanciert. Ganzheit und Ganzheitlichkeit sind aber Begriffe, die in allen Bereichen der Wissenschaft zunehmend ernsthaft diskutiert werden.[19] Und es scheint mir nicht verwunderlich, dass sich das Interesse an der Frauenfrage, an der gesellschaftlichen Aufwertung der Frau und damit des Weiblichen zu einem Zeitpunkt verstärkt, in dem die Komplexität, die Unüberschaubarkeit und auch die Dynamik der Ereignisse und gleichzeitig das Erkenntnisinteresse am Chaos, nicht nur in Wissenschaft und Forschung, zunimmt. Offensichtlich erwartet "man" von den Frauen, vom lange vernachlässigten weiblichen Element, Lösungsvorschläge aus dem Chaos, das sie doch gar nicht angerichtet haben.

Vielleicht hat Friedensreich Hundertwasser recht mit seiner Behauptung, dass die gerade Linie verantwortlich für die Entstehung des Chaos sei, welches uns heute umgibt. Er sagt: "Ich finde ..., dass die gerade Linie das Chaos ist. Das Chaos ist das, was uns umgibt. Die gekrümmte Linie, die nicht vom menschlichen Geist dominiert wird, ist in der Minderzahl."[20] So dumm es ist, die gerade Linie grundsätzlich zu verteufeln, so sehr scheint doch das einseitige und lineare Denken, das Nicht-links-und-rechts-Schauen, Nicht-in-Zusammenhängen-Denken, Nicht-einmal-vom-vorgezeichneten-Weg-abweichen-Können, die Macht der Gewohnheit schlechthin für die Entstehung der heutigen Situation mitverantwortlich zu sein. Alles Weibliche – und damit alles Komplexe, Raum- und Wegorientierte – wurde zu lange zugunsten alles Männlichen – Linearen und Zielorientierten – unterdrückt.

---

[18] Bateson, 1990
[19] Thomas, 1992
[20] Hundertwasser, 1980

Es wird in Zukunft also darum gehen müssen, im Sinne einer ganzheitlich verstandenen Ökologie die alten Zuordnungen von Weiblichkeit und Männlichkeit, jene Polarisierungen über Bord zu werfen, die zu dem heutigen Missverhältnis nicht nur zwischen den Geschlechtern, sondern auch zwischen Kultur und Natur, zwischen Stadt und Landschaft geführt haben. Erst die Aufwertung des Weiblichen wird gesamtgesellschaftlich den sich langsam abzeichnenden Wertewandel herbeiführen. Dabei werden wir nicht darum herumkommen, zumindest eine Zeitlang den bisher vernachlässigten Aspekten das Übergewicht einzuräumen. Das würde bedeuten: mehr Integration, mehr Ganzheitlichkeit, mehr Spontaneität und Gemeinschaft, mehr Raum- und Wegorientierung. Für die Planung hiesse das unter anderem auch, eine Zeitlang ganz bewusst ökologische und feministische Ziele zu verfolgen, und zwar so lange, bis das gegenwärtige Missverhältnis aufgehoben wäre. Die Ganzheitlichkeit im Denken läge zunächst darin, "über das, was schon verfügbar ist, nicht mehr ganz so unbekümmert zu verfügen wie bisher".[21]

Der Weg zu einer veränderten Planungskultur kann also nur über ein verstärktes Engagement von Frauen in der Stadt- und Raumplanung und über die grundsätzliche Beteiligung von Frauen an allen Machtpositionen in der Gesellschaft führen. Denn ein neues gesellschaftliches Bewusstsein kann nur durch Gewohnheitswandel erreicht werden. Die Stabilität, aber auch die Starrheit, die aller Gewohnheit innewohnt, ist gerade heute, in einer Zeit der wachsenden Dynamik und Komplexität, eine grosse Gefahr. Wir werden zunehmend darauf angewiesen sein, immer wieder neuen Erkenntnissen in unseren Köpfen Raum zu geben. So werden Eigenschaften wie Toleranz und Flexibilität – insbesondere auch gegenüber gesellschaftlichen Normen – immer mehr Bedeutung erlangen.

Und hierin liegt meines Erachtens eine Chance für die Ökologie und für die Weiblichkeit, das heisst: für eine Gesellschaft, in der Frauen auch "männlich", Männer auch "weiblich" sein und entsprechende Tätigkeiten ausüben dürfen, eine Gesellschaft, in der alle im gemeinsamen Interesse zusammenarbeiten, die Erde als Lebensraum für die Nachwelt zu erhalten. Die Faktoren Raum und Zeit würden dabei eine ganz neue Bedeutung erhalten, und zwar im Sinne von Gelassenheit, Am-Ort-Sein und Bleiben-Können. Weniger Reisen, weniger Mobilität aus Sucht- und Fluchtgründen. Letztendlich hiesse das: Mehr Sein, weniger Haben, mehr Leben im Hier und Jetzt, weniger im Dort und Dann.

---

[21] Meyer-Abich, 1992

Die Vision wäre eine – im Sinne eines umfassenden Ökologieverständnisses veränderte – Stadt- und Raumplanung, die es nicht mehr nötig hätte, einzelne Aspekte besonders herauszugreifen und sektoral zu bearbeiten, da sie – im vernetzten Denken geübt – integrativ alle starken und schwachen Aspekte gleichermassen berücksichtigt.

Literatur

Bargholz, Julia, in: Ökotopolis. Bauen mit der Natur. Aktuelle Ansätze ökologisch orientierter Bau- und Siedlungsweisen in der BRD, Köln 1984

Bateson, Gregory: Ökologie des Geistes. Anthropologische, psychologische, biologische und epistemologische Perspektiven, 3. Aufl. Frankfurt am Main 1990

Bornemann, Ernest: Das Patriarchat, Frankfurt am Main 1975

Colegrave, Sukie: Yin und Yang. Die Kräfte des Weiblichen und des Männlichen, Frankfurt am Main 1984

Dietrich, Verena (Hrsg.): Architektinnen. Ideen – Projekte – Bauten, Stuttgart 1986

Dörhöfer, Kerstin: Feministische Ansätze in der Architekturausbildung, in: Feministische Ansätze in der Architekturlehre, Dokumentation eines Symposions an der Hochschule der Künste/Technischen Universität Berlin, 1989

Hayden, Dolores: Utopische Feministinnen und ihre Kampagne für küchenlose Häuser, in: Frei-Räume Heft 1, Berlin 1983

Huber, Benedikt (Hrsg.): Lehrmittel Raumplanung – Städtebau Bd.II, Kap. 6 Umweltschutz und Raumplanung, ETH Zürich 1990

Hundertwasser, Friedensreich, in: Ökologisch Planen und Bauen in der Innenstadt, Publikation des gleichnamigen stadtökologischen Symposiums der Internationalen Bauausstellung Berlin 1980, hrsg. von Margrit Kennedy

Kennedy, Margrit: Zur Wiederentdeckung weiblicher Prinzipien in der Architektur, in: Bauwelt Heft 31/32 1979

Mattern, Merete: Gedanken zur Entwicklung von Ökostädten und Ökohäusern,
      in: Bauwelt Heft 31/32 1979

Meyer-Abich, Klaus Michael: Philosophie der Ganzheit, in: Thomas, Christian
      (Hrsg.): Auf der Suche nach dem ganzheitlichen Augenblick. Der Aspekt
      Ganzheit in den Wissenschaften, Zürich 1992

Ring, Rosemarie: Ökologische und soziale Stadterneuerung aus der Sicht von
      Frauen (in diesem Tagungsband)

Schnitter, Beate: Möglichkeiten einer Frauenarchitektur, in: Frau – Realität und
      Utopie, Zürich 1984

Schoeller, Donata: Abschied vom Primat der Männerlogik, in: du. Die Zeitschrift
      der Kultur Heft Nr. 11, November 1991

Siemonsen, Kerstin; Zauke Gabriele: Sicherheit im öffentlichen Raum.
      Städtebauliche und planerische Massnahmen zur Verminderung von
      Gewalt, Zürich/Dortmund 1991

Terlinden, Ulla: Baulich-räumliche HERRschaft. Bedingungen und Verän-
      derungen, in: Frauen Räume Architektur Umwelt, München 1980

Thomas, Christian (Hrsg.): Auf der Suche nach dem ganzheitlichen Augenblick.
      Der Aspekt Ganzheit in den Wissenschaften, Zürich 1992

Vester, Frederic: Ballungsgebiete in der Krise. Vom Verstehen und Planen
      menschlicher Lebensräume, München 1983

Weresch, Katharina: Männliche und weibliche Raumwahrnehmung in der
      Architektur, in: Schweizer Ingenieur und Architekt Nr. 45 1990

Zibell, Barbara: Chaos als Ordnungsprinzip im Städtebau? in: DISP 101 April
      1990

Bildnachweis

Abbildung 1: Zusammenstellung aus: Kristiana Hartmann/Cordula Uhde
             (Hrsginnen): 100 Jahre Architektur 1840-1940.
             Architektenquartett. Verlag der Fachvereine, Zürich 1990

Abbildung 2: Dietrich, Verena (Hgin): Architektinnen. Ideen - Projekte - Bauten.
             Kohlhammer Verlag, Stuttgart 1986, S. 126

Abbildung 3: Katalog zur Ausstellung der Internationalen Bauausstellung
             Emscher Park. Frauen planen bauen wohnen. efef Verlag
             Zürich/Dortmund 1991, S. 76

Abbildung 4: Colegrave, Sukie: Yin und Yang. Die Kräfte des Weiblichen und
             des Männlichen. Frankfurt am Main 1984, S. 74

Wohnen und Arbeiten im Quartier Lachen-Vonwil in St. Gallen: Planen und Entwerfen mit der Natur im städtischen Kontext

Barbara Rothenberger

Arbeiten Studierender an der Architekturabteilung der ETH Zürich am Lehrstuhl für Architektur und Planung Alexander Henz im Wintersemester 91/92

Die Aufgabe

Im Jahr 91/92 stellten wir uns zur Aufgabe, uns zusätzlich zu unseren städtebaulichen Anliegen - verdichtetes Wohnen und Arbeiten in der Stadt - mit Fragen der Siedlungs- und Bauökologie auseinanderzusetzen.
Nicht die scheinbar grüne Idylle auf dem Land interessierte uns, wir wollten vielmehr bei der Stadt als unserem hauptsächlichen Lebensraum ansetzen.
Fertige Lösungen, die vermittelt werden könnten, gibt es bei diesem komplexen Thema nicht. Es ging uns deshalb in erster Linie darum, bei den Studierenden das persönliche Bewusstsein für ökologische Zusammenhänge zu wecken, Denkanstösse zu geben, gemeinsam Fragen zu formulieren und nach planerischen und architektonischen Lösungsansätzen zu suchen. Ergänzt wurde der Entwurfsunterricht durch begleitende Veranstaltungen wie Exkursionen und Referate von Fachleuten.

Im Zuge der Semestervorbereitung wurde bald klar, dass sich bei diesem Thema vieles auf der Ebene des Nichtgebauten abspielt: Wertvorstellungen der Bevölkerung, der PolitikerInnen und der Fachleute spielen eine entscheidende Rolle, Organisationsformen können wichtig werden, aber auch die Dimension der Zeit muss einbezogen werden.
Dieser Tatsache wollten wir mit unserer Arbeitsmethode, der Art des planerischen Vorgehens, Rechnung tragen. Begleitend zum gewohnten Entwerfen in Form von Plänen und Modellen haben wir deshalb mit dem Instrumentarium des Entwicklungsprogrammes gearbeitet. Dabei hielten die Studierenden während des ganzen Semesters ihre Beobachtungen und Überlegungen zum Thema Ökologie

im allgemeinen und zum Areal im besonderen in schriftlicher Form fest. Aus ihren Schlüssen leiteten sie selber Zielvorstellungen für ihre Arbeit ab, nach deren Einhaltung sie Ende des Semesters beurteilt wurden. Sie hatten damit die Möglichkeit, den Schwerpunkt ihrer Arbeit selber zu bestimmen.
Das Ergebnis war eine Vielfalt von Planungskonzepten und von zum Teil unerwarteten Lösungsansätzen: Währenddem die einen nur eine Nullösung für ökologisch vertretbar hielten und alle bestehenden Bauten erhalten wollten, argumentierten die andern gerade umgekehrt: Eine möglichst hohe Bebauungsdichte sei sinnvoll, weil dadurch der Landverschleiss möglichst klein gehalten und die bestehende Infrastruktur am besten ausgenutzt werden könne.

Die drei Planungskonzepte, die anschliessend vorgestellt werden, unterscheiden sich in ihren Lösungsansätzen sehr stark und sollen die Breite des Spektrums aufzeigen.

Der Ort

Als Standort für unsere Semesterarbeit haben wir St. Gallen gewählt. Ausschlaggebend dabei war die Tatsache, dass der dortige Stadtbaumeister und seine MitarbeiterInnen sich seit Jahren nicht nur für eine gute Entwicklung ihrer Stadt, sondern auch besonders für die Realisierung von stadtökologischen und baubiologischen Anliegen einsetzen. Sie erklärten sich bereit, mit uns zusammenzuarbeiten und schlugen uns ein Grundstück zur Bearbeitung vor, für das sie an Lösungsvorschlägen auch wirklich interessiert sind.

Die Stadt St. Gallen liegt in einem von Westen nach Osten verlaufenden Tal. Unser Planungsgebiet, das Quartier Lachen-Vonwil, befindet sich im Westen der Stadt. Es liegt zwischen zwei bedeutenden öffentlichen Grünanlagen: der Kreuzbleiche mit ihren Sportanlagen und den Burgweihern.
Wir fanden ein Quartier mit sehr heterogenem Erscheinungsbild vor. Alle Stiltypen der letzten hundert Jahre sind vertreten. Am prägendsten wirken die ArbeiterInnensiedlungen, die anfangs dieses Jahrhunderts im Zuge der aufblühenden Stickereiindustrie entstanden. Als Bebauungsmuster herrscht eine dichte offene Bauweise mit kleinen Gebäudeabständen, hoher Ausnützung und Wohndichte vor. Die Nutzung besteht aus einer Mischung von Wohnen und Kleingewerbe, durchsetzt mit einzelnen Industriebauten.

Das engere Planungsareal liegt mitten in diesem dicht bebauten Gebiet in einem leicht gegen Norden abfallenden Hang. Es wurde in den 40er Jahren von der PTT gekauft und mit Bauten für Material- und Transportdienste überstellt und besteht heute vorwiegend aus ein- bis zweigeschossigen Lagerhallen, Schuppen

und asphaltierten Parkierflächen.1983 veranstaltete die PTT auf Betreiben der Stadt einen Wettbewerb für eine industrieähnliche Grossanlage.
Das Vorhaben löste eine städtebauliche Diskussion über die Standortwahl aus. In der Folge realisierte die PTT ihre Bebauung ausserhalb der Stadt St. Gallen. Damit stellt sich erneut die Frage nach der zukünftigen Nutzung dieses Areales.
Wie in anderen Städten besteht in St. Gallen eine grosse Nachfrage nach zentrumsnahem Wohnraum, der mit öffentlichen Verkehrsmitteln gut erschlossen ist. Das Areal erfüllt diese Anforderungen. Die Stadt ist deshalb daran interessiert, auf dem Areal verdichtet zu bauen. Gewünscht wurde eine gemischte Nutzung Wohnen/Gewerbe; evtl. auch Alterswohnungen und ein Jugendtreffpunkt.
Inzwischen ist diese Vorstellung auch bereits in einen Revisionsentwurf des Zonenplanes eingeflossen, indem die Nutzung des Areals in Wohn- und Gewerbezone umgeteilt wurde. Bestehen bleiben soll das Fernmeldezentrum der PTT, ein Bau aus den 60er Jahren, der knapp einen Viertel des Areals einnimmt und mit seiner Grossform die Kleinmassstäblichkeit des Quartiers sprengt.

Gearbeitet wurde während des Wintersemesters in Gruppen. Zunächst untersuchten die Studierenden das Planungsgebiet in seinen Bezügen zum Stadtgefüge, um dann Konzeptentwürfe zu entwickeln.
Diese Konzeptentwürfe sollten unter anderem folgende Punkte behandeln:
Zukünftige Erschliessung des Gebietes; Ausscheidung von Zonen, in denen nicht gebaut werden soll; Eignungsuntersuchung der bestehenden Gebäude für Umbau oder Umnutzung; Standorte und Gestaltungskriterien für Neubauten; Nutzungsverteilung; angemessene Ausnützungsziffer; Art der Bepflanzung; technische Ver- und Entsorgung.

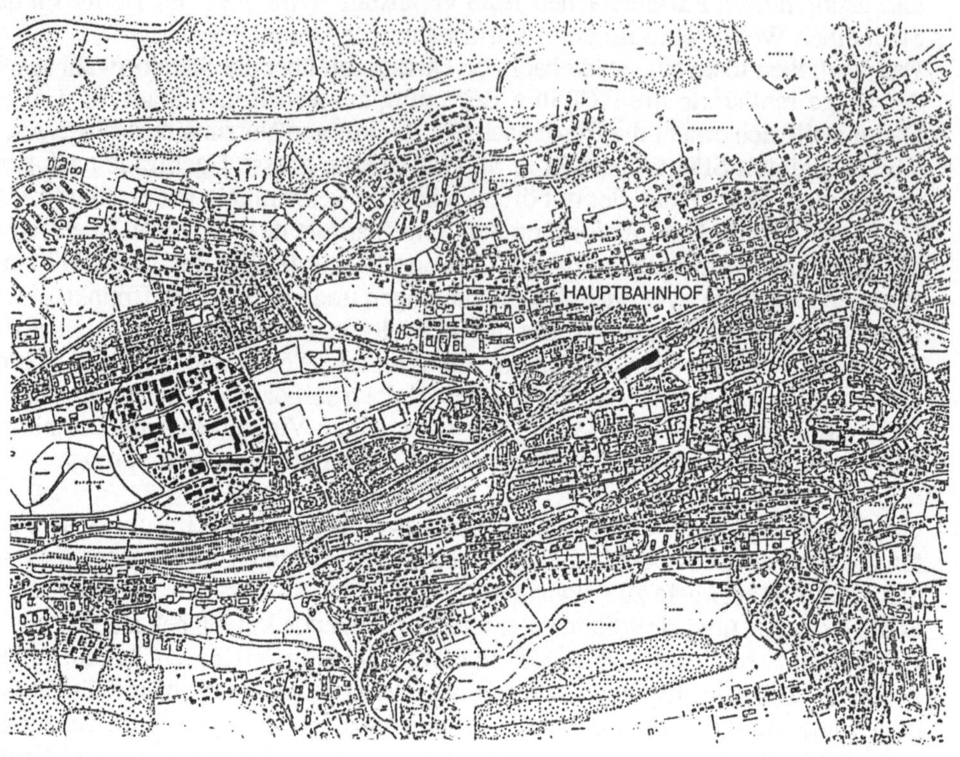

Abbildung 1
St. Gallen mit dem Planungsgebiet Lachen-Vonwil im Westen der Stadt

1. Die Nullösung: Dezentralisierung und Partizipation

Christian Denzler und Patrick Schatzmann

" Nur wem die Möglichkeit gegeben ist, seinen Lebensraum selbst mitzugestalten, wird sich damit identifizieren können. Und nur wer sich mit seinem Lebensraum identifiziert, wird umsichtig und behutsam damit umgehen."

" Unter uns Menschen gibt es keine fertigen Gebilde, nichts Rundes und Abgeschlossenes. Rund und abgeschlossen sind nur Wörter, Bilder, Zeichen, Phantasien. Die Wirklichkeit ist in der Bewegung..."

Gustav Landauer

Dieses Planungskonzept beschränkt sich auf wenige, sanfte Eingriffe. Alle bestehenden Bauten bleiben erhalten. Die Planung der wenigen Neubauten soll in einem langsamen Prozess mit Mitbestimmung der QuartierbewohnerInnen vor sich gehen. Ausgehend von der Frage: *'Welche Geschwindigkeit darf Stadterneuerung haben?'* (Georg Mörsch) schlagen die Projektverfasser vor, das Areal in Bebauungsschritte zu unterteilen, die nur in Etappen realisiert werden dürfen. Dabei nimmt jede Projektetappe Bezug auf die vorausgegangenen Massnahmen und Absichten. Die Planung wächst und konkretisiert sich mit jedem weiteren Bebauungsschritt.

Das zentrale Gestaltungselement und das eigentliche räumliche Rückgrat des Konzeptes ist ein neuer Fussgängerweg, der die Grünanlage Kreuzbleiche im Osten des Areals (Sportanlagen, Schulhausplatz) mit dem Grünraum westlich des Areals (Kirchplatz, Burgweiher) verbindet. Neben den schon heute bestehenden öffentlichen Einrichtungen wie Schule, Restaurant, Kirche und Pfarrhaus sollen durch Gebäudeumnutzungen neue Kontaktstellen im Quartier geschaffen werden (Recyclinghaus, Quartierhaus), ergänzt durch vereinzelte Neubauten, in denen ein Kinderhort und eine Gemeinschaftsküche untergebracht sind.

Die Projektverfasser haben einen Vorschlag erarbeitet, wie auf organisatorischem Weg ein möglichst hohes Mass an Dezentralisation und Partizipation erreicht werden kann:
Auf der politischen Ebene soll die Stadt innerhalb des Stadtgebietes ein Vorkaufsrecht für alle Liegenschaften und Grundstücke erhalten, die zum Verkauf angeboten werden. Den (von der Stadt noch zu erwerbenden) Boden - in diesem Fall also das PTT-Areal - gibt die Stadt im Baurecht ab. Im Quartier bildet sich ein Verein als Trägerschaft für das Quartierplanungsbüro. Es wird ein/e QuartierplanerIn angestellt, der/die zusammen mit der Quartierbevölkerung die

anschliessende Planung entwickelt. Er/Sie hat sein/ihr Büro im Quartierhaus, das die wichtigste Kontaktstelle der Bevölkerung bildet.

Partizipative Planung wird als Mittel zur Veränderung der Wertvorstellungen der Bevölkerung eingesetzt. Sie soll dazu beitragen, dass die Verfolgung ökologischer Zielsetzungen und ökologischen Handelns im Alltag selbstverständlich werden.

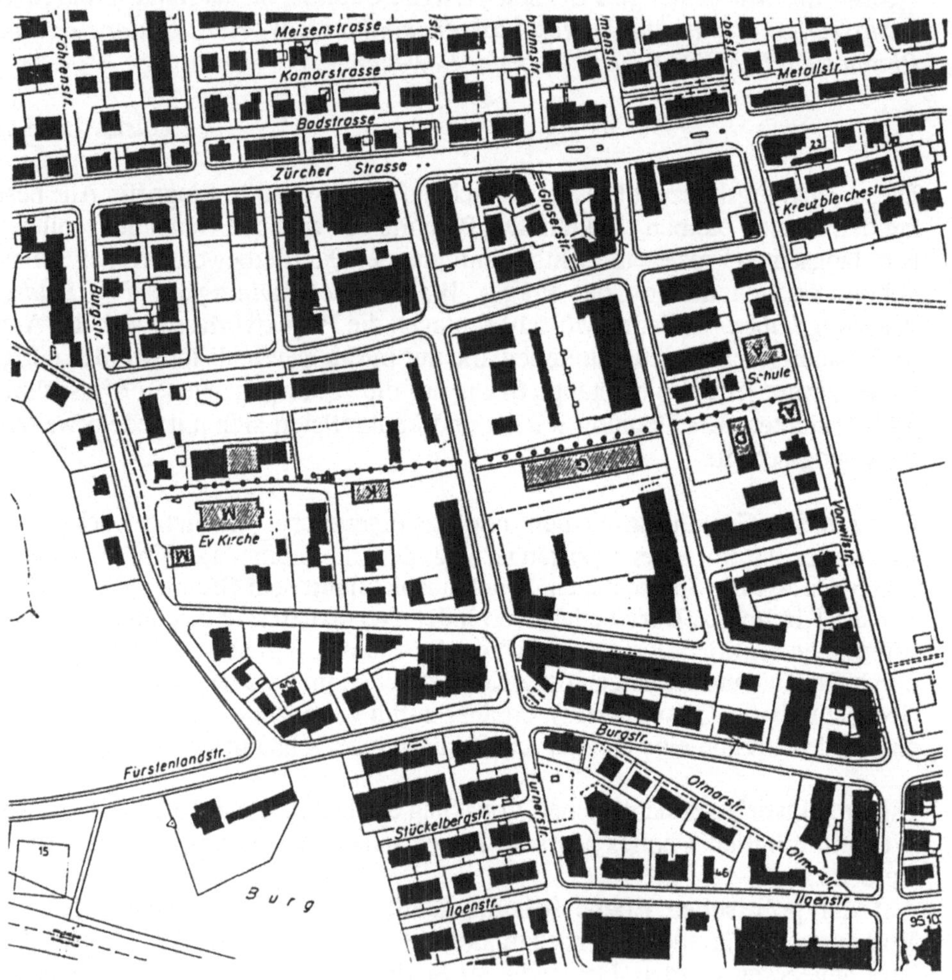

Abbildung 2

2. Umbau/Neubau

Johannes Breitling, Stefan Dubach und Patrick Schaad

Das Projekt stellt eine mittlere Lösung dar, was die Dichte betrifft. Bestehende Bauten werden zum Teil erhalten und umgenutzt, der Neubauteil und die zugehörigen Aussenräume haben aber einen durchaus urbanen Charakter.
Auch dieser Gruppe war der Arbeitsprozess mindestens ebenso wichtig wie das Resultat der Arbeit. Sie hat sich selber eine Methode erarbeitet, indem in einem ersten Schritt für die Entwicklung des Gebietes drei Szenarien mit unterschiedlichem Ausbaustandard zwischen Minimalausbau und intensiver Bebauung aufgestellt wurden.
Eine mittlere Variante wurde weiterverfolgt. Von der Nutzung her wird ein Gemisch Wohnen/Arbeiten im Verhältnis 2:1 angestrebt, wobei die BewohnerInnenstruktur durchmischt sein soll. Die Energieversorgung erfolgt mittels Fernwärme. Grundsätzlich sollen die Bauten kompakt ausgebildet, gut isoliert und möglichst gegen Süden orientiert sein. Sonnenenergie wird nur passiv genutzt. Die Aussenräume werden sorgfältig gestaltet und sollen vielfältig nutzbar sein: jeder Wohnung ist ein privater Aussenraum zugeordnet, das Mikroklima wird durch gartengestalterische Massnahmen verbessert (Bepflanzung, möglichst wenig versiegelte Fläche).

Die Gruppe hat sich zum Ziel gesetzt, folgende ökologische Kriterien zu berücksichtigen:

- Umnutzung und Integration bestehender Bausubstanz
- Anpassung an die Topographie
- Erhalt Turnerstrasse (Infrastruktur technische Ver- und Entsorgung)
- Kompaktheit (Gebäudeoberfläche)
- Einfache Grundstruktur mit vielfältigen Aussenräumen
- Gleicher Bautyp mit vielfältigen Ausbaumöglichkeiten
- Offene Parkierung, d.h. nicht jede Wohnung erhält einen Parkplatz
- Private Aussenräume für die meisten Wohnungen
- Dichte 1.0

Abbildung 3

3. Dichte städtische Bebauung

Andreas Pfister, Dominik Soiron und Cécile Von Rotz

"Überbauungen von hoher Besiedlungsdichte werden häufig als Eingriffe in die Natur gebrandmarkt. Dass sich der Stadtbrei tagtäglich weiter in die Landschaft hinaus ergiesst, dass mit lockeren Ein- und Mehrfamilienhausüberbauungen nur wenig Wohnraum geschaffen, dafür umso mehr Natur zerstört wird, nimmt man ohne Widerspruch zur Kenntnis."

P. Killer

Auch bei dieser Gruppe ist die Darstellung der grundsätzlichen Überlegungen zum Thema Ökologie und Städtebau wichtig, um den Konzeptentwurf nachvollziehen zu können. Projektverfasserin und -verfasser setzten sich intensiv mit dem scheinbaren Widerspruch Stadt - Ökologie auseinander. Als erstes distanzieren sie sich von jener Endzeit-Romantik und jenem Isolationismus, wie er sich in baubiologischen Einfamilienhaus-Mustersiedlungen mit Trend hin zur Selbstversorgung ausdrückt.

Sie stellen sich die Fragen:

- Stellt das autarke Einfamilienhaus ein brauchbares städtebauliches und soziales Muster dar?
- Kann ein Ort, in dem alle paar hundert Meter eine Kläranlage anzutreffen ist, noch Stadt genannt werden?

umgekehrt:

- Ist die städtische Lebensform heute fragwürdig geworden?
- Führt die Beachtung ökologischer Kriterien zwangsläufig zur Auflösung der Stadt?

Sie bekennen sich klar zur Stadt als Brennpunkt des kulturellen Fortschrittes, als Identitätsvermittlerin, als Raum für Handel, Kommunikation, Bildung und Dienstleistungen.

Die Projektgruppe kommt zum Schluss, dass es keine allgemeingültigen einfachen ökologischen Rezepte geben kann, sondern dass ökologisch sinnvolles Handeln dem jeweiligen Ort angemessen sein muss. Im diesem konkreten Fall bedeutet das für sie, die Standortgunst des Areals, das gut erschlossen und nahe am Stadtzentrum liegt, optimal auszunützen, indem zuerst auf stadtplanerischer Ebene mit einer städtischen dichten Bebauungsstruktur (Ausnützungsziffer von 1.5) reagiert wird: mit einer Hofrandbebauung mit vier- bis fünfgeschossigen Bauten, die entlang den Strassen angeordnet sind, sodass einerseits geschlossene städtische Strassenräume entstehen und anderseits, als Kontrast dazu, ruhige grüne Innenhöfe. Besonderer Wert wird auf öffentlich und gemeinschaftlich nutzbare Räume gelegt, da dadurch die Identifikation mit dem Ort gefördert wird, was bedeuten kann, dass der private Verkehr abnimmt. In einem zweiten Schritt, im Rahmen der baulichen Planung, können dann weitere ökologische Anliegen eingebracht werden wie Minimierung des Energieverbrauchs, Nutzung der passiven Sonnenenergie usw.

Weldau.
Meisenstrasse
Nordstr.
Schönbrunns...
Ulmenstr.
Kamorstrasse
Bodstrasse
Glaserstr.
Zentralstr.
Fontanastr.
Krügerstrasse
Burgstr.
Vonwilstr.
Saliststrasse
Erikos
Johannesstr.
Burgstr.
Ev. Kirche
Schülerstr.
Burgstr.
Olmerstr.
Turnerstr.
Fürstenlandstr.
Stadelbergstr.

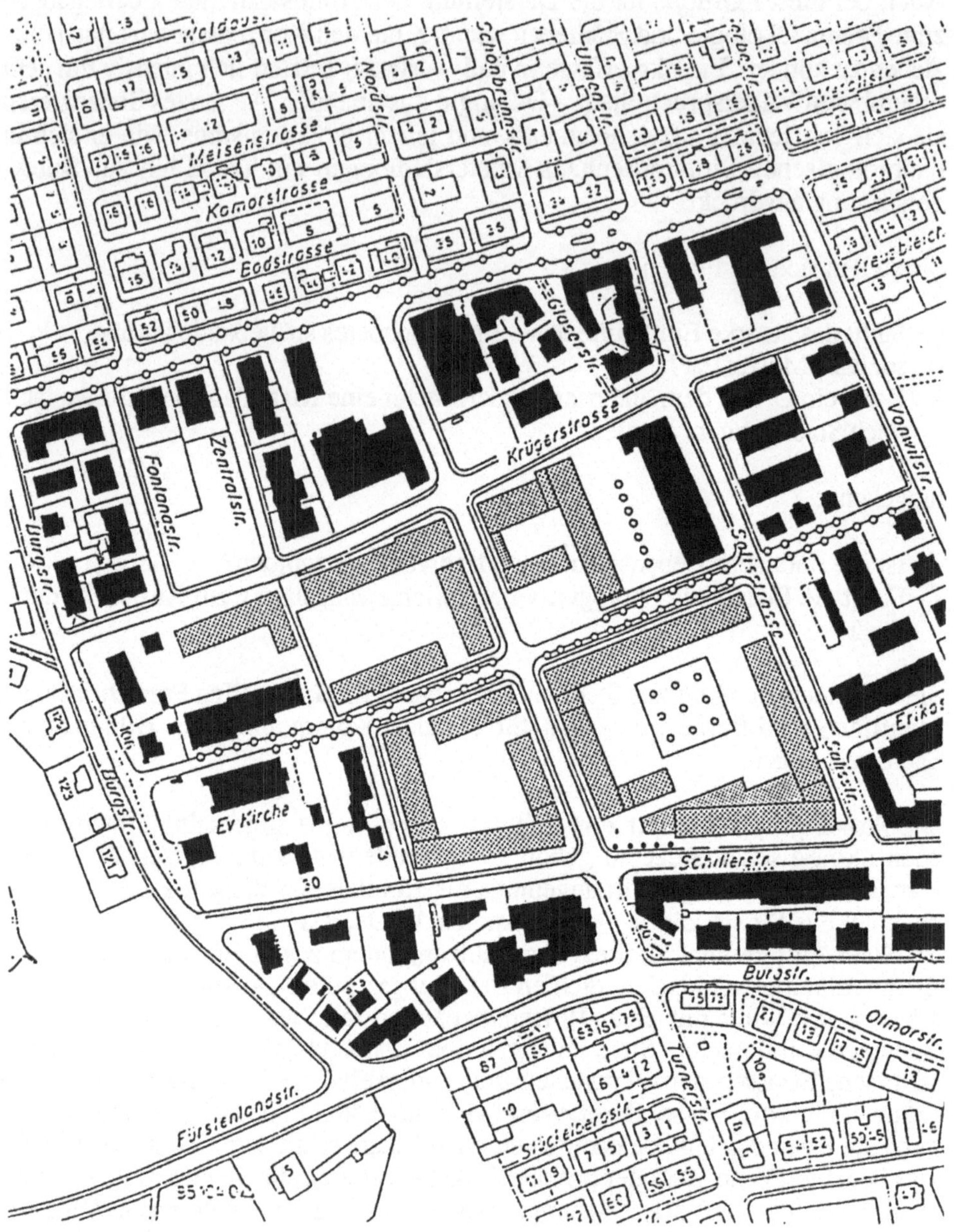

Abbildung 4

Politische Ansatzpunkte für eine ökologische Planungspolitik in der Region Zug

Daniel Brunner

Mein Aufstz beleuchtet "ökologische Stadtplanung und Städtebau" aus zwei Perspektiven. Die *erste Perspektive* ist diejenige des Zuger Kommunalpolitikers, der Wohnungspolitik und Raumplanung auf lokaler und regionaler Ebene angeht. Ich möchte ökologisch und sozial verträgliche Entwicklungswege mindestens aufzeigen, im besseren Fall aber ermöglichen, fördern oder gar auf politischem Weg erzwingen.

Die *zweite Perspektive* ist diejenige des Ethnologen bzw. des Nicht-Fachmanns, der sich in Planungsfragen eingearbeitet hat. Als Sozialwissenschafter durfte ich 1987 die Studie "Siedlungsökologie 1987" redigieren. Dieser Sammelband versuchte, technische und bauliche Aspekte - quasi die kleinräumige Ökologie - in Zusammenhang mit raum- und verkehrsplanerischen Anforderungen zu bringen. Dabei gingen wir von der Hypothese aus, dass ein ungestörtes quantitatives Wachstum zu immer grösseren Wirtschaftseinheiten, mithin zu immer grösseren Distanzen zwischen Arbeits- und Wohnort, zu zentralisierterem Einkaufen etc. führt. Anzustreben wäre dagegen eine möglichst kleinräumige Orientierung der Arbeits-, Wohn- und Einkaufsbeziehungen sowie - beim Bau der entsprechenden materiellen Infrastruktur - eine stärkere Berücksichtigung der längerfristigen Umwelt- und Sozialkosten einzelner Objekte, in Verfolgung des Idealbilds von geschlossenen Stoffkreisläufen. Zum Schluss gehe ich in diesem Zusammenhang kurz auf die Gestaltung des nichtüberbauten Stadtumlands, insbesondere der siedlungsnahen Landwirtschaft, ein.

Die Zuger Ausgangslage

Die Region Zug zählt rund 90'000 EinwohnerInnen sowie 50'000 Arbeitsplätze; daraus folgt, dass rund 10'000 Erwerbstätige *mehr* in den Kanton Zug zu- als wegpendeln. Zug ist eine mehrfach privilegierte Wachstumsregion. Sie liegt innerhalb der "Banane" zwischen London und Mailand, welcher im künftigen

Europa überdurchschnittliche Wachstumsraten prognostiziert werden. Die traditionelle Wirtschaftsstruktur mit dem Schwerpunkt auf der Industrie profitiert schon seit bald hundert Jahren von der ausgezeichneten Infrastruktur (Bahn, seit 1979 Nationalstrassen). Der seit den 50er Jahren anhaltende Schub der international orientierten Dienstleistungen erklärt sich mit den bekannt günstigen Steuertarifen und der Nähe zu Zürich, nicht zuletzt zum Flughafen Kloten. Hinzu kommen besondere Angebote: Im Kanton Zug kann praktisch jeder Rechtsanwalt und jede Rechtsanwältin als Urkundsperson wirken (ausgeschlossen ist nur der grundbuchliche Bereich); damit sind die andernorts üblichen öffentlichen Notariate praktisch überflüssig, und gleichzeitig können viele Vertragsabschlüsse und insbesondere Gesellschaftsgründungen wie erwünscht im "privaten" Bereich gehalten werden. Darüber hinaus sind die sozialen und geographischen Distanzen kurz: Die Verwaltung ist klein und weist wenige Hierarchieebenen auf; attraktive Wohn- und Naherholungsgebiete liegen vor der Tür. Gegenüber der Region Zürich bestehen zwei weitere Konkurrenzvorteile: tiefere Mietzinse in Gewerbeliegenschaften und tiefere Löhne dank der Zuwanderung vor allem aus den Regionen Luzern, Freiamt und Innerschwyz. Das rasche Wirtschaftswachstum hat allerdings dazu geführt, dass der Vorteil von gegenüber Zürich tieferen *Wohnungsmieten* in den 80er Jahren weitgehend verlorenging.

Wenn man den Kanton Zug aus der Vogelperspektive der RegionalplanerInnen (Abb. 1) ansieht, sticht ins Auge, dass sich offenbar unausweichlich eine *Agglomeration von Rotkreuz bis nach Zug und Baar* entwickelt. Im näheren Einzugsbereich der N4a von Sihlbrugg über Baar und Cham nach Rotkreuz dürfte zwischen den einzelnen Gemeinden mit ihren traditionellen Ortskernen auf längere Sicht *nur wenig Raum freigehalten* werden. Diese Darstellung überzeichnet jedoch das Bild von der in der Schweiz üblichen Zersiedelung; denn im Kanton Zug und insbesondere in der Kantonshauptstadt gibt es nur wenige Ein- und Zweifamilienhausteppiche à la Kanton Aargau. Das bisher überbaute Siedlungsgebiet der Stadt Zug sowie jenes der wichtigsten Aussengemeinden Baar, Cham und Steinhausen ist relativ kompakt und durch den öffentlichen Verkehr mit Bahn und Bus fast vollständig erschlossen.

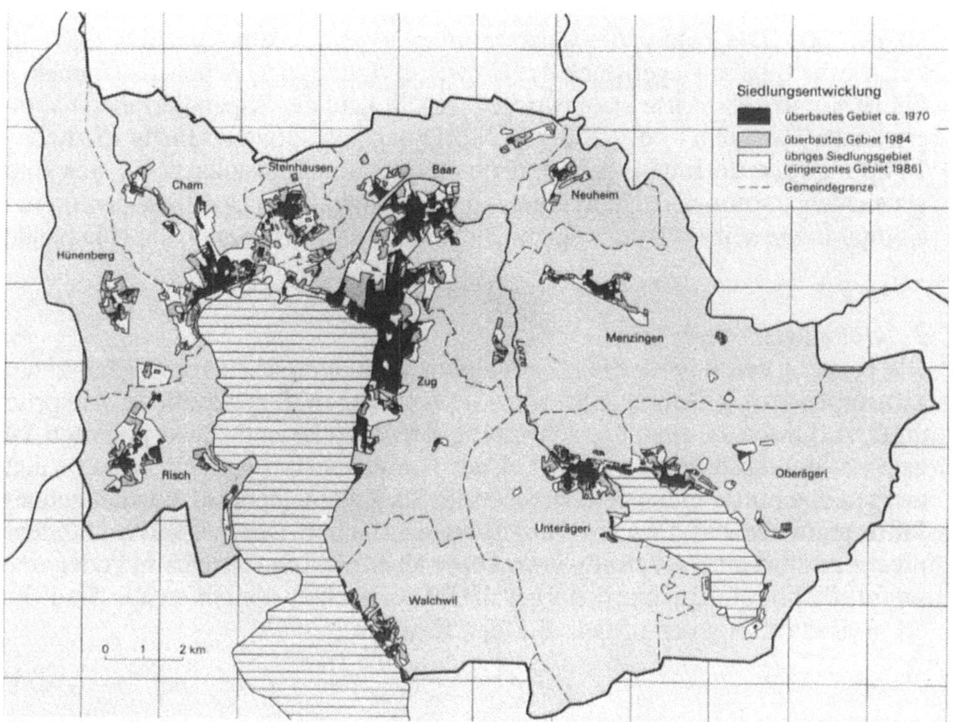

Abbildung 1
Eingezontes und überbautes Siedlungsgebiet

Zwei sozialökologische Knacknüsse

Besonders an zwei Knacknüssen beissen sich PolitikerInnen in Zug seit Jahren
die Zähne aus. Sie sind miteinander bzw. mit den Wachstumseffekten so stark
verbunden, dass sich rotgrüne Politik gut, d.h. gelegentlich sogar in mehrheits-
fähiger Weise, vertreten lässt. Denn ökologische Probleme stellen sich in Zug
sehr oft als soziale Probleme (und umgekehrt) dar.

1. Das PendlerInnen-Problem:
Die Stadt Zug zählt seit 1970 trotz grossem Neubauvolumen immer etwa 20'000
EinwohnerInnen (ohne das zur Gemeinde gehörige Dorf Oberwil). Demgegen-
über hat die Zahl der Arbeitsplätze seit 1970 - wenn gemäss Systematik der
Volkszählungen, welche auch Teilzeitstellen berücksichtigt, gezählt - stark zuge-
nommen, nämlich von 16'500 im Jahre 1970 auf gegenwärtig schätzungsweise

über 22'000. Die Zahlen der Volkszählung 1990 liegen bekanntlich noch nicht vor, weshalb beim Gegenstück der EinwohnerInnen- und Arbeitsplatzzahlen nur für 1970 und 1980 harte Daten vorliegen: Die Zahl der ZupendlerInnen nahm im erwähnten Zeitraum von 7'263 auf 11'315 zu; mittlerweile dürfte es mehr als 14'000 ZupendlerInnen geben. Entsprechend angewachsen ist der damit verbundene motorisierte Individualverkehr, während der Durchgangsverkehr der Gotthardroute seit 1979 vorwiegend die damals eröffnete Autobahn N4a benützt.

2. "Goldküsteneffekte"

Die bekannt tiefen Steuern und ein Neubauvolumen, das seit zwei Jahrzehnten schwergewichtig Büros, Läden und Wohnungen für gehobene Ansprüche umfasst, führen zu einer Umschichtung der Bevölkerung. Zwar gehörten 1980 gemäss Volkszählung zwei Drittel der EinwohnerInnen noch immer zu den unteren und mittleren Schichten. Aber die Stadt zählte bereits Mitte der achtziger Jahre mehr als das Doppelte des schweizerischen Durchschnitts an Steuerpflichtigen mit einem Vermögen von über einer Million Franken und/oder einem steuerpflichtigen Einkommen über 100'000 Franken (Anteil in der Stadt Zug: 8,1%, Kanton Zug ohne Stadt: 5,2%, CH: 3,6%).

Ein *drittes siedlungspolitisches Problem*, der zusätzlich zum Berufs- rasch zunehmende Einkaufsverkehr und die Verlagerung des Stadtschwerpunkts nach Norden, wurde 1983 praktisch *festgeschrieben*. Damals wurde in einer Kampfabstimmung der Bebauungsplan Metalli/Bergli, der ein östlich des Bahnhofs gelegenes Grundstück von drei Hektaren umfasst, mit deutlichem Mehr angenommen. Die Metalli-Überbauung führt bis in wenigen Jahren zu einer Ausweitung der Ladenflächen in der Stadt um 50 Prozent; zwei Drittel dieser zusätzlichen Ladenfläche sind bereits erstellt. Zug ist damit als Einkaufsort für ein weiteres Einzugsgebiet attraktiv geworden, was zu einer spürbaren Verkehrszunahme auch ausserhalb der traditionellen PendlerInnenspitzen führte; dagegen leidet das Ladenangebot im Süden der Stadt an Schwindsucht.

Politische Ansatzpunkte

Die *politischen Einflussmöglichkeiten* für das Erreichen einer sozial ausgeglicheneren und ökologisch besseren Siedlungsstruktur sind durch diese Ausgangslage zugleich beschränkt, aber auch grösser als in vergleichbaren (kleinen) Regionen. Umweltbelange und auch soziale Anliegen finden sich - in einem Kanton, der zu fast drei Vierteln bürgerlich wählt - parlamentarisch und in den Exekutiven *nur als Minderheitsposition*. Eine klare parlamentarische Mehrheit steht hinter einem quantitativen Wachstumskurs. Eine kontinuierliche, ökologische Steuerungspolitik kann deshalb nicht betrieben werden; Eingriffsmöglichkeiten müssen in erster Linie *auf dem plebiszitären Weg* via Referenden und Initiativen oder gar im privaten Bereich gesucht werden.

Wenn Eingriffsmöglichkeiten nicht graue bzw. rot-grüne Theorie bleiben sollen, müssen zumindest *in einzelnen Sachfragen mehrheitsfähige Positionen* beziehungsweise Koalitionen gefunden werden. Dafür ist Zug nicht der schlechteste Ort: Die Gemeinde Zug mit 22'000 EinwohnerInnen (Zug und Oberwil) ist zwar nur ein kleines Regionalzentrum, steht politisch aber unangefochten im Zentrum. Auch der Kanton in seiner Gesamtheit ist trotz vieler abweichender Probleme in den Gemeinden wirtschaftlich und siedlungspolitisch so homogen, dass sich Problemlösungen mit gewissen Erfolgschancen *anmelden* lassen.

Im folgenden stelle ich kurz vier mehr oder weniger erfolgreiche Versuche politischer und privater Einflussnahme zwischen 1980 und 1992 dar, bevor ich auf die erfolgreichen "Zwillings-Initiativen" von 1990 eingehe.

1. Die erwähnten Knacknüsse, den "Goldküsteneffekt" und das ArbeitspendlerInnen-Problem, versuchten zur gleichen Zeit (1980/81) die städtische SP mit einer *Initiative für den Bau von 400 stadteigenen Wohnungen* und eine linke, ausserparlamentarische "Aktionsgruppe Wohnungsnot" mit einer sehr einschneidenden kantonalen *Wohnschutz-Initiative* gegen Häuserabbrüche, Zweckentfremdungen und Luxusrenovationen anzugehen.
Die erwähnte SP-Initiative wurde 1981 überraschend angenommen, aber bis 1988 wurde keine einzige Wohnung gebaut. 1987 war eine neue Volksabstimmung nötig, was nun endlich ein städtisches Wohnbauprogramm auslöste, mit dem die verlangten Wohnungen bis etwa zum Jahr 2005 verwirklicht werden sollen.
Die Wohnschutz-Initiative erreichte 1982 mit 42% Ja-Stimmen nur einen "Achtungserfolg"; sie hätte die Umnutzung von Wohnungen in Büros praktisch verunmöglicht und Abbrüche von günstigen Wohnungen erschwert. Bei den auf Wohnungsabbrüche folgenden Neubauten hätte das Wohnraumangebot absolut und relativ grösser sein müssen, und nicht zuletzt hätte es sich um preisgünstigen Wohnraum im Sinne des eidgenössischen Wohnbau- und Eigentumsförderungsgesetzes WEG handeln müssen.

2. Ein Referendum der Sozialistisch-Grünen Alternative gegen eine siebenprozentige (lineare) Senkung des kantonalen Steuerfusses wollte dem *Zuger Boom* und gleichzeitig dem *Goldküsteneffekt* - der für die weniger Betuchten dem Zwang zum Pendeln aus immer grösseren Distanzen entspricht - wehren und hatte 1989 ebenfalls keinen Erfolg. Doch die über 40 Prozent Stimmen gegen eine vermeintlich "bei jedem Schweizer" beliebte Senkung der direkten Steuern zeigten, dass

der Zuger Regelkreis "tiefe Steuern - viel Zuwanderung von Reichen und Firmen - teure Wohnungen - viel Verkehr - noch tiefere Steuern" für einen beträchtlichen Teil der Bevölkerung, insbesondere wegen höherer Mietzinse und dem zunehmenden Autoverkehr, nicht mehr aufgeht.

3. Der Wahlerfolg der linken und grünen StadtzugerInnen im Herbst 1990 - deren Stimmenanteil kletterte von 30 auf 40 Prozent - führte unter anderem dazu, dass die Stadt den privaten (genossenschaftlichen) *sozialen Wohnungsbau* endlich mit grösseren Beiträgen fördern wollte. Gegenwärtig beträgt der Anteil der staatlich geförderten Wohnungen nur etwa 4 Prozent; neugebaut wird in diesem Bereich sehr wenig. Das bedeutet, dass NormalverdienerInnen, die in der Stadt aufgewachsen sind oder hier neu die Arbeit aufnehmen, für die Wohnungssuche fast ausnahmslos auf die Aussengemeinden und die angrenzenden Kantone verwiesen werden und somit das PendlerInnenproblem unfreiwillig verschärfen. Das gemeindliche Reglement für die Förderung des sozialen Wohnungsbaus sah gemäss Version in der 1. Lesung des Grossen Gemeinderats wirksame Instrumente (finanzielle Anreize) für einen umwelt- und mieterInnenfreundlichen Wohnbau vor. Auf die 2. Lesung hin, die in zwei Monaten ansteht, will die bürgerliche Kommissionsmehrheit jedoch wieder zurückbuchstabieren. Politische Zwischenerfolge auf diesem Gebiet sind also ständig gefährdet. Hier ist jedoch anzumerken, dass nicht alles Böse von oben beziehungsweise aus bürgerlichen Küchen kommt. Denn gelegentlich mangelt es gerade den Rotgrünen an der so gern angerufenen "Selbstorganisationsfähigkeit": Bislang ist es nicht gelungen, eine "alternative" Wohnbaugenossenschaft zu gründen. Die bestehenden Genossenschaften sind dagegen wenig innovativ.

4. Auf privater Ebene war es mir ab 1983 möglich, an der Verwirklichung eines kleinen Wohnbauprojekts in Hünenberg ZG mitzumachen: Die Siedlung "Schauburg" vereint die Ziele des preisgünstigen Wohnens mit einer möglichst grossen Umweltfreundlichkeit: Die 1986 fertiggestellten Wohnungen entsprechen dem eidgenössischen WEG (3 1/2-Zimmerwohnungen für z. Zt. 830 Franken pro Monat; 4 1/2-Zimmer-Reihenhaus für 1130 Franken). Die Reihenhäuser werden mit Sonnenkollektoren und Flüssiggas beheizt; alle Wohnungen hatten schon damals, vor der Einführung der Grüntour, Kehrichttrennboxen in der Küche; die verwendeten Aussenlasuren sind natürlich; in den Aussenräumen wurde auf standortgerechte Bepflanzung geachtet; die Dächer des Autoparkplatzes und des Siedlungspavillons sind begrünt usw. Auf organisatorischer Ebene hebt sich die "Schauburg" ab, weil die Wohnungen (inklusive nicht tragende Wände) und die Aussenräume von den MieterInnen selber gestaltet werden können. Von ähnlichen Projekten unterscheidet sich die "Schauburg" auch dadurch, dass nicht alternative oder grüne, sondern "normale" MieterInnen gesucht wurden (Bauherrin ist die ProMiet AG, eine gemeinnützige Aktiengesellschaft mit acht gleichberechtigten AktionärInnen, die nicht in der "Schauburg" wohnen).

Die "Schauburg" hat zwar den Mythos, wonach umweltfreundliches Bauen "immer teuer" sei, angekratzt; auf das Investitionsverhalten der Zuger Immobilienbranche hatte dies jedoch keinen Einfluss. Dieses Modellprojekt gegen den Zuger "Goldküsteneffekt" wurde zudem in einer typischen Schlafgemeinde verwirklicht, kann also dem PendlerInnenproblem nichts entgegensetzen - ausser, dass es in einem Hang verwirklicht wurde, was auch die Baukosten an den teuren Hängen des Stadtzuger "Bergs" etwas in Frage stellt.

Zwei Marksteine: Erfolgreiche "Zwillings-Initiativen"

Erst der letzte Hochkonjunktur-Zyklus in der zweiten Hälfte der 80er Jahre brachte die Gelegenheit, wirksam in die Stadtzuger Planung einzugreifen. Wohl war sich das kantonale Amt für Raumplanung schon längst der Tatsache bewusst, dass die meisten Gemeinden (die sich erst jetzt an die Verwirklichung von Ortsplanungen gemäss eidg. RPG machten) gemäss dem erwarteten 15-Jahre-Bedarf eine weit überdimensionierte Bau- und eine Art Reservezone (sogenannt "späterer Planung vorbehaltene", nicht RPG-konforme Gebiete) hatten. Aus Abb. 2 ist ersichtlich, dass insbesondere die Stadt im Verhältnis zum Flächenverbrauch zwischen 1976 und 1987 enorme Bauzonenreserven hat (hatte); dabei ist jedoch zu beachten, dass sich das Stadtzuger Neubauvolumen in dieser Zeit vor allem im bereits überbauten Gebiet abspielte, nämlich durch die Erstellung city-konformer Geschäftshäuser anstelle früherer Wohngebäude mit kleinem Gewerbeanteil.

Der kantonale Richtplan von 1987 verknurrte die Gemeinden trotz der grossen Bauzonenreserven zu praktisch keinen Rückzonungen. Und weil der Zuger Stadtrat weder bei der Dimensionierung der Bauzonen noch bei einer Erhöhung der Mindestwohnanteile Kompromissbereitschaft gezeigt hatte, lancierte 1989 ein überparteiliches Komitee die sogenannten *Zwillings-Initiativen*. Die beiden Initiativen wollten das Wuchern der Zuger City bremsen und auf der andern Seite das überbaubare Gebiet reduzieren und wurden im Juni 1990 von der Stadtzuger Bevölkerung mit je *über 60 Prozent der Stimmen angenommen*.

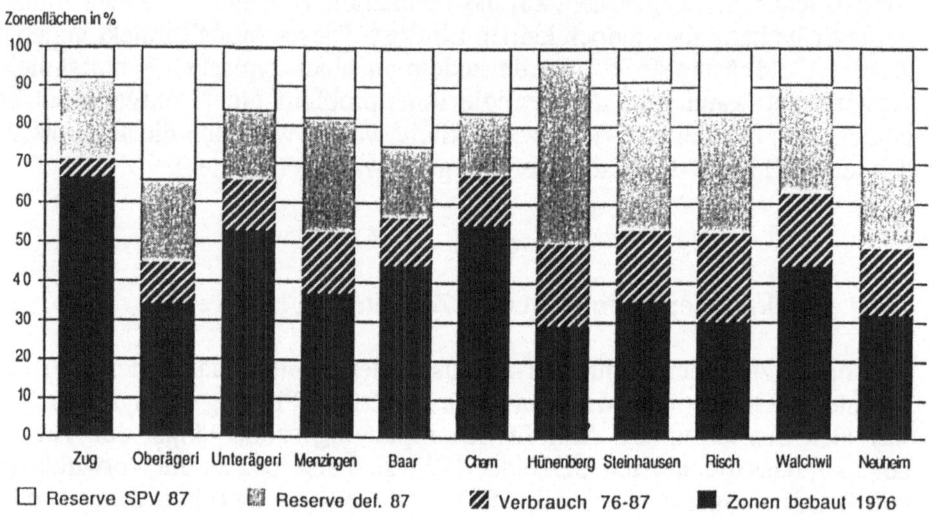

Abbildung 2
Flächenreserven der einzelnen Zuger Gemeinden
(in % des Verbrauchs 1976-1987)

Die *"Wohnanteil-Initiative"* wollte die Mindestwohnanteile in allen Zonen stark
erhöhen. Die vorgesehenen Mindestwohnanteile gehen von der Überlegung aus,
dass für den *Ausgleich der PendlerInnenbilanz* ein *Mindestwohnanteil von über
60 Prozent* nötig ist (weil nur knapp die Hälfte der BewohnerInnen erwerbstätig
ist). Interessant ist, dass die angestrebten Mindestwohnanteile recht stark jenen
ähnelten, welche ein Planungsbüro vorgängig dem Stadtrat empfohlen hatte (vgl.
Abb. 3). Obwohl die Stadt Zug den Mindestwohnanteil bereits seit 1975 kennt,
mithin die erste Schweizer Stadt mit einer Art Wohnanteil-Plan war, hatten die
vor 1990 gültigen Vorschriften insbesondere für die Kern- sowie die Wohn- und
Gewerbezonen das Übergewicht des Dienstleistungssektors gegenüber dem
Wohnen deutlich verschärft.

	alte Bauordnung 1981	Empfehlung Studie 1987	Volks-Initiative 1989/90	Entwurf Stadtrat 1989	(neue Zonenbezeichnung)
Kernzone K1	20 %	40 %	50 %	25 %	K 1
Wohn- und Gewerbezone WG 5 1/2	null	40 %	50 %	40 %	WG 5
WG 3 1/2; WG 4 1/2; Kernzone K2;	50 %	75 %	75 %	50 %	K2, WG2 WG3, WG4
Kernzone K3; Ortskern Oberwil O	50 %	75 %	75 %	60 %	K3, O
Altstadtzone	33 %	(keine Empf.)	60 %	*(Altstadt-reglement)*	
Gewerbezonen IG 12, IG 18	Wohnverbot; *bis* 40 % «betriebs-fremde» Büros	(keine Empf.)	66 % der betriebs-fremden Nutzung (= max. 33,3 %)	Wohnverbot; *bis* 40 % «betriebs-fremde» Büros	G 12, G 18
Industriezone I 25	Wohnverbot; *keine* «betriebsfremden» Büros	(keine Empf.)	Wohnverbot; *keine* «betriebsfremden» Büros	Wohnverbot; *neu bis* 20 % «betriebs-fremde» Büros	I 25
Wohnzonen E 1 1/2, E 2 1/2, W 2 1/2, W 3 1/2	75 %	80 - 90 %	90 %	80 %	E1, E2, W2, W3
Wohnzone W 4 1/2	75 %	80 - 90 %	90 %	90 %	W 4

Abbildung 3
Vergleichszahlen zu den Mindest-Wohnanteilen in der Stadt Zug

Als besonderes Element sah die "Wohnanteil-Initiative" vor, dass die *Industrie- und Gewerbezonen* zwar zu hundert Prozent für Lager, Handwerk und Industrie genutzt werden dürfen, dass aber bei der Realisation von rentableren Fremd-nutzungen zwei Drittel der fremdgenutzten Flächen für Wohnungen reserviert sein müssten, dass also höchstens ein Drittel der nicht gewerblichen Nutzung Büros sein dürften. Für das Initiativkomitee stellten diese Bestimmungen die Chance dar, Büro- und Gewerbemonokulturen am Siedlungsrand zu verhindern bzw. Wohnungen an die dortigen, bestehenden Quartiere anzubinden.
Drei Aspekte möchte ich hier hervorheben:

1. Die angestrebten Wohnanteile waren wie erwähnt weitgehend auch von aussenstehenden PlanerInnen empfohlen worden. Doch was sachlich und rational begründet werden kann, entpuppte sich in der politischen Arena erstens als höchst umstritten; die Studie war vom zuständigen Stadtrat übrigens möglichst lange unter Verschluss gehalten worden. Es ist zweitens fraglich, ob diese Initiative heute noch (mit einem so hohen Ja-Stimmenanteil) angenommen würde; denn gegenwärtig herrscht in Zug zwar nicht eine eigentliche Rezession oder Krise, aber immerhin die entsprechende Stimmung mit einer ganzen Anzahl leer-stehender Büros und Ladenlokale.

2. Die ausgeprägte parlamentarische Minderheitsposition erlaubte keine koordi-
nierte Planung. Mit der Initiative konnten deshalb nur die globalen Mindestwohnanteile geändert, aber keine Feinsteuerung (z.B. Umzonungen, Festlegung
einer Gestaltungsplanpflicht in bestimmten Gebieten) betrieben werden.

3. Die durch die Initiative beabsichtigte Aufhebung des *Wohnverbots* in den
Industrie- und Gewerbezonen wurde vom Regierungsrat nicht genehmigt. Die
Beschwerde des Initiativkomitees gegen diesen Entscheid ist vom Bundesgericht
kürzlich abgelehnt worden.

Die zweite der angenommenen Initiativen, die *"Grünflächen-Initiative"*, knüpfte
sich das Problem der *übergrossen Bauzonen*, insbesondere der nichtüberbauten
Ein- und Zweifamilienhauszonen, vor. Dies aus drei Gründen: Flächenverbrauch
pro Wohneinheit, schlechte Erschliessbarkeit durch den öffentlichen Verkehr und
schliesslich der schon mehrmals genannte "Goldküsteneffekt" (weil die meisten
Einfamilienhausgebiete am teuren Zugerberg mit Sicht auf den schon von Goethe
gelobten Sonnenuntergang liegen).

Die Gebiete mit tiefer Ausnützung liegen gemäss althergebrachter Planungs-
philosophie grösstenteils am Siedlungsrand. Die Initiative schlug allerdings nicht
die Auszonung bestimmter Grundstücke vor, sondern arbeitete mit einem
Flächenziel. Die anstehende Zonenplanrevision sollte 80 Prozent der Fläche der
sogenannten SPV-Gebiete ("späterer Planung vorbehalten") und 60 Prozent der
Fläche der Einfamilienhauszonen E 1 1/2, W 1 1/2 und W 2 1/2 der Landwirt-
schaftszone zuteilen. Nach diesen Aus- beziehungsweise *Nicht*-Einzonungen
sollten alle Wohnzonen eine Aunsützungsziffer von mindestens AZ 0.45 erlauben
(E 1 1/2 bisher: AZ 0.25).

Der Prozess der Neuzonierung ist gegenwärtig im Gang; 1993 sollen der neue
Zonenplan und die Bauordnung vors Volk kommen. Das beauftragte Planungsbüro und das städtische Bauamt gaben sich Mühe, den demokratischen Entscheid
vom Juni 1990 möglichst sinnvoll umzusetzen. Aber bei beiden Initiativen sind
bereits jetzt wieder Widerstände bzw. der Versuch eines "Rollbacks" auszu-
machen. Gemäss den Vorschlägen des Stadtrats sollen die Wohnanteile in vier
Zonen tiefer angesetzt werden als von der Initiative vorgesehen; die Bestimmungen betreffend die Industrie- und Gewerbezonen wurden wie erwähnt vom
Regierungsrat kassiert. Und bezüglich der Grünflächen formiert sich eine
GegnerInnenschaft, die mit der Angst vor allfällig nötigen Entschädigungen in
Millionenhöhe operiert. Das Ziel der InitiantInnen der beiden Initiativen - die
Wohnanteile im Stadtzentrum massiv zu erhöhen, um damit für Wohnen benö-
tigte Grünflächen am Stadtrand und in den Aussengemeinden zu sparen und
gleichzeitig das PendlerInnenproblem zu entschärfen - ist von der Stadtrats-

mehrheit mittlerweile für eine generelle Verdichtung bzw. AZ-Erhöhung im bisherigen Siedlungsgebiet instrumentalisiert worden. Somit drohen flächenhafte Häuserabbrüche in weniger dichten Stadtteilen; die "Grünflächen-Initiative" hatte die erhöhte Ausnützungsziffer ihrerseits ausdrücklich auf die *nicht-überbauten* Gebiete beschränkt.

Ökologisierung des Stadtumlands

Als Abschluss soll der eingangs des Aufsatzes erwähnte *Aspekt des Stadtumlands* kurz gestreift werden. Unter diesem Titel könnte ein ganzer Roman über die Zuger Verkehrsplanung angefügt werden. Die Zuger Regierung möchte - falls das Projekt 1996 oder 1997 in der Volksabstimmung angenommen wird - ein ganzes System von Umfahrungen, Tunnels und Stadterschliessungen verwirklichen. Der Engpass Innenstadt, insbesondere die nur zweihundert Meter lange Neugasse in der Zuger Altstadt, soll mit einem Kraftakt bzw. den gegenwärtig auf 600 Millionen Franken geschätzten Baukosten (auch für den lokalen Durchgangsverkehr) gesperrt werden. Dieses Strassensystem wäre frühestens im Jahr 2011 gebaut, und auch die Verkehrsplaner des Kantons rechnen mit einer deutlichen Verkehrszunahme, unter anderem wegen Umwegfahrten. Es würde hier zu weit führen, auf die Zusammenhänge dieses Projekts zur Stadtentwicklung (insbesondere zum Stichwort "Metalli-Center") einzugehen. Auf dem Gebiet der Verkehrsplanung gab und gibt es in Zug bisher auch kaum Ansätze für alternative Lösungen - wenn vom *Nicht-Bauen* neuer Strassen und von den oben erwähnten *stadtplanerischen Eingriffsversuchen* abgesehen wird.

Hier soll ein ganz anderer Aspekt des Stadtumlands kurz beleuchtet werden: Aus der Vogelperspektive betrachtet bildet der bekannt phosphorkranke Zugersee das Zentrum unserer Region. Bekannteste Idee zur "Sanierung" des Zugersees: Zwei Stollen - einer für die Frischwasserzufuhr vom Vierwaldstättersee in den Zugersee und der zweite vom Zugersee zur Lorze. Mittlerweile hat sogar der Regierungsrat dieses grosstechnische Projekt für rund 100 Millionen Franken aufgegeben, als Resultat einer breitgefächerten und nicht immer widerspruchsfreien Opposition. Insbesondere die IG für eine biologische Zuger Landwirtschaft hat seit 1987 die Idee einer *flächendeckenden Umstellung* der Zuger Landwirtschaft auf den biologischen Landbau, der als eines seiner Basisziele eine ausgeglichene Nährstoffbilanz auf dem Betrieb hat, entgegengesetzt; die Machbarkeit dieser Vision wurde 1989 durch ein umfangreiches Gutachten des Forschungsinstituts für biologischen Landbau in Oberwil BL bestätigt.

Biobauern importieren, was nicht nur für den Zugersee, sondern auch siedlungs-
ökologisch interessant ist, *weniger Betriebsmittel* und haben eine *nähere
Beziehung zu den KonsumentInnen* als konventionelle Betriebe. Unter den 700
Zuger Bauernhöfen haben die fünf heute anerkannten Biobetriebe allerdings noch
keine grosse Bedeutung. Immerhin: Weil bei der Landwirtschaft nicht die gleichen materiellen Konflikte, die ins Zentrum des politischen und wirtschaftlichen
Lokalsystems eingreifen, im Spiel sind wie bei der Raumplanung oder bei
Wohnungsfragen, hat der Kantonsrat im letzten Herbst nach langem Drängen
unsererseits fast oppositionslos Umstellungsbeiträge für den biologischen
Landbau bewilligt. Damit ist Zug der dritte Kanton nach Bern und Baselland, der
dieses Instrument kennt. Bis im Frühjahr 1992 haben sich zwölf Betriebsleiter
für diese Beiträge angemeldet (darunter allerdings drei, die sich nur wegen der in
Aussicht stehenden Beiträge nicht schon 1990 oder 1991 angemeldet haben).

Ebenfalls als einer der ersten Kantone subventioniert der Kanton seit Anfang des
Jahres auch *Hochstamm-Obstgärten*. Damit entsteht theoretisch die Chance, dass
ein *altes Siedlungsmuster* wieder aufgenommen wird; die ökologisch und ästhetisch wertvollen Hochstämmer bildeten bis ins frühe 20. Jahrhundert eine auch
sozial reiche, ringartige Übergangszone zwischen der Stadt Zug und ihrem Um-
land.

Allerdings wird es noch eine geraume Zeit dauern, bis die Stadt Zug von Hoch-
stämmern und/oder Biobetrieben umringt sein wird, ganz zu schweigen von
einem wieder phosphorarmen Zugersee.

Bildnachweis

Abbildung 1: Bericht zur kantonalen Richtplanung 1987. Kanton Zug. S.22
Abbildung 2: Amt für Raumplanung des Kantons Zug. 1988
Abbildung 3: Büro Gegenwind, Zug

Baustoffe, Mensch und Umwelt

Einleitung

Das 20. Jahrhundert ist in der Schweiz u.a. durch eine starke Verdichtung der Lebensräume und eine überproportionale Zunahme von Energie- und Stoffflüssen gekennzeichnet. Während sich die Wohnbevölkerung seit 1910 verdoppelt hat, stieg der Wohnflächenbedarf um einen Faktor 4 und der Energieverbrauch verzehnfachte sich sogar. Diese Erhöhung von Energie- und Stoffflüssen bei gegebenem Lebensraum hat u.a. zu den bekannten Problemen geführt.

Ausgehend von einem Wohnflächenbedarf von $49m^2$ und einem Arbeitsflächenbedarf von $51m^2$ pro EinwohnerIn stehen heute im Durchschnitt jedem/jeder EinwohnerIn $100m^2$ Fläche in Gebäuden zur Verfügung, welche meist vollständig beheizt werden.

Der Energieeinsatz für Heizung und Warmwasser in Gebäuden ist nicht nur für einen grossen Energiefluss, sondern zusammen mit der Verbrennungsluft auch für den grössten Stofffluss verantwortlich. Somit muss dem Betriebsenergieverbrauch für Gebäude grosse Beachtung geschenkt werden. Aber auch mit dem Einsatz von 2.5 Tonnen Baumaterialien pro EinwohnerIn fällt eine enorme Masse an, die im Lager "Gebäude" bereits 110 Tonnen erreicht hat und pro Jahr um eine weitere Tonne zunimmt. Bei dieser Betrachtungsweise wurde der ganze Tiefbau (v.a. Verkehrswege) nicht berücksichtigt; die effektiven Zahlen sind also noch höher.

Die zur Entsorgung oder Wiederverwertung anstehenden Abfälle aus dem Hoch- und Tiefbau machen mehr als das Doppelte des Siedlungsabfalles aus und werden ihrerseits um das Achtfache vom Kiesbedarf übertroffen. Bauabfälle sind also rein massenmässig sehr relevant, können aber auch bei 100% Recycling nur einen kleinen Beitrag zur Deckung des Kiesbedarfes liefern. Es muss dabei allerdings beachtet werden, dass diese Verhältnisse für den Kanton Zürich gelten, welcher in den letzten Jahren sicherlich eine überdurchschnittliche Bautätigkeit verzeichnen konnte. In anderen Kantonen dürfte das Verhältnis zwischen Kiesbedarf und inertem Abbruchmaterial tiefer liegen.

Besonders umweltrelevant ist einerseits das Bausperrgut, welches auch einen hohen Anteil organischer Abfälle enthält, andererseits der Mischabbruch. Untersuchungen von Strassenkofferungen aus Betonbruch zeigten auch Probleme mit der Grundwasserbelastung. Zur Erhöhung der Verwertungsmöglichkeiten für Bauabfälle werden diese vermehrt in Bauschuttsortieranlagen klassiert.

In vielen Ökobilanzen hat sich gezeigt, dass die Energieumwandlung einen erheblichen Einfluss auf die Umweltverträglichkeit von Produkten und Bauten hat. Der Energieverbrauch beträgt für die Erstellung und den Unterhalt von Hoch- und Tiefbauten rund 12% des Primärenergieverbrauchs der Schweiz. Heizung und Warmwasser für die Hochbauten (ohne Industrie) machen nochmals 33% aus. Auf die Bauindustrie und den Betrieb von Gebäuden entfallen damit etwa 45% des schweizerischen Primärenergieverbrauchs. Es wurde dabei berücksichtigt, dass die Schweiz einen Einfuhrüberschuss an Gütern hat, welche bei der Produktion im Ausland ebenfalls Energie verbrauchen.

Auf diesem Hintergrund lässt sich die Relevanz der Baustoffwahl und Gebäudekonzeption klar aufzeigen. Nicht angesprochen wurden bis jetzt neben vielen weiteren Umweltfaktoren auch die Einflüsse von Bauten und Baustoffen auf BewohnerInnen. Allergien, Schlafstörungen, Kopfweh und weitere Auswirkungen konnten teilweise direkt auf die Innenraum-Schadstoffbelastungen zurückgeführt werden. Andere Einflüsse (Sick Building Syndrom) sind regelmässig in den Schlagzeilen.

Die Entwicklung im Bauwesen muss dahin gehen, dass in den folgenden Bereichen ein Optimum angestrebt wird:
- Umweltbelastung bei Herstellung, Nutzung und Entsorgung;
- Belastung der HandwerkerInnen und BewohnerInnen während Herstellung, Einbau, Nutzung und Entsorgung;
- Energieverbrauch für Heizung und Warmwasser pro BewohnerIn.

Die Beiträge von Niklaus Kohler, Bosco Büeler, Jutta Schwarz und Martin Vogel zeigen den aktuellen Stand des Wissens über biologische und ökologische Baustoffe. Sie versuchen Fragen im Zusammenhang mit der Auswahl von Baumaterialien zu beantworten und beschreiben Wege zur Optimierung der Beziehung Baustoffe - Mensch - Umwelt. Daraus können kurz-, mittel- und langfristige Aufgaben und Massnahmen formuliert werden, die für Wissenschaft und Industrie, wie für BauherrInnen und ArchitektInnen relevant sind.

Patrick Hofstetter

Ökologische Optimierung im Lebenszyklus eines Gebäudes

Niklaus Kohler

1. Einleitung

Das Ziel der ökologischen Optimierung eines Gebäudes während seiner Lebensdauer kann zur Zeit sowohl auf Grund von fehlenden Kenntnissen als auch auf Grund nicht angepasster Planungs- und Entscheidungsstrukturen nur in sehr beschränktem Masse erreicht werden. Es gehört heute fast schon zu den Banalitäten, ein gesamtheitliches Denken bzw. Vorgehen zu fordern. Das Postulat impliziert, dass die Interessen der am Planungsprozess Beteiligten konvergieren, was vor allem in diesem Bereich nicht unbedingt der Fall ist. Gerade unter den Fachleuten, die sich mit ökologischen Problemen des Bauens beschäftigen, gibt es verschiedene Standpunkte und Zielvorstellungen.
Eine erste Gruppe interessiert sich vor allem für Energieprobleme. Ausgehend vom direkten Energieverbrauch für Heizung, Warmwasser und Prozesse, wird seit längerer Zeit versucht, die graue Energie (vergegenständlichte Energie für Herstellung von Materialien und Gebäuden) sowie die graue Exergie zu berücksichtigen. In den Arbeiten über Energie- und Umweltprobleme wird die Beziehung von Energieverbrauch und Umweltbelastung meist über die Emissionskoeffizienten hergestellt. Die VertreterInnen dieser Richtung gehen davon aus, dass der Energieverbrauch (im weitesten Sinne) ein brauchbarer (und zur Zeit verfügbarer) Indikator für die Umweltbelastung ist. Globales Ziel dieser Gruppe ist eine rationelle Verwendung der natürlichen Ressourcen und ein erweiterter Ökonomiebegriff (z.B. durch den Einbezug externer Kosten). Eine zweite Gruppe interessiert sich im Besonderen für human-toxikologische Probleme. Die Baubiologie kann dieser Richtung zugeordnet werden, genauso wie die WissenschafterInnen, die sich um Innenluftqualität sowie Emissionen von Baumaterialien kümmern. Ziel dieser Gruppe ist es, ein möglichst "giftfreies" und "natürliches" Innenraumklima zu erreichen. Die beiden Begriffe werden in Anführungszeichen gesetzt, weil es schwer fällt, einheitliche und wissenschaftlich vertretbare Definitionen zu finden. Globales Ziel dieser Gruppe ist es, ein optimales menschliches Umfeld zu schaffen; der Standpunkt ist also stark anthropozentrisch. Eine dritte Gruppe interessiert sich für den Einfluss des Bauens auf die Umwelt im weitesten Sinne. Dieser als (bau)ökologisch zu bezeichnende Ansatz

zielt vor allem darauf ab, die gesamte Bautätigkeit (wie übrigens alle Tätigkeiten)
wieder in die natürlichen Kreisläufe zu integrieren. Ausgangspunkte sind oft das
Bauschuttproblem und die Möglichkeiten des Recycling. Ein erweitertes Ziel
dieser Gruppe ist die Erhaltung einer funktionsfähigen (Um)Welt z.B. im Sinne
der Gaia-Hypothese.[1]

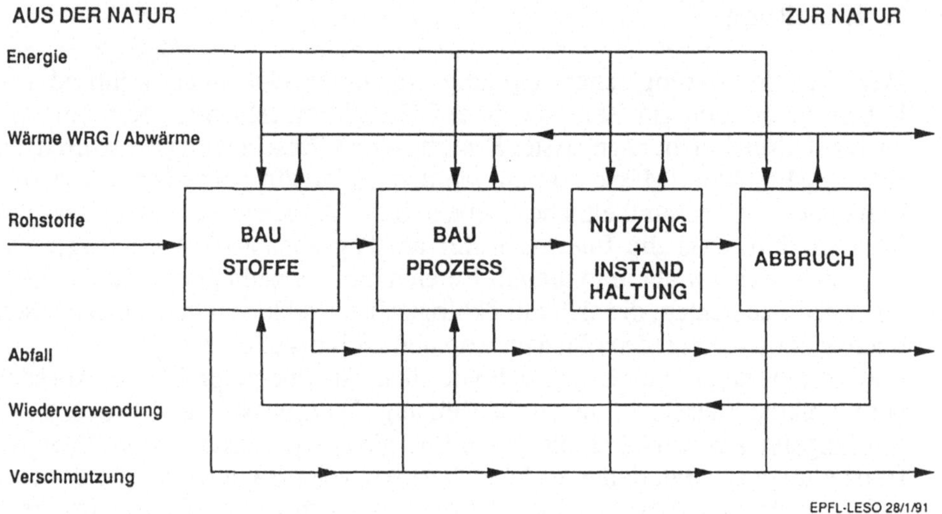

Abbildung 1
Stofffluss in einem Gebäude während seiner Lebensdauer[2]

Es ist offensichtlich, dass diese Gegensätze zu einem gewissen Grad immer existieren werden, und es hat (auf jeden Fall zur Zeit) keinen Sinn, eine einheitliche
Gesamttheorie erstellen zu wollen. Ziel der Anstrengungen muss jedoch sein, in
unserem Handeln die Ziele möglichst klar zu formulieren (Transparenz) sowie die
Resultate konstant kritisch zu hinterfragen. Wenn dabei das Wort der Optimierung verwendet wird, dann ist damit nicht etwa die Suche nach einer einfachen
Kosten-Nutzen-Funktion, die dann maximiert werden könnte, gemeint. Es handelt sich vielmehr um eine Technik, die als "constraint satisfaction" beschrieben
wird, d.h. dass Lösungen danach bewertet werden, ob sie möglichst viele Randbedingungen erfüllen. Die verschiedenen Ansätze haben jedoch gewisse gemeinsame Punkte, und der wichtigste scheint uns die zentrale Rolle der Stoffflüsse

---

[1] Lovelock, 1979
[2] Kohler, 1991a

(sowohl in Form von Energie- als auch von Materialflüssen). Die folgenden Ausführungen gehen deshalb von der Veränderung der Materialflüsse im Bauwesen der letzten 250 Jahre aus sowie von der damit einhergehenden Änderung der Haltung der ArchitektInnen und Baufachleute.

2. Materialflüsse

Die Beziehung der Menschen zur Natur bestand traditionell zu einem wesentlichen Teil in Materialflüssen zur Sicherstellung von:
  1 Nahrung
  2 Energie für Essensaufbereitung und Wärme
  3 Erstellung von Bauten
  4 Herstellung von Gebrauchsgegenständen

Zusätzlich zu diesen Funktionen kam im Altertum zeitweise eine massive Ausnutzung von Holz für den Bau von Schiffen.
Das prinzipielle Problem bestand darin zu entscheiden, ob die Materialien für die direkte Umwandlung in Energie (2) bestimmt waren (Wärme durch offenes Feuer) oder zur indirekten Anwendung (3) (Schutz vor dem Klima durch Bau eines Unterstandes in Form eines Zeltes oder Hauses).[3] Daneben waren die Materialflüsse für die Herstellung von Gütern (Möbel, Kleider, Werkzeuge etc.) relativ gering.

Erst durch die industrielle Revolution wurden die Materialflüsse für Energie (Holz und Kohle zum Betreiben der Dampfmaschinen) und Grundmaterialien für industriell hergestellte Produkte sprunghaft grösser. Im weiteren nahm die Herstellung von Arbeitsmitteln (Fabriken, Maschinen) ein immer grösseres Ausmass an.

Materialflüsse im Bau

Die Materialflüsse wie auch der Energieverbrauch haben sich im Industriebau und in der Infrastruktur, vor allem der Verkehrsinfrastruktur, parallel zur industriellen Revolution entwickelt.[4] Im Wohnungsbau und in städtischen Bauten im allgemeinen haben sich die Entwicklungen weniger schnell abgespielt, da traditionelle, handwerkliche Bauverfahren dominierten. Nach dem Zweiten Weltkrieg hat ein neuer Umschwung stattgefunden, und der Wiederaufbau sowie die Hoch-

---

[3] Banham, 1969
[4] Baccini, 1991

konjunkturphase 1952-1973 hat in vielen Ländern praktisch zu einer Verdoppelung des gesamten Gebäudebestandes geführt. Man kann den Materialfluss in den verschiedenen Perioden wie folgt charakterisieren:

Materialfluss im Bauwesen	Vor 1800	1800-1945	1945-1985	nach 2000
Volumen	klein	mittel	gross	mittel
Anzahl Materialien	klein	klein	gross	gross
Lebensdauer	hoch	mittel	tief	?
Verflechtung	klein	klein	mittel	gross

Die Materialfrage hat ArchitektInnen und Bauleute immer sehr stark beschäftigt. Die Idee des Stoffkreislaufes war bis in die 30er Jahre hinein sehr präsent. Siedlungen der Genossenschaftsbewegung, Studien und Versuche am Bauhaus Weimar etc. verstehen das Wohnen als Vorgang, der in die Kreisläufe der Natur eingebettet ist. Die Idee der Verwertung von Exkrementen zum Düngen der Hausgärten, die als selbstgenügende Produktionsfläche für die Nahrungsmittel der Familie vorgesehen waren, waren weitverbreitet.[5] Sogar in den Ideen des Fordismus mit der Verbindung von Produktion und Konsum von Automobilen durch die Industriearbeiter war die Idee der Selbstversorgung rund um das Haus noch präsent (vor allem da dieses Haus ja relativ weit weg sein konnte, weil die Arbeiter über ein eigenes Automobil verfügten).
In der vorindustriellen Gesellschaft (sowie in den heutigen sog. Entwicklungsländern) bewegen sich die Material- und Energieflüsse aller vier Anwendungen immer noch in der gleichen Grössenordnung. Das Auseinanderklaffen in Grössenordnungen zwischen den Energieflüssen für Nahrung und Industrieproduktion, für Nahrung und Wärmeerzeugung und eine ähnliche Entwicklung auch für Materialien hat erst nach 1945 richtig begonnen. Man kann sich fragen, ob die Tatsache, dass wir heute wiederum beginnen, Nullenergiehäuser zu bauen, eine definitive Umkehr bedeutet.
In der Architekturdebatte ab Mitte der zwanziger Jahre hat sich die Materialfrage dann verselbständigt. ArchitektInnen begannen sich für neue Materialien zu interessieren. Die neuen Technologien sollten z.B. der Hausfrau erlauben, ihre Arbeiten rationeller zu gestalten. Aber der Grundsatz: "Die neuen Materialien im Dienste der BenutzerInnen" wurde leider sehr schnell zu "Die ArchitektInnen im Dienste der Baumaterialindustrie". Mit dem langsamen Absterben der traditionellen handwerklichen Kenntnisse über Materialien entstand im Bausektor kein paralleles wissenschaftliches Verständnis der neuen, sogenannten synthetischen Materialien, wie dies in der Industrie geschah.

---

[5] Leberecht, 1981

3. Die Haltung der ArchitektInnen und Baufachleute

Die vorindustriellen Bauweisen wurden geprägt durch eine kleine Anzahl von relativ differenzierten Baumaterialien, deren Auswahl und Einsatzbedingungen durch die Regeln der Baukunst klar definiert waren. Die handwerkliche Verarbeitung ging sehr weitgehend auf die Eigenschaften der Materialien ein. Das Konzept der materialgerechten Anwendung, das den FunktionalistInnen und ihren NachfolgerInnen so lieb war (und immer noch ist), ist ein rein handwerkliches Konzept und entbehrt heute sowohl einer wissenschaftlich-rationalen als auch einer produktionslogischen Grundlage.
Die Lage der heutigen ArchitektInnen und Baufachleute ist gekennzeichnet durch eine grosse Ratlosigkeit angesichts eines konstant wachsenden, völlig unübersichtlichen Baumaterialmarkts. Die traditionellen Materialien existieren nicht mehr, sind nur noch schwierig erhältlich, und wenn sie angeboten werden, so werden sie unterdessen auf eine völlig andere Art und Weise hergestellt; z.B. wird der Gips als direkt abgebautes Material ersetzt durch ein Abfallprodukt aus der Rauchgasreinigung, das eine ähnliche chemische Grundmatrix hat, jedoch mit ungewollten Abfallprodukten wie Schwermetallen angereichert ist. Auch unter der Bezeichnung "ökologische Materialien" wird heute alles Mögliche angeboten.

Die Energie- und Umweltproblematik liefert den ArchitektInnen und Baufachleuten eine grosse Zahl von z.T. völlig widersprüchlichen Impulsen. Gebäude sollen luftdicht gebaut werden, um Energie zu sparen (Treibhauseffekt), aber luftdichte Gebäude "atmen" nicht mehr und führen zu Schadstoffkonzentrationen im Inneren, die für die Menschen (die man vor dem Treibhauseffekt retten will) gefährlich sind. Neue Wortschöpfungen wie Wohngifte enthalten die Widerspüche schon in sich selbst und tragen zur weiteren Verunsicherung bei. Dass die Erstausbildung und die Weiterbildung der Fachleute mit dieser Entwicklung schon lange nicht mehr Schritt gehalten hat, sei nur am Rande erwähnt. Gewisse Tendenzen in der Baubiologie und in der Umweltbewegung erklären die wissenschaftlichen Ansätze für unbrauchbar und behaupten, dass wir mit den jetzigen wissenschaftlichen Konzepten die Ursachen-Wirkungs-Ketten unmöglich erfassen könnten und deshalb nur qualitative, schwer überprüfbare Aussagen sinnvoll seien.
In dieser konfusen Situation bietet sich heute eine gewisse Anzahl von Entscheidungshilfsmitteln an, die den ArchitektInnen und Baufachleuten helfen sollen, sich auf dem unübersichtlichen Materialmarkt wieder zurechtzufinden und zugleich umweltgerecht zu planen und zu bauen.

4. Übersicht über die Entscheidungshilfsmittel

Alle im folgenden erwähnten Hilfsmittel erstellen eine mehr oder weniger implizite und weitgehende Beziehung zwischen Ursachen und Wirkungen. Die Ebenen sind jedoch sehr verschieden. Bei human-toxikologischen Betrachtungen geht es meist darum, die Materialwahl (Ursachen) z.B. mit Allergien der BewohnerInnen (Wirkungen) in Beziehung zu setzen. Für ökologisch Interessierte geht es darum, den Ressourcenverbrauch durch Abholzen (Ursache) mit Klima-Änderungen (Wirkungen) in Beziehung zu setzen.

Man kann drei Arten von Entscheidungshilfsmitteln unterscheiden:

a) Restriktionen: Es handelt sich im wesentlichen um eine Auswahl von Lösungen oder Produkten mit implizierter Bewertung.

b) Inhaltsangaben: Je nach Systemgrenze wird der Inhalt der Objekte ohne weitere Bewertung angegeben (ausser der Auswahl der analysierten Eigenschaften).

c) Wirkungsanalysen: Auf Grund einer Analyse werden Ursachen und Wirkungen verknüpft, und die Einwirkungen werden mittels eines mehr oder weniger expliziten und aggregrierten Modells bewertet.

5. Restriktionen

Gesetze und Vorschriften

Es handelt sich dabei um politisch bestimmte Verbote, Grenzwerte oder Zielwerte für die Anwendung einzelner Materialien.

Form: Regeln, Werte, Auswahlverfahren
Vorteile: Hygiene- und Sicherheitsanforderungen (Brennbarkeit, Giftigkeit für Menschen und Tiere) werden kategorisch vorgeschrieben.
Nachteile: Die Erarbeitung und Einführung dauert oft sehr lang. Nebeneffekte sind häufig. Grenzwerte werden zu Zielwerten, es besteht kein wirtschaftliches Interesse, unter diesen Wert zu gehen.

Gütezeichen, Labels

Bestimmte Materialien oder Güter werden mittels eines bekannten Bewertungs-modells untersucht und bekommen das Gütezeichen. Es handelt sich um eine Positivliste.

Form: Zeichen, Liste
Vorteile: Einfache Anwendung, einfache Auswahl zwischen bekannten Verfahren und Produkten. Keine Probleme mit den HerstellerInnen.
Nachteile: Für den/die VerbraucherIn oft keine Transparenz. Das Bewertungs-modell bevorzugt ein Kompartiment der Natur (meist die Luftbelastung) oder eine bestimmte Ursache-Wirkungs-Kette. Die Anpassung an die Marktentwicklung ist schwierig.

Negativlisten

Bestimmte Materialien mit Leitfunktion, deren Schädlichkeit für die Menschen oder die Umwelt offensichtlich ist, werden identifiziert und zur Nichtanwendung empfohlen.[6]

Form: Listen
Vorteile: Einfache Anwendung, wenig Aufwand
Nachteile: Gibt dem/der AnwenderIn nur wenig Sicherheit. Konflikte mit HerstellerInnen vorprogrammiert.

6. Inhaltsangaben

Produktedeklaration

Das Produkt wird in seiner Zusammensetzung nach dem letzten Produktions-schritt analysiert und dargestellt. Die Auswahl der dargestellten Eigenschaften bedeutet die einzige Bewertung.[7]

Form: Inhaltsangabe, standardisiert
Vorteile: Schafft eine gewisse Transparenz für den/die VerbraucherIn. Das System funktioniert sehr gut bei Lebensmitteln für Menschen mit Allergien und

---

[6] Schwarz, 1991
[7] SIA: Deklarationsraster für ökologische Merkmale von Baustoffen.

könnte in diesem Bereich auch für Materialien in Innenräumen zum Einsatz kommen.

Nachteile: Keine explizite Zuordnung von Ursache und Wirkung, der/die BenutzerIn ist auf sich selbst angewiesen. Die Vernachlässigung der vorhergehenden Prozessstufen kann zu völlig falschen Schlüssen bezüglich der Umweltverträglichkeit eines Produktes führen.

Energie- und Stoffflussbilanzen.

Der gesamte Herstellungs- bzw. Nutzungs- und Entsorgungsprozess wird analysiert. Die Flüsse werden Produkten zugeordnet und verknüpft. Durch das Bilanzprinzip (input=output) geht nichts verloren, alles wird zugeordnet. Der gesamte Primärenergieinhalt kann als grober Umweltbelastungsindikator gelten.[8]

Form: Quantitative Bilanzen (input-output)
Vorteile: Einzige wissenschaftlich vertretbare Grundlage von Bewertungsmodellen. Abbilden der wirklichen Flüsse.
Nachteile: Da keine Bewertung vorhanden ist, ist die Anwendung im Planungsprozess nur beschränkt möglich.

7. Wirkungsanalysen

Ökoprofile

Ökoprofile sind bewertete, teilaggregierte Energie- und Stoffbilanzen. Die Verfahren sind zur Zeit nur teilweise standardisiert.[9]

Form: Belastungsprofile, Ökopunkte
Vorteile: Standardisierte Methoden, die eine gewisse Verknüpfung von Ursachen und Wirkungen enthalten (Transparenz) und wenigstens teilweise an die lokale Situation (Umweltkompartimente) angepasst werden können.
Nachteile: Es gibt nur wenige Methoden, die genügend dokumentiert sind. Nur wenige Materialien sind erfasst und vergleichbar. Im weiteren führen verschiedene Bewertungsmethoden zu diametral verschiedenen Resultaten.

---

[8] Kohler, 1986 und 1991a
[9] Bundesamt für Konjunkturfragen 1989; Braunschweig 1988

Umweltverträglichkeitsprüfung

Die Umweltverträglichkeitsprüfung ist ein mehr oder weniger standardisiertes Verfahren, bei dem vor allem die Auswirkungen auf die Umwelt in einer definierten Situation untersucht werden. Die UVP wurde für die Lokalisierung von grosstechnologischen Einheiten (Kraftwerke) sowie für die Anwendungen im Verkehrsbereich entwickelt und ist entsprechend aufwendig. Anwendungen im Gebäudebereich sind noch relativ neu.[10]

Form: Sehr variabel von der Checkliste bis zum ausführlichen Bericht
Vorteile: Die Methode bietet bei richtiger Durchführung die beste Gewähr für eine umweltgerechte Planung.
Nachteile: Die Qualität der Aussage hängt von der Qualität der Studie und der Qualifikation des Verfassers/der Verfasserin ab. Methoden auf Basis Checkliste, ausgefüllt von wenig qualifizierten BewerterInnen, haben nur geringen Wert.

Typenlösungen - Cases

Diese Methode kommt aus der künstlichen Intelligenzforschung (case based reasoning). Sie versucht, ein neues Problem auf eine bewährte existierende Lösung zurückzuführen und diese bewährte Lösung unter Einhaltung genau bestimmter Verknüpfungen in die gewollte, neue Form zu bringen.

Form: Eine Datenbank mit analysierten Lösungen (cases)
Vorteile: Gegenüber den traditionellen Optimierungsstrategien für komplexe Gebilde, bei denen die Anzahl möglicher Lösungen exponentiell wächst, ist diese Methode besser geeignet, neue Lösungen aus bewährten Lösungen abzuleiten. Die Methode ist dem traditionellen Vorgehen der Anpassung und Wiederverwendung von Typen verwandt.
Nachteile: Erst im Forschungsstadium.

Externe Kosten

Auf Grund von Energie- und Stoffbilanzen können die externen Kosten (d.h. die von der Gesellschaft übernommenen Kosten für Krankheit, Unfall, Zerstörung der Natur etc.), die durch bestimmte Technologien resp. Energieanwendungen verursacht werden, ermittelt werden. Diese Kosten werden dann in Form von

---

[10] Bream, 1990

Steuern auf diese Güter verteilt. Die Einnahmen können zur Förderung (Verbilligung) von gewünschten Lösungen durch Ökobonus dienen.[11]

Form: Preiszuschläge.
Vorteile: Die Methode ist marktkonform, leicht steuerbar (die Gesellschaft kann auf diesem Weg Mechanismen, Produkte/Technologien fördern resp. verhindern und die Geschwindigkeit bestimmen).
Nachteile: Die wissenschaftlichen Grundlagen fehlen zur Zeit noch, um diese Kosten politisch/wirtschaftlich akzeptabel zu machen.

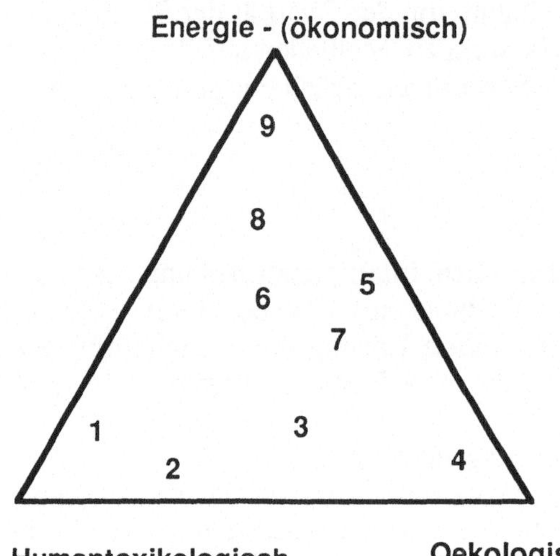

Abbildung 2
Schwerpunkte der Hilfsmittel

---

[11] Hohmeier, 1988; Wicke, 1986

8. Schlussfolgerungen für den Bauprozess

Die Anforderungen an Entscheidungshilfsmittel sind heute klar. Sie müssen:
- die Komplexität heutiger Materialanwendungen abdecken;
- auf nachvollziehbaren wissenschaftlichen Grundlagen beruhen und transparent sein;
- wenigstens teilweise Bewertungen und Gewichtungen durch die BenutzerInnen zulassen;
- dem Planungsablauf angepasst sein.

Es zeigt sich, dass keines der heute existierenden Entscheidungshilfsmittel diese Anforderungen abdeckt. Die ArchitektInnen und Baufachleute müssen deshalb mehrere Hilfsmittel anwenden und, vor allem in Zweifelsfällen, versuchen, die sichere (=bekanntere) Lösung zu wählen. Es stellt sich nun die Frage, ob diese Lage endgültig sei oder ob sich Lösungen abzeichnen. Wäre dies nicht der Fall, dann könnte man ja nur noch eine total passeistische Lösung (Rückkehr zur vorindustriellen Gesellschaft) vertreten.

Die heutigen Lösungsansätze gehen in drei Richtungen:

a) Herausbilden von neuen Berufsbildern und Spezialisierung (Typ Baubiologe/ Baubiologin, UmweltspezialistInnen etc.);
b) Vorgehensmodelle in der Planung unter Einsatz der heute verfügbaren Kenntnisse;
c) Entwickeln von neuen integrierten Planungshilfsmitteln, die den Einbezug von neuen Kenntnissen erlauben. Es handelt sich hier im wesentlichen um die sogenannten intelligenten CAD-Systeme.

Der Verfasser ist der Meinung, dass die zunehmende Spezialisierung im Planungsbereich keine Lösung darstellt. Die Einführung von neuen Planungsmodellen, die die Umweltaspekte miteinbeziehen, ist nur als Zwischenlösung akzeptierbar. Die Verfahren sind relativ aufwendig und nur innerhalb einer integralen Planung, die ja nur bei grösseren Projekten zur Anwendung kommt, sinnvoll und stellen deshalb keine Lösung für die Grosszahl der Bau- und vor allem Erneuerungsaufgaben dar. Im weiteren erlauben diese Modelle nur eine sehr beschränkte Rückkoppelung.

9. Vorschlag für ein Vorgehensmodell

Es besteht ein Bedarf an Instrumenten, die, an die jeweils erreichte
Planungsphase angepasst, notwendige Informationen und Grundlagen für eine
Entscheidungsfindung unter Beachtung energetischer und ökologischer Kriterien
liefern.[12] Angestrebt wird ein allgemeines, an den Planungsablauf angepasstes
Berechnungs- und Bewertungsmodell, welches jeweils konkrete Entscheidungs-
findungsprozesse unterstützt. Allgemeine Regeln der Baukunst können hier nur
bedingt helfen. Im folgenden sollen die aus energetischer und ökologischer Sicht
auf den einzelnen Ebenen des Planungsprozesses zu beachtenden und zu
bewertenden Sachverhalte aufgezeigt und in Verantwortlichkeit und Leistungs-
erbringung spezifiziert werden. Es zeigt sich, dass hierbei weitestgehende Übereinstimmung zu zur Zeit existierenden Planungsabläufen (SIA 102,103,108)
erzielt werden kann, was bewusst angestrebt wird.

EBENE 1: Neubau - Umbau - Erneuerung (Grundsatzentscheidung)

In dieser Phase, in der eine grosse Entscheidungsfreiheit vorliegt, ist abzuklären,
welche finanziellen, energetischen und ökologischen Auswirkungen Neubau,
Umbau bzw. Erneuerung nach sich ziehen. Bei der Beurteilung von Neubauten
ist zu beachten, dass sie bei Neubauten im Sinne von Ersatzbauten im Bestand
den Abriss, bei Neubauten im Sinne der extensiven Erweiterung zusätzliche
Bodenversiegelung und den Aufwand für Erschliessung beinhalten muss. Ein auf
dieser Ebene einzuordnendes Problem ist die Festlegung von Zeitpunkt und
Umfang von Massnahmen an Einzelgebäuden und im Bestand. Die auf dieser
Ebene zu beantwortenden Fragen, *ob und wann* ein neues Gebäude erstellt oder
bestehende Bausubstanz zur Befriedigung neuer bzw. veränderter Bedürfnisse
und NutzerInnenanforderungen bzw. zur Einhaltung baulicher Vorschriften
stattfindet, sind heute auf der Basis finanzieller und sehr grober energetischer
Aussagen möglich. Die Angaben zu Auswirkungen von Erneuerungsmassnahmen im Bereich indirekter (grauer) und direkter Energie stützen sich derzeit auf
bekannte Materialdaten. Bauprozesse sind bisher nur ungenügend berücksichtigt,
ebenso der Transport. Angaben zu globalen Auswirkungen auf Mensch und
Umwelt lassen sich bisher nur auf der Basis von Parallelaussagen zum Energieaufwand machen.

Zuordnung:
Zeitpunkt: vor Planungsbeginn (Voruntersuchung)
Verantwortlich: BauherrIn
Leistung: ArchitektIn oder IngenieurIn

---

[12] Kohler, 1991c

Instrumente:
Die Bewertung kann an die Energiekennzahl (direkte Energie) anknüpfen. Sie besteht aus Energiekennzahlen für die indirekte (graue) Energie von Neubauten und Erneuerungsmassnahmen (bezogen auf die Bruttogeschossfläche). Diese Daten werden auf Grund von summarischen Stoffflüssen und Emissionskoeffizienten erstellt. Im weiteren können rein energieumwandlungsbedingte Emissionen mitberücksichtigt werden, z.B. in Form von belastetem Luft-, Boden- oder Wasservolumen oder einer anderen Bewertungsmethode. Die prozessbedingten Emissionen werden auf dieser Ebene vernachlässigt. Weitere Aspekte der Umweltbelastung wie Bodenversiegelung, Einfluss auf Fauna und Flora, Lärm, Einfluss auf Stadtklima und Wasserhaushalt können ebenfalls kaum berücksichtigt werden.

EBENE 2: Bauprojekt

In dieser Ebene des Planungsprozesses ist unter Beachtung der angestrebten neuen bzw. angepassten Funktionen zu entscheiden, wie die verschiedenen Bauteile aus funktionellen, gestalterischen, baupolizeilichen oder verschleisstechnischen Gründen zu realisieren sind. Aus Sicht des ressourcenschonenden und umweltgerechten Bauens ergibt sich in etwa folgende Hierarchie:

1. Einfluss auf den direkten Energieverbrauch des Gebäudes (z.B. k-Wert von Fenstern, Wirkungsgrad von Heizsystemen);
2. notwendiger Aufwand an Materialien im allgemeinen, an energieintensiven Materialien im besonderen. (Art der Fundamente, Leichtbau - Schwerbau, Tragkonstruktion etc.);
3. Vorkommen von für die Umwelt direkt belastenden Materialien. (z.B. Lösungsmittel, radonhaltige Steine, Asbest).

Für die Wahl geeigneter Bauelemente sind künftig neben finanziellen auch energetische und ökologische Kriterien massgebend, um über die Nachfrage entsprechende Weichenstellungen bei den HerstellerInnen zu vollziehen. Es sind auf der Basis zusammengefasster und bewerteter Daten Bau- bzw. Bauwerksteile auszuwählen, die den globalen Erfordernissen und Ansprüchen genügen. Entscheidungen dieser Art lassen sich nicht auf eine Materialdiskussion reduzieren. Im Vordergrund steht der zu gewährleistende Nutzwert und die hierfür notwendige Kombination von Einzelbaustoffen und Leistungen. Derzeit befindet sich eine Datenbank auf der Basis einer Elementgliederung für Erneuerung und Unterhalt mit finanziellen, energetischen und ökologischen Aussagen im Aufbau (Forschungsprojekt EPFL-LESO, finanziert durch das BEW).[13]

---

[13] Luetzkendorf et al 1992, S 1701-72

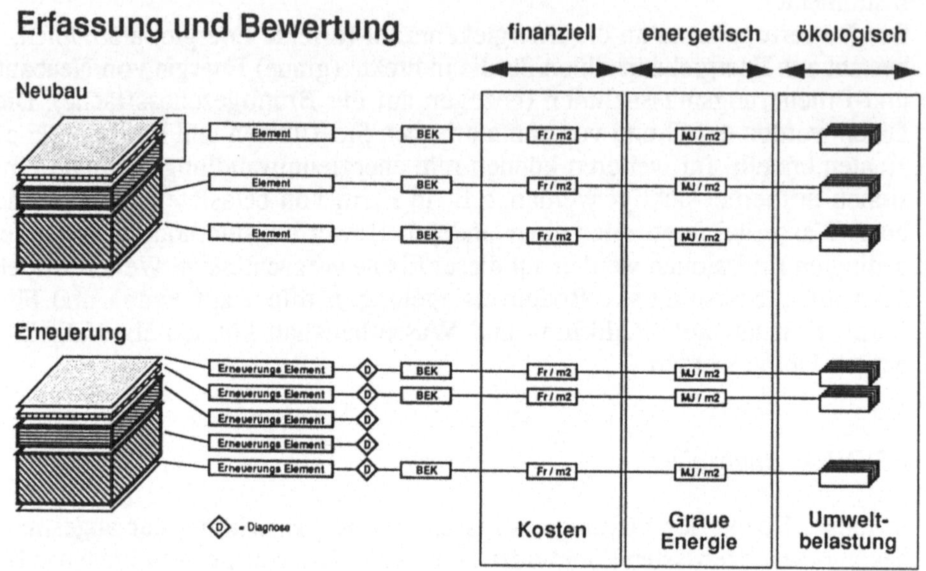

Abbildung 3
Erweiterung der Elementkostengliederung mit ökologischen Kenndaten

Bezüglich der Projektierung sind die Fragen:
Wo? Was? Wieviel? Wohin/Wie weiter? Womit/Wodurch?
zu beantworten.

Zuordnung:
Zeitpunkt: Vorprojekt/Projekt
Verantwortlich: Projektteam
Leistung: Projektteam

Instrumente:
Das ideale Arbeitsinstrument wäre eine vollständige Datenbank für Erneuerungs-
elemente mit den gesamten energie- und prozessbedingten Energie- und Emis-
sionsdaten für Elemente im Sinne der Elementgliederung des CRB[14] oder daraus
abgeleitet des IP-BAU für die Erneuerung[15]. Die im Aufbau begriffene Datenbank ist jedoch nicht vor Mitte 1993 verfügbar.

---

[14] Zentralstelle für Baurationalisierung
[15] IP Bau: Elementgliederung für Erneuerung und Unterhalt. Mai 1991

Kurzfristig zu erarbeitende Arbeitsmittel können ebenfalls auf der Element-methode aufbauen. Es wäre möglich, eine erste Bewertung nach den Emissions-risiken (und nicht Emissionsmengen) durchzuführen:

- bei der Herstellung der Bauteile
- beim Einbau der Bauwerksteile
- bei der Nutzung
- bei Erneuerung und Austausch
- beim Abriss und Recycling

Diese Bewertung würde auf Materialeigenschaften aufbauen. Es wird nur beschränkt möglich sein, quantitative Resultate zu erarbeiten, und das Haupt-gewicht wird auf Materialdeklarationen, Produktelisten und Empfehlungen (Gütezeichen) liegen.

EBENE 3: Ausführungsplanung

In dieser Phase stehen die lokalen bzw. punktuellen Auswirkungen im Mittelpunkt. Es ist abzuklären, mit welcher Technologie und dem Einsatz welcher Hilfsstoffe die Leistung realisiert wird. Langfristig ist geplant, diesen Teil mit der Ebene 2 zu koppeln und alle Daten auf der Basis von Elementen bereitzustellen.

Im wesentlichen ist zu untersuchen, welchen Belastungen die ArbeiterInnen vor Ort und die künftigen NutzerInnen sowie das nähere Umfeld der Baustelle ausge-setzt sind. Ebenso ist abzuklären, inwieweit vorgefertigte Elemente zur Reduzie-rung von Umweltbelastungen vor Ort, jedoch zu Mehraufwendungen bei Transport und Herstellung führen. In dieser Phase ist das *Wie* der Ausführung die zentrale Frage. Bei Erneuerungsmassnahmen ist zu beachten, dass diese im Unterschied zum Neubau oft im bewohnten Zustand erfolgen, so dass die BewohnerInnen eventuellen schädigenden Einflüssen genauso und teilweise län-ger ausgesetzt sind als die ArbeiterInnen, ohne einen vergleichbaren Schutz zu erhalten.

Zuordnung:
Zeitpunkt: Bauablaufplanung
Verantwortlich: Bauleitung (ArchitektIn, FachingenieurInnen, technische Koordi-natorInnen, Bauunternehmen)
Leistung: Bauablaufplanung, technische und räumliche Koordination

Instrumente:
Es muss unterschieden werden zwischen der Ausschreibung und der Baudurch-führung. Die Ausschreibung verlangt eine genaue Definition der Bauprozesse. Es

ist deshalb notwendig, verschiedene Prozesse im Hinblick auf ihre Umweltbelastung zu bewerten. Folgende Aspekte sollten berücksichtigt werden:

- Staub
- Lösungsmittel und andere Luftschadstoffe
- Lärm
- Bodenversiegelung
- Wasserverschmutzung
- Belastung der Fauna und Flora

Im weiteren sollten auch für speziell umweltfreundliche Varianten genaue Aus-
schreibungsunterlagen erstellt werden, konform mit der NPK-Systematik. Eine
weitere Gruppe von Hilfsmitteln bestünde darin, optimale Bauabläufe (die z.B.
möglichst wenig Lärm verursachen) zu erstellen und in Form von Netzplänen zu
dokumentieren. Die Probleme der Baustelleneinrichtung sind gesondert zu behandeln (Muldenkonzepte etc.) und werden heute bereits an mehreren Orten untersucht.

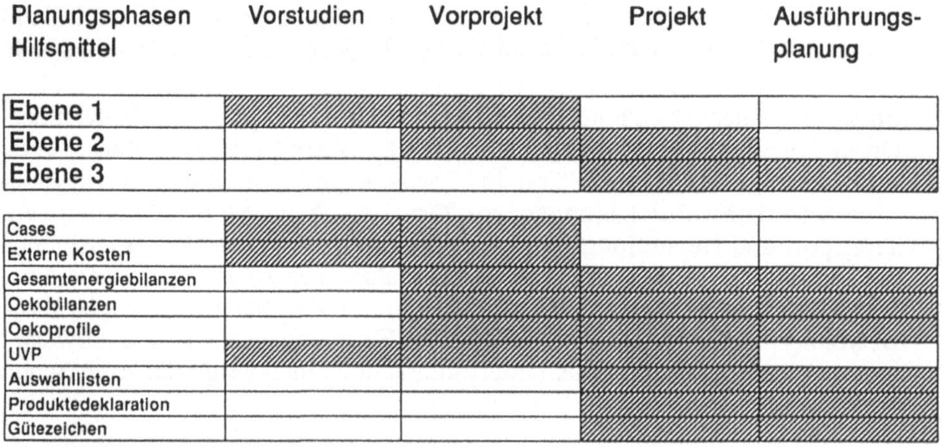

Planungsphasen / Hilfsmittel	Vorstudien	Vorprojekt	Projekt	Ausführungs-planung
Ebene 1	▨	▨		
Ebene 2		▨	▨	
Ebene 3			▨	▨

	Vorstudien	Vorprojekt	Projekt	Ausführungs-planung
Cases	▨	▨		
Externe Kosten	▨	▨		
Gesamtenergiebilanzen		▨	▨	▨
Oekobilanzen		▨	▨	▨
Oekoprofile		▨	▨	▨
UVP	▨	▨		
Auswahllisten			▨	▨
Produktedeklaration			▨	▨
Gütezeichen			▨	▨

Abbildung 4
Anwendung der Hilfsmittel in den verschiedenen Planungsphasen

10. Gebäudeproduktmodelle für Gebäude während ihrer Lebensdauer

Die Integration von neuen Kenntnissen in den Planungsprozess von Gebäuden stösst seit Jahren an die Grenzen sowohl der Planungsstrukturen als auch der Planungsmittel (Werkzeuge).[16] Die EDV-Anwendung in Form von CAD-Systemen (die als computerunterstützte Entwurfssysteme bezeichnet werden, in Wirklichkeit handelt es sich jedoch eher um computerunterstützte Zeichensysteme) führte nicht zum erhofften Ziel. Die Programme zeichnen zwar schneller, sind aber kaum in der Lage, andere Funktionen wie Kostenberechnung, Energiebedarfsberechnungen etc. zufriedenstellend durchzuführen. Dazu braucht es immer noch Spezialprogramme, die dann auch von SpezialistInnen bedient werden. Die existierenden CAD-Systeme sind auf einem geometrischen Grundmodul (solid modeller) aufgebaut, was die Verknüpfung mit numerischen und vor allem logischen (deklarativen) Daten schwierig macht.

Die Entwicklung leistungsfähiger, wirklicher CAD-Programme setzt deshalb bei einer anderen Gebäudedarstellung an. Gebäude werden als semantische Modelle dargestellt. Die grundlegenden Prinzipien kommen aus der Produktmodellierung, die in anderen industriellen Sektoren unter der Bezeichnung STEP (Standard Exchange Procedures) angewandt wird.[17] Das Problem, das es bei der Entwicklung solcher Produktemodelle zu lösen gilt, besteht darin, dass sie sowohl für den Entwurfsprozess (top down, d.h. vom Allgemeinen zum Speziellen) als auch für den Herstellungsprozess (bottom up, d.h. vom Besonderen zum Allgemeinen) funktionieren. Ausgangspunkt der Modelle ist deshalb der Endzustand (wie gebaut), andere Zustände (wie geplant, wie genutzt, wie abgebrochen) sind aus dem Grundzustand abgeleitet.[18] Ein Gebäude wird als ein System, das sowohl hierarchische als auch beliebig vernetzte Beziehungen zulässt, abgebildet. Die Darstellung über funktionelle Einheiten und technische Lösungen erlaubt, die prinzipiellen Eigenschaften einer Lösung (und ihre Verknüpfung mit anderen Lösungen bzw. Eigenschaften) von der technischen Ausbildung zu trennen. Diese Beziehung kann auch als Klasse-Objekt-Beziehung verstanden werden. Ein Gebäude wird in dem an der EPFL-LESO in Erarbeitung befindlichen Gebäudeproduktmodell als Elementstruktur analog zur Elementmethode für die Kostengliederung dargestellt. Jedes dieser Elemente kann aufgeteilt werden in Teilelemente bis zu den sogenannten atomaren Elementen. Diese stellen Prozesse dar, die bei der Entnahme einer Ressource aus der Natur oder bei der Bereitstellung von Energie beginnen und die Form eines einfachen Input-output-Modells haben.

---

[16] IWC: International Workshop on Computer Building Representation for Integration. 1991

[17] Giehling, 1988

[18] Bjoerk, 1991/92

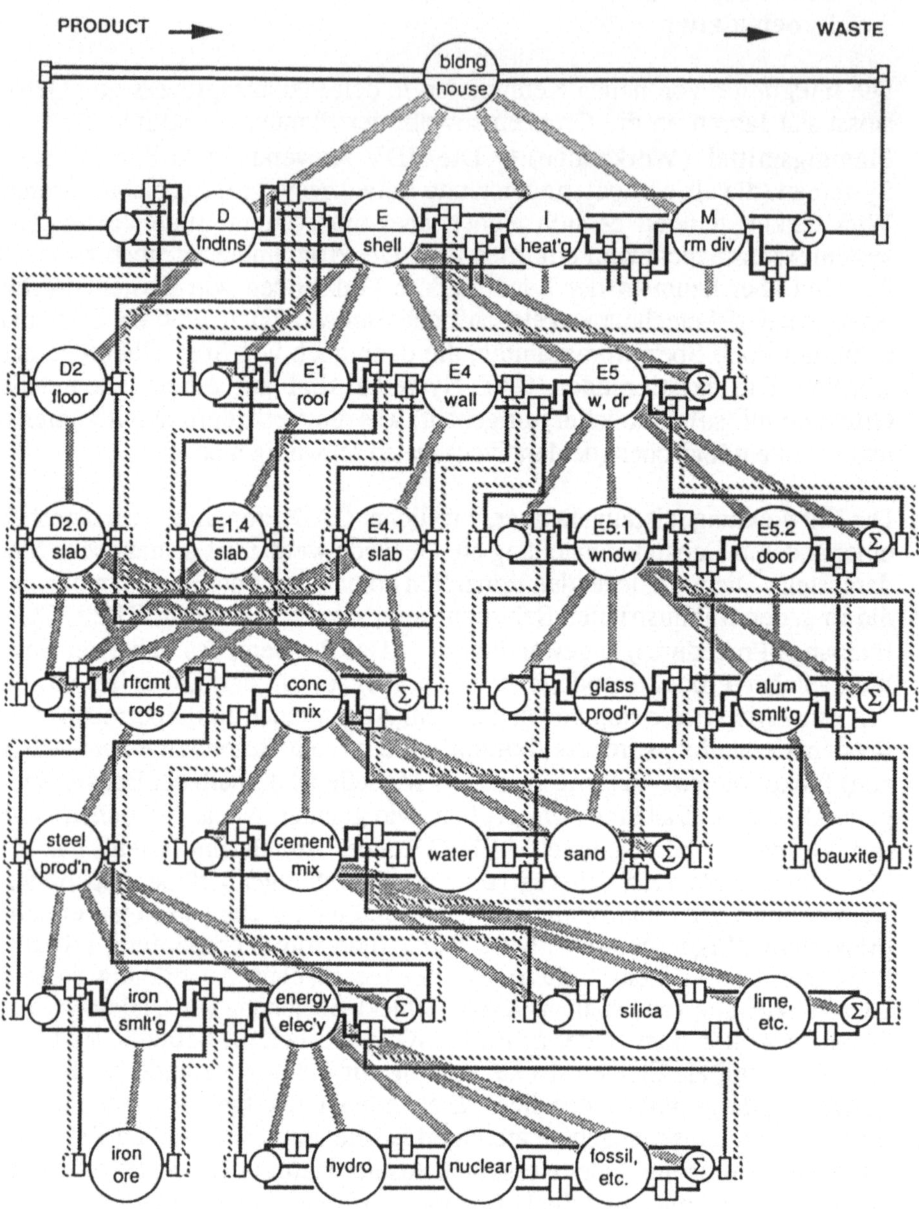

Abbildung 5
Gebäudeproduktmodell zur Erfassung von Energie- und Stoffflüssen (EPFL-LESO)

Jedes dieser Elemente ist ein Objekt im Sinne der objekt-orientierten Programmiersprachen und enthält ausser Eigenschaftsdaten auch sogenannte Methoden, d.h. Vorgehensregeln, die z.B. zur Berechnung gewisser abgeleiteter Eigenschaften oder zum Aufbau von grösseren Elementen dienen. Im weiteren kann Wissen aller Art (z.B. logische Regeln, Formeln, Abbildungen, geometrische Daten) in ein solches Objekt integriert werden.

Die Modellierung der Beziehungen zwischen Umwelt und Gebäuden während deren Lebensdauer ist eine Erweiterung der Gebäudeproduktmodelle sowohl im Sinne einer Vertiefung (Rückführen jedes Elementes auf seine grundlegenden Bestandteile) als auch einer zeitlichen Ausweitung (gesamter Lebenszyklus).[19] Der Vorteil dieser Modelle in der Planung besteht darin, dass sich Beziehungen zwischen verschiedenen Planungsaspekten, zwischen verschiedenen Planungsstufen (sowohl im Sinne einer Szenariobildung, also vorwärtsgerichtet, als auch im Sinne von Rückkoppelung) realisieren lassen. Im weiteren können verschiedene Standpunkte implementiert werden. Diese Eigenschaften erlauben es, die Probleme der ökologischen Bewertung unabhängig von den Gebäude- und Materialdaten zu bestimmen. Der Unterschied zu den heute existierenden Entscheidungshilfsmitteln besteht darin, dass diese praktisch immer implizit an Daten, Phasen oder Standpunkte gebunden sind. Die Erarbeitung dieser Art von Hilfsmitteln sollte es erlauben, eine grosse Anzahl von Kenntnissen selektiv in den Planungsprozess zu integrieren, und dies in einer für die verschiedenen am Planungsprozess Beteiligten verständlichen Form.

13. Zusammenfassung

Die Erfassung und Bewertung von Stoff- und Energieflüssen ist die notwendige Grundlage für alle Entscheidungshilfsmittel in einer ökologische Aspekte integrierenden Planung. Die Betrachtung des Gebäudes während seiner Lebensdauer und seine Einbindung in die natürlichen Kreisläufe sind Grundanforderungen, um einseitige, ja u.U. falsche Entscheidungen zu verhindern. In der jetzigen Lage gibt nur ein möglichst umfassendes Vorgehen mit spezifischen Fragestellungen in jedem Planungsschritt und der kritischen Anwendung der existierenden Entscheidungshilfsmittel eine gewisse Gewähr für ein langfristig richtiges Vorgehen. Die Entwicklung von sogenannt intelligenten CAD-Systemen könnte die Möglichkeiten der ökologisch motivierten Planung stark erweitern.

---

[19] Bedell, 1992

Literatur

Baccini, P; Brunner, P.H: Metabolism of the Anthroposphere. Springer Verlag. Heidelberg, 1991.

Banham, R.: The Architecture of the Well-Tempered Environment. London, 1969.

Bedell, John: Implementing a data model for estimating the life cycle cost of buildings. Int. Report. EPFL-LESO. 1992.

Bjoerk, B.C: A Unified Approach for Modelling Construction Information. To be published in Building and Environment 1991/92.

Braunschweig, A.: Ökologische Buchhaltung als Instrument der städtischen Umweltpolitik. Chur, 1988.

Bream, British Research Establishment Environmental Assessment Method. BRE, Garston, 1990.

Bundesamt für Konjunkturfragen: Ökoprofil von Holz. Bern, 1989.

ETHZ-HBT Solararchitektur: Energie- und Schadstoffbilanzen im Bauwesen. Zürich, März 1991.

Giehling, W.F.: General reference model (GARM). TNO Report BI-88-150. 1988.

Hohmeyer, O.: Social costs of energy consumption. Berlin, 1988.

International Workshop on Computer Building Representation for Integration. Aix-les-Bains, 1991. EPFL-LESO Lausanne, 1991.

IP Bau: Elementgliederung für Erneuerung und Unterhalt. Mai 1991.

Kohler, N.: Analyse énergétique de la construction, utilisation et démolition de bâtiments. EPFL, Thèse no. 623. Lausanne, 1986.

Kohler, N.: Lützkendorf, Th.: Energie und Schadstoffbilanzen von Gebäuden Schlussbericht Forschungsprojekt BEW. EPFL-Lausanne, 1991a.

Kohler, N.: Life cycle costs of buildings. European Forum on Buildings and Environment. U. of B.C. - Vancouver/Canada, March 1991b.

Kohler, N.: Integration von Gesamtenergie- und Schadstoffbilanzen in die Planung. Tagung Bauen/Energie/Umwelt. Bern, August 1991c.

Leberecht, Migge: Gartenkultur des 20. Jahrhunderts. Hrsg. Fachbereich Stadt- und Landschaftsplaung. Gesamthochschule Kassel, 1981.

Leuenberger et al: La construction des habitations économiques. Délégué aux Question de Travail. Lausanne, 1945.

Lovelock, J.E.: Gaia. A new look at life on earth. Oxford, 1979.

Lützkendorf, Thomas; Kohler, Niklaus; Holliger, Markus: Ökobilanzen und Elementkostengliederung. Schweizer Ingenieur und Architekt 9/ 1992 S. 1701-72.

Moavenzadeh (edit): Building and Construction Materials. A concise encyclopedia. Pergamon Press, Cambridge, 1990. Vor allem unter: History of Building Materials.

Schwarz, Jutta: Ökologie im Bau. Haupt, Bern, 1991.

SIA: Deklarationsraster für ökologische Merkmale von Baustoffen.

Wicke, L.: Die ökologischen Milliarden. München, 1986.

Zentralstelle für Baurationalisierung, CRB: Elementkostengliederung. Norm SN 506 502. Zürich, 1990.

SIB-Umweltzeichen für Bauprodukte

Bosco Büeler

Das Angebot baubiologischer Materialien wird immer breiter. Doch verdienen alle unter dem Begriff Baubiologie angebotenen Materialien diese Bezeichnung?

Das Umweltzeichen für Bauprodukte soll Klarheit schaffen.

Bereits 1986 begannen innerhalb des Schweizerischen Institutes für Baubiologie SIB unter dem Titel "Qualitätsbeschreibung von Baumaterialien" die ersten Arbeiten für eine Baumaterialdeklaration. Alle Materialien sollten bis ins letzte Detail einer Bewertung unterzogen werden. Doch bald merkten die Fachgruppenmitglieder, dass dieses umfangreiche Projekt mehrere Jahre dauern würde. Das Vorhaben ist daher redimensioniert worden.

Positivliste für Stoffe und Materialien

Im Herbst 1990 begannen die Arbeiten für die "Postivliste von Baumaterialien". In dieser Liste sollen alle Baustoffe und -materialien aufgeführt werden, die nach langjähriger Erfahrung und dem Stand der Wissenschaft als baubiologisch und bauökologisch einwandfrei zu bezeichnen sind.

Übersichtliche Beurteilung dank Umweltdeklaration

Der nächste Schritt sieht eine Produkteliste vor, in welcher nur Produkte (also mit Markenbezeichnung) aufgeführt werden, welche mit Stoffen und Materialien der Positivliste hergestellt werden. Fehlt ein Inhaltsstoff eines Produktes auf der Positivliste, so hat der/die HerstellerIn den ökologischen und baubiologischen Qualitätsnachweis zu erbringen.

Dieses Vorgehen kehrt die Beweislast gegenüber der heutigen Situation um. Die Beurteilungskosten sollen für diese Liste von den Firmen getragen werden, welche ihre Produkte bewerten lassen.

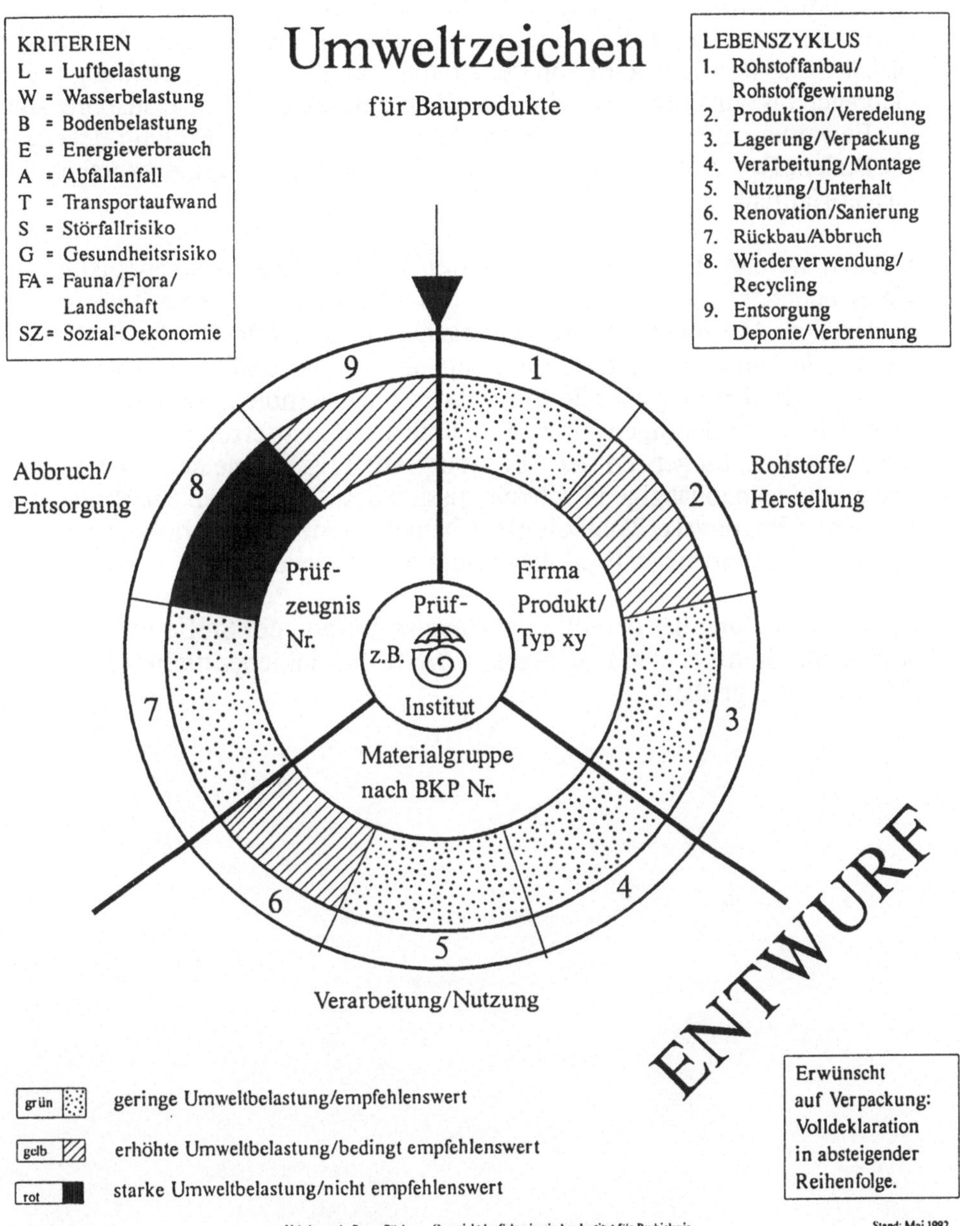

So soll die Umweltdeklaration eines Produktes aussehen. Auf einen Blick vermittelt das Kreisschema alle Beurteilungsbereiche. Bei dem hier gezeigten Umweltzeichen handelt es sich um einen Entwurf.

Die geprüften Materialien und Produkte sollen mit einer Umweltdeklaration versehen werden, welche die verschiedenen "Lebensphasen" eines Produktes berücksichtigt. Beurteilt wird von der Produktion über die Verarbeitung und den Gebrauch bis zur Entsorgung des jeweiligen Produktes. Auch Transporte sind in der Bewertung miteinbezogen. Betrachtet werden bei dieser Prüfung Belastungen für Boden, Gewässer und Luft, aber auch Abfall-Last, Energieverbrauch sowie das Störfallrisiko.

Firmen, welche ihre Produkte bewerten lassen, erhalten einen ausführlichen Untersuchungsbericht einschliesslich des Bewertungsbogens mit der Umweltdeklaration. Mit diesem Untersuchungsbericht erhält der/die ProduzentIn das Recht, die Umweltdeklaration auf seinem Produkt und in Prospekten abzudrucken. Die Prüfung ist alle drei Jahre zu wiederholen. Der/die ProduzentIn muss zudem Änderungen in der Produktezusammensetzung oder im Herstellungsverfahren umgehend der Bewertungskommission melden. Dieser firmen- und produkteunabhängigen Fachkommission des SIB gehören Fachleute aus den Bereichen Bauphysik, Toxikologie, Chemie, Medizin, Materialtechnologie an. Auch VertreterInnen handwerklicher Berufe sind dabei.

Mit der Erstellung der detaillierten Datensammlung der Stoffe und Materialien wurde im Sommer 1991 begonnen. Erste Produktebeurteilungen sind auf Frühjahr 1993 geplant.

Ökologie in der Baupraxis - Wege vom Wissen zum Handeln

Jutta Schwarz

Solange wir in der herkömmlichen Weise nach einem Architekturentwurf bauen, bevor eine neue CAD-Generation dieses Gefüge eines Tages vielleicht grundlegend verändert, wird der Bauprozess von dem Wissen und den Fähigkeiten bestimmt, die wir heute haben. Dazu gehören auch die Erfahrungen, gute wie schlechte, die wir in den letzten Jahren mit ökologischen Massnahmen beim Bauen machten. Aus diesem Themenkreis sprach ich im Workshop *Baustoffe, Mensch und Umwelt* die Fragen an, welche wirtschaftliche Dimension der ökologische Handlungsspielraum hat, wo die Haupthindernisse liegen und welche Arbeitsinstrumente zur Materialwahl BaupraktikerInnen heute zur Verfügung stehen. Zum Schluss zeigte ich Massnahmen auf, die aus heutiger Sicht bei der Planung, Materialwahl und Organisation als Bausteine für eine ökologische Strategie zur Umgestaltung der Planungs- und Bauprozesse geeignet erscheinen.

Vorbemerkung

Bauökologie, Ökologisch Bauen, Umweltverträgliches Bauen sind schillernde Bezeichnungen, weil die Begriffe *Ökologie* und *Umwelt* innerhalb der Naturwissenschaften ganz verschiedene Beziehungen beschreiben und darüber hinaus heute in vielen anderen Bereichen ebenfalls verwendet werden (Medienökologie, Ökologieethik, Umweltabonnement).

Bekanntlich definierte der Zoologe Ernst Haeckel 1866 *Ökologie* als "die gesamte Wissenschaft von den Beziehungen des Organismus zur umgebenden Aussenwelt". Da kein Organismus die gesamte Aussenwelt wahrnimmt und auf sie reagiert, prägte der Biologe Jakob von Uexküll 1921 den Begriff *Umwelt*. Er versteht darunter "den Teil der Aussenwelt, der vom Organismus erfasst werden kann". So zählen beispielsweise Geräusche in der Aussenwelt, die bestimmte Tiere aufgrund ihrer Organausbildung gar nicht hören können, nicht zu ihrer Aussenwelt. Mit dieser Unterscheidung war vorgegeben, dass der Begriff *Ökologie* nicht in der Weise verdinglicht werden darf, dass man ihn mit *Umwelt* gleichsetzt.

Überträgt man naturwissenschaftliche Begriffe in die Baupraxis, sollten die zentralen Inhalte erhalten bleiben. In der sprachlichen Wurzel von *Ökologie* ist eine Doppelfunktion angelegt. Üblicherweise wird *Ökologie* mit *Haus* (gr. oikos) und *Lehre* oder *Wissenschaft* (gr. logos) übersetzt. Diese Übertragung in unsere Sprache ist zu eng. In der ursprünglichen Bedeutung ist mit *oikos* nicht nur das verdinglichte Haus gemeint, sondern ein *Platz zum Leben*. Um diese Doppelfunktion zum Ausdruck zu bringen, müssen Begriffe wie *Ökologisch Bauen* und ähnliche mehr beinhalten als die Summe der am Haus verbauten Materialien und ihr Verhalten in der Umwelt. Mit ökologisch orientierten Bauweisen sollen Häuser, Siedlungen, womöglich ganze Quartiere entstehen, die dem Menschen, dem Tier und der Pflanze Platz zum Leben bieten, und zwar für die Vielfalt, die das Leben bereithält, sofern es nicht erstickt wird. In diesem Sinn gehören zum ökologischen Bauen ein erweitertes wissenschaftlich-technisches Verständnis, das sich an den Naturvorgängen orientiert, sowie ganz praktische Handlungen, etwa auf der Baustelle beim Umgang mit Farbresten, leeren Gebinden oder Abbruchmaterial.

Das ist keine neue, wissenschaftlich fundierte Definition, sondern eine allgemeine Umschreibung für das Ziel und die Richtung ökologischer Bauweisen. Zum ökologischen Bauen gehört die Auseinandersetzung mit der Umweltverträglichkeit des Bauens, d.h. mit Fragen des Energieverbrauchs, der Zuträglichkeit von Baumaterialien, des Unterhalts von Gebäuden, ihrer Erneuerung und der Entsorgung des Bauschutts ebenso wie die Frage nach den immateriellen Zielen des Bauens, damit die natürlichen Lebensgrundlagen geschützt und auch als kulturelle Werte erhalten bleiben. Auf diesem Hintergrund lassen sich einige *Arbeitshypothesen* für ökologisches Bauen formulieren:

1.
Ökologisch orientierte Bauweisen setzen immer *umweltverträgliches Bauen* voraus, weil jede Bautätigkeit in die Lebensgrundlagen des Menschen eingreift und sie verändert. Insofern trägt jedes Gebäude mit seinen Materialien, seiner Gestaltung, seinen technischen Installationen und der Organisation seiner Nutzungsabläufe mit dazu bei, ob Ressourcen verschwendet oder sparsam verwendet werden, ob die Umwelt belastet und die Gesundheit des Menschen gefährdet werden oder nicht.

2.
Ökologisch Bauen bedeutet, dass sämtliche Planungs- und Bauentscheide zusätzlich auf ihre Umweltverträglichkeit hin zu überprüfen oder zumindest zu überdenken sind. Es bedeutet auch, dass jede Einzelmassnahme nicht nur die bautechnischen Normen und Anforderungen erfüllt, sondern dass durch den Bauprozess Eingriffe in den Naturhaushalt soweit als möglich minimiert und Schäden an der Umwelt vermieden werden. Dieser *Leitgedanke* ist bei der Planung der

Baukonstruktion und der haustechnischen Anlagen ebenso zu berücksichtigen wie bei der Wahl der Baumaterialien.

3.
Das Problem der Bewertung der Umweltrelevanz von Bauprozessen und Bauprodukten ist nicht allein mit der Frage der richtigen Bewertungstechnik zu beantworten. Es geht um den viel weiterreichenden Kontext des *Bewusstseins für Wertsysteme* und der Verantwortung des/der Einzelnen für Wertentscheidungen.

4.
Bewerten kann man nur, was man kennt. Was wissen wir über die *Umweltrelevanz* moderner Baustoffe, Bauhilfsstoffe und der heutigen Verfahren ihrer Anwendung? Inwieweit können wir sie bewerten?

5.
Vorsorge treffen heisst, den Mut haben, auch aufgrund von Indizien auf bestimmte Materialien zu verzichten. Wenn der wissenschaftliche "Beweis" gelingt, ist es für Vorsorge längst zu spät.

Ökologischer Handlungsspielraum mit Hindernissen

In der Schweiz werden jährlich rund 45 Milliarden Franken in den Hochbau investiert, für Wohnungen, Industrie- und Gewerbebauten, Bürogebäude, Schulen, Spitäler und öffentliche Gebäude. Umweltrelevant sind die reinen Gebäudekosten, d.h. die Kosten für die Erstellung des Rohbaus, für gebäudetechnische Anlagen und den Ausbau. Sie belaufen sich auf 35 bis 40 Milliarden Franken. Diese enorme Summe zeigt die Grösse des ökologischen Handlungsspielraumes innerhalb der Bauwirtschaft bezüglich Ressourcenverbrauch, Emissionen bei der Erstellung oder Sanierung der Bauten und bezüglich langfristiger Entsorgungsprobleme. Das Nahziel ökologischen Bauens ist, die dahinterstehenden professionell organisierten Bauprozesse auf breiter Basis umweltverträglicher zu gestalten. Charakteristisch für diese Prozesse sind die *langen Entscheidungswege*, die den/die BauherrIn oder die Baukommission, den/die ProjektleiterIn und beauftragteN ArchitektIn ebenso einschliessen wie den/die BauunternehmerIn, den/die BauführerIn und den/die ausführendeN HandwerkerIn. Als Lösungswege für die Umgestaltung sind drei Aktionsebenen in Betracht zu ziehen:
- die Planung der Baukonstruktion mit der Konzeption der gebäudetechnischen Anlagen,
- die Wahl der Baumaterialien,

- die Umsetzung der getroffenen Planungs-, Konstruktions- und
  Materialentscheide auf der Baustelle.

Ökologisch gute Lösungen werden dann erreicht, wenn die vielen *Einzelschritte*,
die während der Projektierung und Ausführung zu treffen sind, sinnvoll ineinan-
dergreifen und sich ergänzen. Solche Lösungen lassen sich heute erst ansatzweise verwirklichen, denn es fehlt sowohl an Arbeitsinstrumenten als auch am
Erfahrungswissen. Wir sind erkenntnismässig und von den Baustrukturen her
noch nicht soweit, dass wir ökologische Grundsätze *systematisch* in den
Planungs- und Bauprozess einbeziehen können. Vielmehr versuchen wir, punk-
tuell vorzugehen, indem wir Schwerpunkte setzen. Solche Schwerpunkte betreffen vor allem bestimmte Materialien und/oder energiesparende Massnahmen, die
in der Planungs- und Ausführungsphase in Form von Material- und Energie-
konzepten umgesetzt werden. Bei den Baukonstruktionen handelt es sich
meistens um einzelne Bauteile, die nach bestimmten ökologischen Gesichtspunkten konzipiert sind. Für wassersparende Sanitärkonzepte oder für eine
optimierte Leitungsführung zur Vermeidung von Elektrosmog gibt es praxiserprobte Einzellösungen, die aber noch nicht zum Baustandard gehören.

Bauökologisches Wissen kann erst systematisch in den Bauprozess einbezogen
werden, wenn zumindest über ökologische Teilziele ein *Konsens* gefunden ist.
Zur Diskussion stehen heute Teilziele wie:
- weniger Material, aber welche (der *Club of Rome* hat vor 20 Jahren die
  Knappheit der meisten Rohstoffe überschätzt, so dass sich viele
  Knappheitsprobleme aus heutiger Sicht anders stellen als damals),
- welche Randbedingungen kommen beim "entsorgungsfreundlichen" Bauen
  zum Zug,
- welche Konstruktionen, z.B. für Aussenwände und Dächer, sind langfristig
  die beste ökologische Lösung.

Für alle diese Fragen gibt es mehrere Antworten, die ökologisch sinnvoll erscheinen. Mit den heute im Entstehen begriffenen Bewertungsmethoden und
Planungsinstrumenten wird es in den nächsten Jahren möglich sein, differenzier-
tere Fragen zu stellen als heute und sie teilweise auch zu beantworten. Die Suche
nach einem Konsens über ökologische Ziele oder Teilziele wird damit aber nicht
überflüssig, sondern als notwendiger Schritt auf dem Weg zu ökologisch orientierten Bauweisen um so deutlicher erkennbar werden. Das Bewertungsproblem
einer Massnahme besteht schlussendlich immer darin, dass das anvisierte ökologische Ziel an einen ethischen Standpunkt gebunden ist. In der Ökologieethik gibt
es aber nicht nur den "einen" Standpunkt, sondern verschiedene, je nach
Ökologieverständnis und der darauf aufbauenden Definition des Ökologiebe-
griffs. Das führt dazu, dass beispielsweise die Frage, was als Umweltbelastung
zu betrachten sei, je nach Standpunkt unterschiedlich beurteilt und begründet

wird. Aufgabe der bauökologischen Praxis ist es sicher nicht, den ethischen Inhalt der verschiedenen Standpunkte zu klären. Es wäre aber eine Illusion zu glauben, dass es in der bauökologischen Praxis jemals so eindeutig definierbare Ziele gäbe wie etwa beim Energiesparen. Aus diesem Grund hat die Konsenssuche nach (bau)ökologischen Zielen auch praktische Bedeutung für den Baualltag und kann nicht losgelöst von diesem erfolgen.

Von der Information zum Handlungsinstrument

Ein zentrales Thema bei ökologischen Bauweisen ist die *Wahl der Baumaterialien*. Diese Aufgabe stellt an Baufachleute hohe Anforderungen, weil es keine allgemein anerkannten ökologischen Qualitätskriterien gibt und weil das Produkteangebot enorm gross ist. Erschwerend kommt hinzu, dass die Schweiz bisher kein nationales Umweltzeichen zur Kennzeichnung der positiven Umwelteigenschaften des Bauproduktes entwickelt hat und dass zwingende Deklarationsvorschriften für die Inhaltsstoffe des Produktes ebenso fehlen.

Oft wird gefordert, dass zur Beurteilung der ökologischen Qualität von Baumaterialien und Baukonstruktionen eine ganzheitliche Betrachtungsweise notwendig ist, wie es beispielsweise mit Ökobilanzen möglich wäre. Das ist im Prinzip richtig, im Moment aber nicht machbar. Die Ökobilanzmethodik und die Datenerfassung sind noch nicht auf dem Stand, dass der Baufachfrau oder dem Baupraktiker heute Ergebnisse für ihre Materialentscheide zur Verfügung stehen. In diesem instrumentellen Vakuum muss die Materialwahl mit gröberen Instrumenten erfolgen.

Bei meiner Zusammenarbeit mit Bauämtern und privaten Bauherren traten in den letzten Jahren immer wieder die gleichen Fragen auf: Welche Stoffe und Materialien werden heute aus medizinischer und ökologischer Sicht als besonders kritisch angesehen? In welchen Bauprodukten sind diese Stoffe enthalten und welche AnwenderInnen (SchreinerInnen, MalerInnen, BodenlegerInnen usw.) arbeiten mit diesen Produkten? An welchen Merkmalen sind gesundheits- und umweltgefährdende Produkte zu erkennen? Gibt es Möglichkeiten, die ökologisch "schlimmsten" Produkte durch einfache Produktesubstitution zu ersetzen oder durch andere Massnahmen (konstruktive Änderung des Bauteils, Wahl anderer Schichtaufbauten, Abstimmung der Materialeigenschaften mit den Nutzungsanforderungen) überflüssig zu machen? Um praktikable Antworten auf diese Fragen zu finden, wurden für ökologisch sehr kritische Materialien, die häufig verwendet werden, Kriterien festgelegt und Merkmale gesucht, die BaupraktikerInnen mit geringem Aufwand feststellen können. Aus diesen Erfahrungen entstanden einige grobe, aber einfach handhabbare Arbeitsinstrumente, so auch die Orientierungshilfe *Ökologische Auswahlkriterien mit Leitfunktion*. Diese Instrumente ermöglichen es, zwischen umweltschonenden und umweltgefährdenden Materialien zu unterscheiden. Sie reichen aber nicht aus, um unter den umweltschonenden eine klare Abstufung vorzunehmen. Für diese Art der Feinbeurteilung sind quantifizierte Daten erforderlich.

Ökologische Auswahlkriterien mit Leitfunktion

Folgende Auswahlkriterien haben eine positive Leitfunktion bei der Wahl von Baumaterialien und Bauprodukten, d.h. wenn ein Material/Produkt ein Kriterium oder mehrere erfüllt, gehört es mit begründeter Vermutung nicht zu den stark umweltbelastenden oder gesundheitsgefährdenden.

Kriterium Giftklassefrei

Für den Innenausbau sollten ausschliesslich giftklassefreie Farben, Lacke, Lasuren und Kleber verwendet werden. Im Rohbau und im Aussenbereich ist von Fall zu Fall abzuklären, ob giftklassefreie Produkte für den anvisierten Zweck verfügbar sind.

Alle Anstrichstoffe, Holzschutzmittel und Klebstoffe unterstehen dem schweizerischen Giftgesetz und werden durch das Bundesamt für Gesundheitswesen (BAG) nach ihrer Giftigkeit beurteilt, bevor sie in den Handel kommen. Je nach Art und Menge der verwendeten Roh- und Grundstoffe klassiert das BAG das Produkt als *giftklasssefrei* oder teilt es in eine der fünf Giftklassen ein (Giftklasse 1 ist die stärkste, Giftklasse 5 die schwächste). Nach Gesetz muss die Zugehörigkeit zu einer Giftklasse auf jeder Verpackung oder jedem Gebinde deutlich lesbar sein. Zudem geben viele Hersteller von Farben, Lacken und bauchemischen Produkten auch in den Produktedatenblättern den Hinweis, ob das Produkt giftklassefrei ist oder einer Giftklasse untersteht.

Produktinfo
Giftklassefreie Produkte enthalten keine oder nur wenig *Lösemittel*; sie können aber andere Problemstoffe enthalten. Für alle üblichen Anwendungen im Innenbereich (Grundierungen, Haftbrücken, Sperr- und Schutzanstriche, Wand-, Boden- und Plättlikleber, Spachtel- und Fugenmassen) gibt es heute giftklassefreie Produkte. Da viele BauhandwerkerInnen noch nicht gewohnt sind, für den

ganzen Schichtaufbau giftklassefreie Produkte zu verwenden, müssen die ökologischen Impulse für diese Arbeitsmethode von ArchitektInnen und BauherrInnen kommen.

Kriterium Ohne Wirkstoffe

Materialien/Produkte für den Innenausbau sollten keine Wirkstoffe enthalten. Das betrifft vor allem Holzbehandlungsmittel. Ob im Rohbau (bes. Dachstuhl) und im Aussenbereich (Holzfassade, Fassadenputz) wirkstoffhaltige Anstrichstoffe verwendet werden müssen, ist von Fall zu Fall zu entscheiden. Die Richtlinie *Holzschutz im Bauwesen* empfiehlt für Konstruktionshölzer in geheizten und/oder gut belüfteten Räumen sowie für Wandtäfer und Bodenbeläge ohne erhöhte Feuchteeinwirkung lediglich einen lasierenden Anstrich ohne Wirkstoffzusätze.[1]

Wirkstoffe sind immer giftig, denn darauf beruht ihre Wirkung (chemische Bezeichnungen: *Biozide, Fungizide, Insektizide*). Sie werden vor allem im chemischen Holzschutz gegen Schimmel- oder Insektenbefall eingesetzt. Bei Verwendung biozider Holzschutzmittel ist zu bedenken, dass sie sich mit keiner Methode aus dem Holz entfernen lassen und dass spätere "Isolier-" oder "Sperranstriche" das Ausdampfen der Giftstoffe nicht unterbinden, sondern nur verzögern können. Müssen Holzbauteile wegen ausgasender Holzschutzmittel saniert werden, kommt nur ein Ersatz mit neuem Bauholz in Frage.

Produktinfo
Alle chemischen Holzschutzmittel enthalten Wirkstoffe. Wegen ihrer starken Giftigkeit und den damit verbundenen Gesundheits- und Umweltgefahren werden diese Produkte nicht nur vom Bundesamt für Gesundheitswesen geprüft, sondern benötigen ausserdem eine Zulassungsbewilligung vom BUWAL. Diese Liste ist öffentlich und wird jährlich publiziert.[2] Holzanstrichmittel zur Oberflächenbehandlung (Lasuren, Lacke, Wachse) *können* Wirkstoffe enthalten. Obwohl es eine breite Auswahl an wirkstofffreien Produkten gibt [3], stellt sich auch für den/die MalerIn oft das Problem, sie von den wirkstoffhaltigen zu unterscheiden. Fehlt in den Produktedatenblättern der Vermerk "enthält keine Wirkstoffe", sind Rückfragen beim/bei der HerstellerIn meistens unerlässlich.

---

[1] Holzschutz im Bauwesen 1987
[2] Verzeichnis der bewilligten Holzschutzmittel nach Stoffverordnung, BUWAL 1991
[3] Schwarz, 1991

Wirkstoffe *können* auch in Klebstoffen (bes. für Tapeten) sowie in Fugen- und
Dichtungsmassen (bes. für Nassräume) enthalten sein. Alle imprägnierten
Gipskartonplatten enthalten Fungizide gegen Schimmelbefall. Gipsfaserplatten
und nicht imprägnierte Gipskartonplatten enthalten keine Wirkstoffe.

Kriterium Formaldehydfrei

Für den grossflächigen Innenausbau sollten formaldehydfreie Materialien/
Produkte verwendet werden. Spanplatten (LIGNUM CH 10 oder E 1),
Spanplatten-Fertigelemente und Spanplattenmöbel sollten nicht grossflächig
verwendet werden (Faustregel: *weniger* als 1 m² Spanplatte pro m³ Raumluft).
Feuchtebeständige Spanplatten (Typ V 100) setzen weniger Formaldehyd frei als
Spanplatten für den Trockenbereich (Typ V 20).

Formaldehyd verursacht in erster Linie Raumluft- und Gesundheitsprobleme.
Gemäss Richtwert des Bundesamtes für Gesundheitswesen darf die Formalde-
hydkonzentration in bewohnten Räumen, Heimen und Spitälern höchstens 0,2
ppm (0,24 mg/m³ Raumluft) betragen. Dieser Wert soll demnächst gesenkt und
damit der EG-Norm angepasst werden. Wird die kritische Konzentrations-
schwelle überschritten, kommt es sehr häufig zu Kopfschmerzen, Augen-
reizungen, Husten und Asthma. Ob Formaldehyd Krebs auslöst, ist umstritten.

Formaldehyd wird vor allem aus Spanplatten, Spanplattentäfer, Spanplatten-
möbeln, Sperrholz und appretierten Heimtextilien (Vorhänge, Polsterstoffe,
Teppiche) freigesetzt. Ausserdem kann Formaldehyd in Isolierschäumen, Klebstoffen, Parkettversiegelungen, Furnierleimen, (Möbel-)Lacken, Imprägnier-
mitteln, Folien, Tapeten und Tapetenklebern enthalten sein und über lange Zeit
ausgasen. Durch Zigarettenrauch und offene Gasflammen (z.B. in Küchen,
Labors) wird die Formaldehydbelastung der Raumluft zusätzlich erhöht.

Der Mensch reagiert immer auf die Formaldehyd-Gesamtbelastung in einem
Raum. Wichtig für den Gesundheitsschutz ist deshalb, nicht die Einzelemission,
z.B. durch Spanplatten, in Rechnung zu stellen, sondern die *Summe* der
Formaldehydemissionen aus den verschiedenen Baumaterialien und Einrichtungsgegenständen.

Produktinfo
Folgende Baumaterialien sind formaldehydfrei und stellen im Rohzustand keine
Gefährdung für die Raumluft dar: Massivholz, verleimte Massivholzplatten
(Weissleim, *Holvaplex*), Tischlerplatten, kunstharzfreie Holzfaserplatten (*Pava-
tex*), magnesitgebundene Platten (*Heraklith*), Gipsspanplatten (*Arborex*),

zementgebundene Platten (*Duripanel*), Vollgipsplatten sowie Gipskarton-, Gipsfaser-, Gipsleichtbauplatten.

Kriterium Ohne FCKW

Wegen der schnell fortschreitenden Ozonschichtschädigung und der globalen Klimaveränderungen (Treibhauseffekt) sollte auf sämtliche FCKW-haltigen (Bau)materialien so schnell als möglich verzichtet werden. Der Bundesrat hat im August 1991 weitere Übergangsfristen für das schrittweise Verbot sämtlicher FCKWs bekanntgegeben.[4]

Produktinfo
Die wichtigsten FCKW-haltigen Baumaterialien sind *Kunststoffdämmplatten* (XPS, PUR, PIR). Einige Hersteller bieten diese Platten heute auch ohne FCKW-Treibgase an, beschränken jedoch die Garantie[5]. Folgende Dämmstoffe enthalten keine FCKW: Steinwolle-, Glasfaser-, Schaumglasprodukte, expandierte Polystyrolschaumplatten (EPS), Isofloc-Zellulosedämmstoff, Perlite. Der vollständige Ersatz durch Dämmstoffe ohne FCKW ist heute für alle Anwendungsbereiche, mit Ausnahme des Umkehrdaches, möglich[6]. Zum gleichen Ergebnis kommen Studenten des Technikums Winterthur, die in einer Seminararbeitswoche alle üblichen Aussenwandkonstruktionen (mit allen Anschlüssen) untersuchten[7].

Apparate und *Geräte* der Gebäudetechnik können FCKW in Form von Schaumstoffen zur Isolation der Aussenwände oder als Kältemittel (Freone) enthalten. Ersatzprodukte ohne FCKW werden zur Zeit entwickelt.

Kriterium Kein PVC

Materialien und Produkte, die aus PVC bestehen oder PVC-Komponenten enthalten, sollten möglichst schnell aus allen Baustoffkreisläufen eliminiert werden, d.h. bei Neubauten nicht mehr verwendet und bei Renovationen und Umbauten durch PVC-freie Stoffe ersetzt werden.

---

[4] Verordnung über umweltgefährdende Stoffe 1986
[5] Wärmedämm-Schaumstoffe, Erfa-Info 3/91
[6] Substitution FCKW-haltiger Wärmedämmstoffe im Hochbau, BUWAL 1989
[7] Priesig, 1991

Mit der Verwendung von PVC sind unüberblickbare Gesundheitsrisiken und Umweltgefahren verbunden. Auch das immer wieder verbreitete Argument, dass gebrauchte PVC-Produkte (z.B. alte Bodenbeläge oder Dachfolien) recycliert werden, wurde bisher nicht eingelöst. Real werden nur sehr geringe Mengen ausgewählter PVC-Abfälle weiterverwendet, so dass das Problem der Entsorgung und der Altlasten unvermindert weiterbesteht.

Im Bausektor wird PVC vor allem für Leitungsrohre und Kanäle, Ummantelungen von Elektroleitern, Isolationsfolien zur Wasserabdichtung sowie für Kunststoffbodenbeläge und Teppichrücken verwendet. Weniger häufig ist die Verwendung für Fensterrahmen und Profile.

Produktinfo
Für die meisten Baumaterialien gibt es heute PVC-freie Produkte. Problemlos zu ersetzen sind *Fussbodenbeläge*, *Fussleisten*, *Tapeten*, *Vorhangschienen* und*Treppenhandläufe*. Als Ersatzstoffe bieten sich vor allem Holz, Linoleum, Kork, Fliesen, Rauhfasertapeten und Metall an.

Für *Abwasserrohre* kommen Steinzeug, Gusseisen oder Kunststoffrohre aus Polyethylen (hart) in Frage. *Trinkwasserrohre* sollten aus verzinktem Stahl oder Kupfer gefertigt sein (nur bei pH-Wasserwerten über 7,2), sonst aus Edelstahl. Diese Rohre sind teurer als PVC-Rohre. Ob die billigeren Kunststoffrohre aus Polyethylen eine gute Dauerlösung darstellen, lässt sich noch nicht beurteilen, da zu wenig Erfahrungen vorliegen. *Kabelschutzrohre* aus Formstein haben gegenüber PVC den Nachteil des grösseren Gewichts.

PVC-freie *Elektrokabel* sind erhältlich, aber noch sehr teuer. Deshalb werden sie praktisch nicht verwendet. Die Firma AEG hat angekündigt, dass sie demnächst im grösseren Stil in die Produktion von PVC-freiem Kabel ("halogenfrei") einsteigt. Dadurch sollten die Preise sinken und die Nachfrage steigen.

Bei *Dachdichtungsfolien*, auch wenn sie wurzelfest sein sollen, gibt es mehrere Alternativen zu PVC. Mehrjährige, praxiserprobte Lösungen wurden mit Bitumen, Bitumenpolymeren und EPDM-Kunststoff gemacht[8].

Für *Fenster* ist einheimisches (europäisches) Holz der Ersatzstoff der Wahl. Aluminium, das zum Teil günstigere Eigenschaften hat (Gewicht, Steifigkeit, Unterhalt), schneidet vermutlich wegen seiner schlechten Energiebilanz weniger gut ab. Aufgrund der vorliegenden quantifizierten Daten ist noch keine Gesamtbeurteilung möglich. *Fenster-* und *Türdichtungen* lassen sich problemlos durch

---

[8] Vasella, 1992; Schule als ökologischer Lernort, Fachtagung 1990

Gummi oder Neopren ersetzen. *Lichtkuppeln* können statt aus PVC aus Glas oder Glasfaser gefertigt sein. Das verlangt meist eine Änderung der Fensterkonstruktion.

Diese und weitere Auswahlkriterien werden in der Veröffentlichung "Ökologie im Bau"[9] anwendungsspezifisch für den Bereich der Ausbaumaterialien diskutiert. Jedes Buchkapitel wird zudem durch eine *Positivliste* ergänzt, die eine Auswahl von Produkten nennt, welche die ökologischen Kriterien erfüllen und auf dem schweizerischen Baustoffmarkt heute erhältlich sind. Wegen der Grösse des Marktes und des ständigen Wechsels im Angebot müssten diese Listen in Zukunft von einem öffentlich kontrollierten Institut vervollständigt und laufend nachgeführt werden.

Bausteine einer ökologischen Strategie

Unsere Baumethoden sind revidiert, wenn ökologisch wirksame Massnahmen routinemässig angewendet und im Sinn einer ökologischen Strategie systematisch in den Planungs- und Bauprozess einbezogen werden. Ansatzpunkte für ökologische Massnahmen liegen auf der Planungs-, Material- und Organisationsebene. Dazu einige Möglichkeiten.

Planungsebene

Ökologische Überlegungen gehören schon an den Anfang eines Projektes. Die ökologischen Schwerpunkte sollten vor Beginn der Detailstudien festliegen und in einem generellen Konstruktions- und Materialbeschrieb festgehalten sein.

Die unterschiedliche Lebenserwartung der verschiedenen Bauteile sollte durch entsprechende Materialwahl aufeinander abgestimmt und die Konstruktion so ausgelegt sein, dass sich alle Bauteile mit einfachen Mitteln erneuern lassen, ohne dass länger haltbare Bauteile abgebrochen werden müssen. Das reparaturfreundliche Haus zeichnet sich aus durch "einfache" Konstruktionen im Sinn von dauerhaft, aber demontierbar, durch eine klare Trennung zwischen den verschiedenen Materialien und Bauteilen und grundsätzlich durch konstruktiven Witterungsschutz (Vordächer), so dass Schutzanstriche erst als sekundäre Massnahme vorzunehmen sind. Für Baukonstruktionen unter ökologischen Gesichtspunkten fehlen zur Zeit noch Arbeitshilfsmittel; die sogenannten Normdetails in den Baukatalogen genügen nicht.

---

[9] Schwarz, 1991

Bei Renovierungs- und Umbauten können BauherrIn und ArchitektIn durch entsprechende Sanierungskonzepte entscheiden, welche Bauteile abgebrochen und welche Einrichtungen ersetzt werden müssen oder sollen. Der Grundsatz "je weniger Abbruch und Ersatz, desto geringer die Bauschuttmenge und die entstehenden Entsorgungskosten" wird ökologisch und ökonomisch noch an Bedeutung gewinnen. Nach einer ETH-Untersuchung über den Gebäudebestand sind 90% der Häuser, in denen die schweizerische Wohnbevölkerung im Jahr 2000 leben wird, heute schon vorhanden. Dieser grosse Gebäudepark muss unterhalten, renoviert und in relativ kurzer Zeit, d.h. in den nächsten 10-15 Jahren, saniert und erneuert werden.

Detailkonstruktionen sollten so geplant sein, dass man weitgehend ohne Kleber und Dichtungsmittel auskommt. Das verlangt häufig mehr Präzision bei der Herstellung der Bauteile (z.B. Fensterbau) und solides Handwerk auf der Baustelle.

Werden haustechnische Installationen zusammengefasst und in Schächten oder an weniger exponierten Stellen wieder auf Putz geführt, bleiben sie für Wartungs- und Reparaturarbeiten jederzeit zugänglich.

Modetendenzen kommen besonders bei Geschäfts- und Büroeinrichtungen zum Zug. Bei solchen Ausbauten geht es häufig um die Verwirklichung kurzlebiger Designideen, ohne Rücksicht auf ökologische Belange. Alles, was starken Modetrends unterliegt, ist verklebt, verleimt oder beschichtet und lässt sich nur mit grossem Energieaufwand und viel Verbundabfall ersetzen. Hier gilt es, einen Mittelweg zwischen architektonischem Anspruch und ökologischen Notwendigkeiten zu finden.

Materialebene

Bei der Bauausführung sollten Materialien verwendet werden, die hinsichtlich Gewinnung, Verarbeitung, Funktion und Beseitigung eine hohe Gesundheits- und Umweltverträglichkeit aufweisen. Für Farb- und Schutzanstriche, für Klebearbeiten (Boden-, Plättli-, Wandkleber, Tapetenkleister) sowie zur Verfugung, Dichtung und Spachtelung sollten, soweit vorhanden, giftklassefreie Produkte zum Einsatz kommen (s. Kriterium *Giftklassefrei*). Dieser Grundsatz lässt sich leichter umsetzen, wenn Baumaterialien wieder ihren Eigenschaften entsprechend angewendet werden und die Materialwahl problemadäquat und nicht von allem Anfang an produktebezogen erfolgt.

Nicht verwendet werden sollten:
- Verbundmaterialien (nach Möglichkeit unbeschichtete, nicht imprägnierte Materialien verwenden, die sich besser entsorgen oder wiederverwerten lassen),
- unter Einsatz von Fluorchlorkohlenwasserstoffen (FCKW, HFCKW) hergestellte Baustoffe, insbesondere Schaumdämmplatten und Ortschäume (s. Kriterium *Ohne FCKW*),
- Produkte oder Bauteile aus PVC (s. Kriterium *Kein PVC*),
- Bauteile aus Tropenhölzern, es sei denn, die Herkunft der Hölzer aus geordneter Plantagen- oder Forstwirtschaft wird eindeutig nachgewiesen.

Ausbaumaterialien oder Bauteile, die mit Formaldehyd hergestellt sind, sollten nicht für grosse Flächen verwendet werden (s. Kriterium *Formaldehydfrei*).

Im Innenbereich sollte auf den Einsatz chemischer Mittel für den *Holzschutz* grundsätzlich verzichtet werden, da in beheizten und gut belüfteten Räumen gar keine Befallsgefahr durch Schimmelpilze oder Insekten besteht. Für den Rohbau und im Aussenbereich sollte der Einsatz auf das notwendige Minimum beschränkt und vorrangig alle konstruktiven Massnahmen ausgeschöpft werden (s. Kriterium *Ohne Wirkstoffe*).

Ob die grossen Reserven beim Bauschuttrecycling umweltverträglich nutzbar werden, hängt vor allem davon ab, ob die *Recyclingprodukte* schadstoffbelastet sind oder nicht. Im Ausland besteht zunehmend die Tendenz, kontaminierte Abfälle in Recyclingprodukte zu mischen, statt sie regulär als Sonderabfall zu entsorgen. Auf diese Weise werden die Baustoffkreisläufe ein weiteres Mal belastet, mit allen unwägbaren Folgeproblemen für den Menschen und die Umwelt. Auf die Verwendung schadstoffbelasteter Recyclingprodukte sollte konsequent verzichtet werden, denn die Abfallprobleme werden damit nicht gelöst, die Gesundheits- und Umweltgefahren aber erhöht. Das Problem für BauraktikerInnen besteht heute darin, dass es ohne Laboruntersuchungen praktisch unmöglich ist, schadstoffbelastete Recyclingprodukte zu erkennen.

Der in der Produktewerbung gern verwendete Hinweis "recyclinggerecht" ist ebenfalls kein zuverlässiges Merkmal bei der Materialwahl. Darunter wird in der Regel nur die Wiederverwertung im ökonomischen Sinn verstanden. Auch bei der Mehrfachverwendung von Stoffen kommt irgendwann der Zeitpunkt, an dem Abfall oder Bauschutt anfällt. Gelingt am Endpunkt der Nutzungsphase die Schliessung des ökologischen Kreislaufes nicht, wird das ganze "Öko-Design" des Produktes fragwürdig. Mit anderen Worten: Unter "recyclinggerecht" darf nicht nur die Wiederverwertung im ökonomischen Sinn verstanden werden, sondern auch die Reintegration in natürliche Kreisläufe am Ende der Nutzungsphase.

Organisationsebene

Der grösste Nachholbedarf auf der Organisationsebene besteht heute beim Erstellen der Leistungsverzeichnisse. Im Normalfall benutzt der/die ArchitektIn als Hilfsmittel bei der Devisierung einen Ausschreibungstext, der sich in der Systematik und im Aufbau am Normpositionen-Katalog (NPK) orientiert. Will der NPK diesen Zweck weiterhin vollumfänglich erfüllen, muss er dem wachsenden Bedürfnis der ArchitektInnen und BauherrInnen nach Häusern aus unbedenklichen Materialien und mit umweltverträglichen Konstruktionen Rechnung tragen. Deshalb sollten die NPK-Texte sukzessive so umgearbeitet und ergänzt werden, dass der/die ArchitektIn sachkompetent und mit relativ geringem Arbeitsaufwand ein Leistungsverzeichnis mit ökologischen Zielsetzungen erstellen kann.

Als momentane Minimallösung sollte in allen Werkverträgen mit UnternehmerInnen und LieferantInnen zumindest der Grundsatz festgehalten sein, dass umweltverträgliche Materialien zu bevorzugen sind. Der nächste Schritt für Werkverträge wären dann verbindliche Vorgaben, die in einem detaillierten ökologischen Materialkonzept festgehalten werden.

Im Hinblick auf einen konsequent ökologisch ausgerichteten Gebäudebetrieb sollte jede Liegenschaft eine Art Gebäudepass erhalten, in dem beispielsweise festgehalten ist, welche Materialien wo verbaut wurden und welche Zusätze im Beton stecken. Bei den heute schon bekannten, problematischen Materialien wären auch die Produkte und der/die HerstellerIn/LieferantIn zu nennen, damit bei der späteren Sanierung Rückfragen möglich sind. Die Stoffverordnung zielt in diese Richtung[10]. Sie schreibt unter anderem vor, dass für neu anzuwendende Stoffe und Erzeugnisse Sicherheitsdatenblätter zu erstellen sind. Darin müssen auch Angaben über die Unschädlichmachung und Beseitigung der Erzeugnisse enthalten sein. Von dieser Vorschrift werden Bauprodukte, die schon heute auf dem Markt sind oder bereits in unseren Häusern "stecken", nicht erfasst. Im Gebäudepass wären auch die Arbeiten für den Unterhalt festzuhalten (z.B. Kontrollgänge statt vorbeugender chemischer Holzschutz, Fassadensockel mechanisch reinigen statt Behandlung mit Algiciden, usw.) sowie Anleitungen für die laufende Reinigung und Pflege des Gebäudes.

---

[10] Verordnung über umweltgefährdende Stoffe 1986

Fazit

Bauökologie ist als Fachwissenschaft noch nicht etabliert. Bauökologische Fragen sind weder an den Hochschulen noch an den Höheren Technischen Lehranstalten oder Gewerbeschulen in die Lehrgänge integriert. Dennoch werden ökologische Fragen in allen Bauberufen immer wichtiger. Die Arbeiten im Workshop haben gezeigt, in welcher Richtung ökologische Zielvorstellungen beim Bauen liegen und welche Massnahmen geeignet erscheinen, um unsere Baumethoden schrittweise zu revidieren. Bei diesem Lernprozess geht es nicht mehr in erster Linie um bautechnische Fragen oder die Erweiterung des technischen Know-hows, sondern darum, dass wir unsere Raum- und die unmittelbar damit verbundenen Lebensbedürfnisse so gestalten, dass bestimmte Formen der Zerstörung durch den Menschen nicht mehr vorkommen.

Literatur

Altstoffmärkte für Kunststoffabfälle in der Schweiz, Hg. Bundesamt für Umwelt, Wald, und Landschaft (BUWAL), Schriftenreihe Umwelt Nr. 147, Bern, Oktober 1991

Energie- und Schadstoffbilanz von Isofloc. Zusammenfassung und Schlussbericht, Bearbeitung Büro Cirsium, Zürich 1991

Entsorgungsfreundliches Bauen. Grobkonzept Abfallwirtschaftliche Vorsorge, Hg. Baudepartement des Kantons Aargau, Abt. Umweltschutz, Aarau 1990

Ersatz von FCKW-113 in der Industrie, Hg. Bundesamt für Umwelt, Wald, und Landschaft (BUWAL), Schriftenreihe Umweltschutz Nr. 111, Bern, Mai 1990

Extensive Dachbegrünungen, Arbeitsbericht 1991, Hg. Schweizerisches Institut für Baubiologie, Flawil 1991

Formaldehyd in Innenräumen - Empfehlungen für den Nachweis und für Sanierungsmassnahmen, Hg. Bundesamt für Gesundheitswesen, Abt. Gifte, Bern 1987

Formaldehyd in Innenräumen, Bull. des Bundesamtes für Gesundheitswesen (BAG) v. 26.3.1987, S. 101-103

Holzschutz im Bauwesen. Richtlinie, Hg. EMPA / LIGNUM, erschienen in: Schweizer Baudokumentation, Blauen, August 1987

Im Einvernehmen mit der Natur. Die Zukunft von Ökologie, Wirtschaft, Gesellschaft, Beiträge aus der Cortona-Woche, Hg. Pier Luigi Luisi, Stuttgart/München (Verlag Bonn Aktuell) 1991

Malen, Spritzen, Kleben ohne Lösemittel. Dokumentation zur GBH-Fachtagung (Gewerkschaft Bau und Holz) vom 12.5.1990 in Fribourg. Bezug: GHB, Abt. Arbeitssicherheit, Postfach, 8021 Zürich

Ökologische Grundlagen und Planungsgesichtspunkte für den Schulbau. Zusammenfassende Thesen und Planungskriterien. Hg. Senatsverwaltung für Bau- und Wohnungswesen, Referat Ökologischer Städtebau, Berlin 1991

Ökoprofil von Holz. Untersuchungen zur Ökobilanz von Holz als Baustoff. Hg. Bundesamt für Konjunkturfragen, Schriftenreihe IP Holz, Bern 1990

Optimieren von Aussenhüllen im Wohnungsbau, Material einer Arbeitswoche am Technikum Winterthur, Abt. Architektur, Dozent H.R. Preisig, Februar 1991 (nicht veröffentlicht)

Picht, Georg, *Der Begriff der Natur und seine Geschichte*, Stuttgart (Verlag Klett-Cotta), 1990 (2. Aufl.)

Rentsch, Christoph, *Das revidierte Montrealer Protokoll: Trotzdem ein Erfolg*, Bull. des Bundesamtes für Umwelt, Wald und Landschaft (BUWAL), H. 3/1990, S. 44-47

Schule als ökologischer Lernort, Fachtagung zum Ökologischen Schulbau, März 1990, Hg. Senatsverwaltung für Schule, Berufsbildung und Sport, Berlin 1990

Schwarz, Jutta, *Ökologie im Bau. Entscheidungshilfen zur Beurteilung und Auswahl von Baumaterialien*, Bern (Haupt Verlag) 1991 (2. Aufl.)

Substitution FCKW-haltiger Wärmedämmstoffe im Hochbau, Hg. Bundesamt für Umwelt, Wald und Landschaft (BUWAL), Schriftenreihe Umweltschutz Nr. 113, Bern, September 1989

Test Dämmstoffe, Öko Test Magazin, H. 4/1992

Umweltauswirkungen von wasserverdünnbaren Farben und Lacken, Hg. Baudepartement des Kantons Aargau, Abt. Umweltschutz, Aarau, Nov. 1990

Umweltbelastungen durch PVC - ein Überblick, Hg. Umweltbundesamt Berlin, November 1991

Umweltbundesamt Berlin, Reihe Berichte 7/89. Bezug: Berlin (Erich Schmidt Verlag) 1989

Umweltfreundliche Beschaffung. Handbuch zur Berücksichtigung des Umweltschutzes in der öffentlichen Verwaltung und im Einkauf, Hg. Umweltbundesamt Berlin, Wiesbaden/Berlin (Bauverlag), 1989 (2. Aufl.)

Vasella, Alessandro, *Die extensive Dachbegrünung aus bauökologischer Sicht*, Schweizer Ingenieur und Architekt, H. 4/1992

Verordnung über umweltgefährdende Stoffe (Stoffverordnung) vom 9.6.1986, mit Ergänzungen, Bezug: EMDZ, 3003 Bern

Verzeichnis bewerteter Holzschutzmittel und Lasuranstrichstoffe, Hg. LIGNUM, Zürich 1991 (alle in diesem Verzeichnis aufgeführten Produkte enthalten Wirkstoffe)

Verzeichnis der bewilligten Holzschutzmittel nach Stoffverordnung, Hg. Bundesamt für Umwelt, Wald und Landschaft (BUWAL), Bern 1991 (alle in diesem Verzeichnis aufgeführten Produkte enthalten Wirkstoffe)

Verzicht auf FCKW-haltige Wärmedämmstoffe, Hg. Amt für Bundesbauten, Erfa-Info Nr. 2/89

Verzicht aus Verantwortung: Massnahmen zur Rettung der Ozonschicht, Hg. Umweltbundesamt Berlin, Reihe Berichte 7/89. Bezug: Berlin (Erich Schmid Verlag) 1989

Wärmedämmstoffe - der Versuch einer ganzheitlichen Betrachtung, Hg. Studentenarbeitsgruppe der Ingenieurschule beider Basel, Muttenz 1989. Bezug: R. Graf, Öko-Energietechnik, Postfach 30, 8714 Feldbach

Wärmedämm-Schaumstoffe: Beispiele mit / ohne FCKW, Hg. Amt für Bundesbauten, Erfa-Info Nr. 3/91

Willkomm, Wolfgang, *Recyclinggerechtes Konstruieren im Hochbau. Recycling-Baustoffe einsetzen, Weiterverwertung einplanen*. Köln (Verlag TÜV) 1990.

Bauherren im Clinch mit ökologischen Forderungen

Martin Vogel

Vorbemerkung

Bevor ich mich mit einem Detailaspekt des Hochbaus, der Umsetzung von ökologischen Kenntnissen in die bauliche Praxis, beschäftige, eine Vorbemerkung:
Es gibt ökologische Wege, aber sie werden nicht begangen. Die Menschheit zeigt
sich nach meinen Beobachtungen zur Zeit ausserstande, auf von ihr verursachte
ökologische Veränderungen angemessen zu reagieren.
Die Hauptursachen des Versagens sind nicht in der Technik zu suchen. Es sind
vorwiegend menschliche, psychologische, soziale und wirtschaftliche Gründe,
welche vernünftiges Handeln im erforderlichen Ausmass verhindern. Wir befinden uns im Zeitalter der Selbstverwirklichung oder der Entsolidarisierung: Die
Bevölkerung in den herrschenden Industrienationen erlebt eine Handlungsfreiheit
- eine kurzfristige und scheinbare Freiheit -, die in Verbindung mit dem
Wohlstand zu einer noch nie dagewesenen Selbstbefriedigung führt; dies auf
Kosten der Umwelt und der Entwicklungsländer.
In dieser Situation sind Vorbilder besonders gesucht. Eine öffentliche Bauherr-
schaft kann sie geben.

Bauherrschaft im Clinch mit ökologischen Forderungen

Was verstehen wir unter ökologischem Bauen?

Ökologisches Bauen ist Bauen mit Rücksicht auf das ökologische Gleichgewicht.
Alle Stoffe, die einmal der "Welt" entnommen werden, werden ihr später - nach
einer bestimmten Gebrauchszeit - in einer bestimmten Form wieder als Abfall zu-
geführt. Die Materialien, die der Welt entnommen werden, sollen möglichst nicht
derart verändert werden, dass sie selber zu Schadstoffen werden oder dass sonst
in den aufgezeigten Kreisläufen Schadstoffe als Nebenprodukte entstehen.

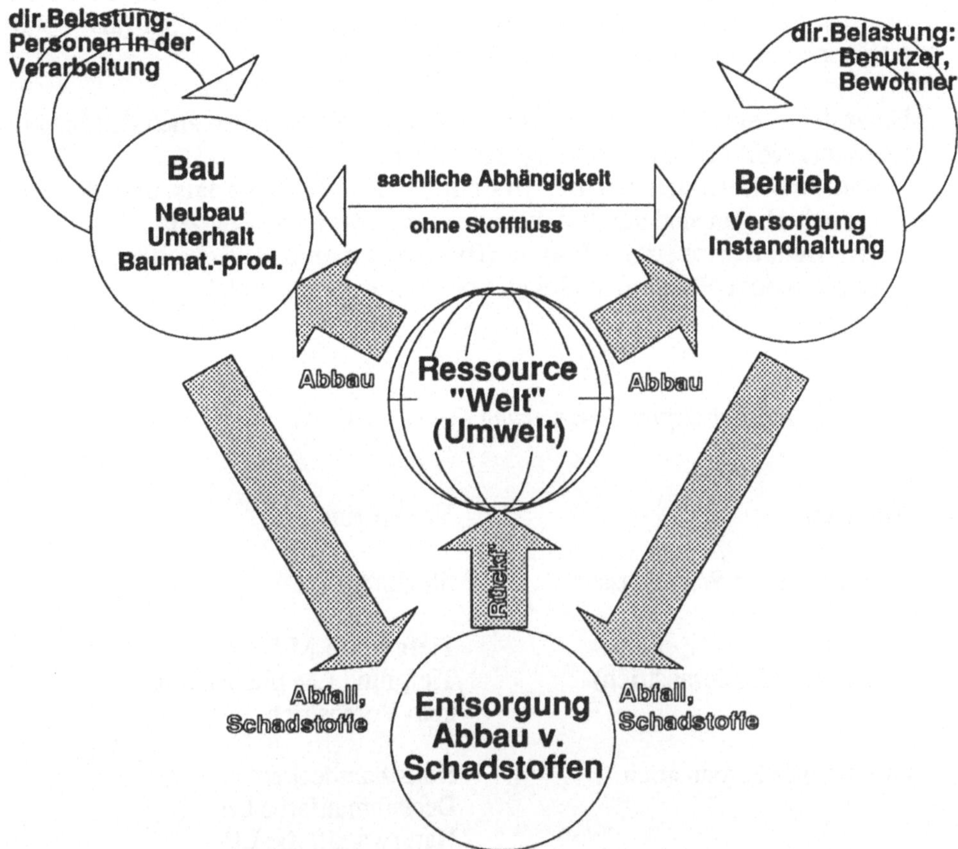

Ökologisches Bauen

- **weniger bauen**
- **Schadstoffe reduzieren (Bau und Betrieb)**
- **keine langsam abbaubaren Schadstoffe**
- **erneuerbare Ressourcen verwenden**
- **keine direkte Belastung von Menschen**

Als Schadstoffe betrachten wir alle Stoffe, die in den auftretenden Konzentrationen das ökologische Gleichgewicht gefährden oder Menschen (als VerarbeiterInnen oder BewohnerInnen) direkt belasten.

Unter dem Begriff "ökologisches Bauen" verstehen wir also auch den Schutz der
Menschen vor direkter Belastung, den Schutz
- von ArbeiterInnen bei der Erstellung des Baumaterials und der Bauten
  (ArbeiterInnen sind durch Arbeitsgesetze teilweise geschützt);
- von BenutzerInnen der Bauten (BenutzerInnen oder BewohnerInnen haben
  gegen Indoor-Polution rechtlich praktisch keinen Schutz).

Einfaches Praxisbeispiel: Erneuerung Deckenanstrich

Variable   **Varianten**

Abwaschen mit Warmwasser   für alle gleich

Voranstrich   Tiefgrund LM farblos
(Tiefgrund / Isolieranstrich)   Tiefgrund LM pigmentiert
                                        kein Voranstrich

zweimaliger Farbanstrich   Kunstharzdeckenmattfarbe LM
                                        Deckenmattfarbe LF
                                        Naturwandfarbe LF

Bei den Malarbeiten wird mit verhältnismässig vielen Schadstoffen umgegangen.
In dieser Arbeitsgattung gibt es im Hinblick auf die Umweltbelastung grosse
Unterschiede. Deshalb ein Beispiel einer Innenrenovation von 100 m^2 Büro-
raumdecke.

Wenn der alte Malgrund richtig bestimmt ist - es handelt sich um eine Gipsdecke,
die mit Leimfarbe gestrichen wurde -, können die verschiedenen Farbsysteme,
die in Frage kommen, aufgestellt werden. Dabei gibt es die folgenden Variablen:

- Reinigung (für alle Beispiele "mit Warmwasser abwaschen" angenommen)
- Voranstrich (es muss bestimmt werden, ob ein Voranstrich überhaupt nötig ist)
- Farbanstrich (Aufbau mit verschiedenen Produkten)

Sechs Varianten 100 m^2 Deckenanstrich auf Leimfarbe

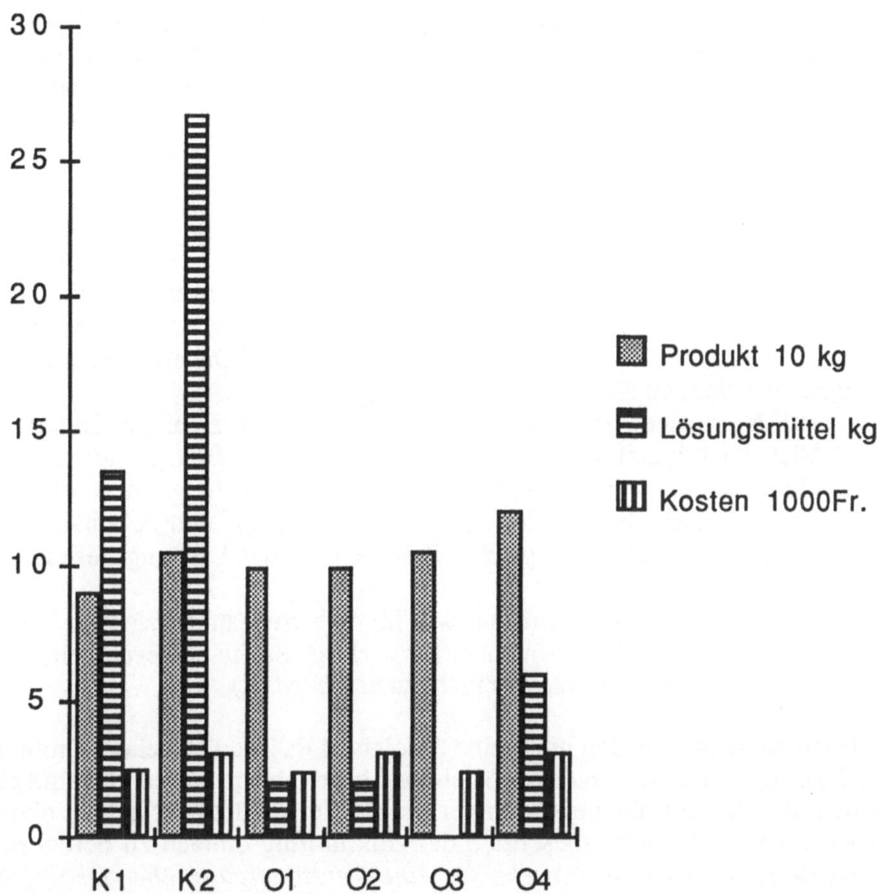

Mit diesen drei Variablen wurden 6 Varianten zusammengestellt, die in bezug auf den Schadstoff "Lösungsmittel" unterschiedliche Resultate ergeben: Auf die 100-m^2-Decke eines Bürogebäudes ergibt sich ein Mehrverbrauch von der besten zur schlechtesten Lösung von ca. 27 kg Lösungsmittel. Wenn ich diesen Wert mit einer Schätzung des Einsparungspotentials für alle inneren Malarbeiten des kantonalen Hochbauamtes Bern in einem Jahr ergänzen darf, heisst dies: Es können 25 t Lösungsmittel pro Jahr eingespart werden. Vom Sonderabfall, der bei der Herstellung dieser 25 t Lösungsmittel entsteht und die Situation noch erheblich verschlimmert, sei hier nicht die Rede.

Besonders bemerkenswert scheint mir an diesem Beispiel, dass MalerInnen mit
der Variante "27 kg Lösungsmittel" neben der grössten Umweltbelastung die
geringsten Fehlerrisiken haben. Sie können mit unbeaufsichtigtem und unqualifi-
ziertem Personal, praktisch ohne Analyse der bestehenden Decke (d.h. ohne
genauere Fachkenntnis), ihren lösungsmittelhaltigen Tiefgrund pinseln und
erreichen mit dieser unachtsamen Arbeitsweise auch noch den höchsten Gewinn.

Zusammenfassung

Das Beispiel zeigt, dass die Entscheidung auf der Einzelbaustoffebene unumgänglich und von bedeutender Tragweite ist. Bei keiner Bauleistung kommt man
um Detailfragen auf der Einzelbaustoffebene herum. Die entscheidende Frage ist
aber, wer sich mit all den Detailfragen abgibt:
- Jede/r einzelne ArchitektIn und VerarbeiterIn für sich; dies ist aufgrund der
  Vielschichtigkeit und Komplexität der Fragen überhaupt nicht möglich und
  nicht sinnvoll, weshalb heute ökologische Fragen oft ignoriert werden;
- eine geeignete Fachstelle, welche Orientierungs- und Arbeitshilfen für die
  Berücksichtigung ökologischer Kriterien bei der Leistungsdefinition bereit-
  stellt;
- Amtsstellen mit Vorschriften (was für eine Vielzahl kurzlebiger Vorschriften
  sicher nicht möglich wäre, aber für wichtige Stoffe und eventuell für die vor-
  gezogene Entsorgungssteuer nicht zu umgehen ist).

Nach meinem Erachten muss eine "geeignete Fachstelle" bei der Problemlösung
einspringen. Es müssen dringend einfach handhabbare Hilfsmittel erarbeitet wer-
den, die den Baufachleuten in der Praxis die Möglichkeit geben, ökologische
Kriterien im Leistungsbeschrieb der Ausführung einfach zu berücksichtigen.
*Heute fehlt uns eine Sprache für eine Verständigung über Ökologie in der
Baupraxis.* Deshalb die Überforderung und die Forderung nach dem ökologisch
durchdachten Leistungsbeschrieb, der die Verständigung zwischen BauherrIn,
PlanerIn und UnternehmerIn ermöglicht.

Dort, wo eine effiziente Hilfe am nötigsten wäre, passiert noch nichts. Besonders
schade finde ich, dass der ab 1990 neu erschienene NPK 2000, der als vielver-
wendetes Standardwerk für alle Arbeitsgattungen auch im Bereich der Ökologie
ein wegweisendes Arbeitshilfsmittel für die Baupraxis sein könnte, sich in
Fragen der Umwelt so neutral verhält, dass z.B. im Heft "Malerarbeiten" Begriffe wie Giftklasse und Lösungsmittel vollkommen ignoriert werden. Wenn man
diese Leistungsbeschriebe durchblättert, steht im Standorttext ein Tiefgrund mit
80% Lösungsmittel gleichwertig neben einem wasserlöslichen Tiefgrund ohne
Lösungsmittel. Mir scheint, man drückt sich hier um eine wichtige und dringend

notwendige Ergänzung dieses Arbeitsinstrumentes von ArchitektInnen. Ist dieser NPK 2000 für eine Welt von gestern geschrieben?

Sucht man hier nach Ursachen der Ignoranz, erkennt man bald, dass es nicht am guten Willen der verantwortlichen Personen im CRB fehlt, sondern dass hier strukturelle Gründe verantwortlich sind. HerstellerInnen und VerarbeiterInnen sind in den Fachkommissionen bestens vertreten: Ihre Interessen werden gewahrt. Die Natur hat keine Interessen- und Berufsverbände, keine AdvokatInnen in diesen Kommissionen und die motivierten Personen - bestenfalls vereinzelte Freiwillige - sind alleine überfordert. *Es braucht unbedingt in allen Fachorganen, welche für das Baugewerbe Normen oder normierende Leistungsbeschriebe erstellen, eine verstärkte Vertretung für die Anliegen der Ökologie, besonders in den Fällen, wo noch kurzfristiges wirtschaftliches Interesse gegen ökologische Vernunft ankämpft.*

Ich fasse nochmals zusammen:
Es gibt vielfältige Schwierigkeiten, die ökologisches Handeln behindern. Auf der Handlungsebene eines Bauamtes als öffentlicher Bauträger zum Beispiel:
- Die *Information* über die ökologische Verhaltensweise fehlt auf der Stufe Realisierung:
  • es gibt noch keine Lösung;
  • die Lösung ist nicht bekannt;
  • es gibt eine Lösung, aber keinen geeigneten Beschrieb der Leistung;
- Es gibt *keine Produkte* auf dem Markt, die den ökologischen Anforderungen entsprechen;
  • gewünschte Produkte sind zu teuer (z.B. weil sie nur im Ausland erhältlich sind);
- *Es fehlen geeignete VerarbeiterInnen*, um erhältliche Produkte richtig anwenden zu können;
- *Menschliches Versagen* bei der Planung oder bei der Ausführung, weil alte Gewohnheiten unüblichen ökologischen Forderungen widersprechen;
- Gegenläufige *wirtschaftliche Interessen* ausführender UnternehmerInnen (diese Tendenz tritt verstärkt bei wirtschaftlichem Druck auf).

Massnahmen eines öffentlichen Bauträgers zur Selbsthilfe
Am Beispiel des Hochbauamtes des Kantons Bern

Um den oben aufgeführten Schwierigkeiten entgegenzutreten, wurden in vielen
öffentlichen Bauämtern Massnahmen ergriffen. Im Hochbauamt des Kantons
Bern z.B.
- die Errichtung einer Fachstelle. Durch diese Massnahmen konnten motivierte
  Personen für dieses Thema mit einem Teil ihrer Kapazität eingesetzt werden.
- Zur Verstärkung und Koordination wurde eine Zusammenarbeit verschiedener
  an ökologischen Fragen interessierter Ämter aufgebaut.
- Entscheidungsgrundlagen: Heute sind neun Ämter von Schweizer Kantonen
  und Städten und verschiedene Fachstellen in der "Gruppe für ökologisches
  Bauen" zusammengeschlossen. Diese unterstützt und motiviert durch die
  Erarbeitung von Grundlagen und Hilfsmitteln sowie durch regelmässige
  Informations- und Weiterbildungsveranstaltungen die MitarbeiterInnen.

Die bisher aufgeführten Massnahmen haben zu vielen positiven Resultaten beige-
tragen. Die Schwierigkeit der Realisierung neuer Verhaltensweisen mit allen an
den Arbeiten in einem Amt Beteiligten ist nicht zu unterschätzen. Im Hochbauamt
des Kantons Bern heisst dies für den Informationsfluss und das Vertragswesen:
- 30 BenutzerInnenstellen in der Verwaltung, die Bedürfnisse formulieren
- 30 ProjektleiterInnen im Hochbauamt
- 200 beauftragte PlanerInnen
- über 3'000 ausführende UnternehmerInnen

Trotz vieler Einzelerfolge blieb ein das gesamte Bauvolumen von ca. 100 Mio.
Franken pro Jahr umfassendes Handeln nach ökologischen Zielen aus. Frei-
williges, umweltgerechtes Verhalten von UnternehmerInnen und ArchitektInnen
bildet noch die Ausnahme. Der Ökologie wird bei Entscheidungen immer noch zu
wenig Gewicht beigemessen. Deshalb hat das Hochbauamt beschlossen, zusätzliche rechtlich verbindliche Hilfsmittel einzuführen.

Die Merkblätter

Der wirkungsvollste Weg eines ökologischen Leistungsbeschriebes konnte
wegen des zu hohen Aufwandes, den der Alleingang eines einzelnen Amtes
erfordert hätte, nicht in Betracht gezogen werden. Man beschränkte sich darauf,
als *provisorische Übergangslösung* für alle wichtigen Arbeitsgattungen *Merkblätter* zu erfassen, die in der rechtlichen Hierarchie vor dem Leistungsbeschrieb
stehen und gravierende, immer wiederkehrende Fehler in den Leistungsbeschrie-
ben übersteuern sollten. Mit solchen Ökomerkblättern als Beilagen zu Leistungs-

beschrieben und Verträgen werden Mängel bei der Realisierung kantonseigener Bauten verhindert.

Zielsetzung der Merkblätter:
- Bessere Umsetzung der Erkenntnisse in die Praxis
- Aufstellen rechtlich verbindlicher Forderungen
- Praxisnahe Formulierung (anwenderInnenorientierte Angaben für jede Arbeitsgattung)
- Aufforderung zum Mitdenken der UnternehmerInnen
- Solidarität in der Verantwortung zwischen Bauleitung und ausführender Unternehmung fördern
- Einfache Nachführung neuer Erkenntnisse

Öko-Merkblatt: Beispiele von Merksätzen

	Material, Baustoff	**Verhaltensweise**
Weisung	Problematisches Material: PVC- Kanalisationsrohre Ersatzmaterial: PE-Rohre, Zementrohre Ausnahme: PVC-Rohre mit Recyclinganteil > 90%	Für die Komponenten von Anstrichsystemen und Vorbehandlungen wird max.ein Lösugsmittelanteil <5% zugelassen. (Ausnahme: Oelemail Lösungsmittel- <30%) anteil < 30%)
Empfehlung	Problematisches Material: Auf Betonzusätze ist zu verzichten. (Dichtung, Frostschutz, Verzögerer,...) Ersatzmaterial: reiner Beton; Zeitplanung berücksichtigen	Es sind giftklassefreie Produkte, aus erneuerbaren Grundstoffen zu verwenden

Ein erstes Ökomerkblatt für Malarbeiten ist heute bereits seit einem Jahr im Gebrauch. Die Erfahrungen sind positiv. Mit der neuen Struktur, die für alle Arbeitsgattungen angewendet werden kann, werden in einer neuen Auflage Ende April 92 drei Merkblätter eingeführt werden (Malarbeiten, BaumeisterInnen-arbeiten, Zimmerarbeiten). Aufgrund der vorbereiteten Daten sollen dann die Merkblätter rasch auf alle Arbeitsgattungen ausgedehnt werden.

Aus zwei Dateien, "problematische Materialien - Ersatzmaterialien" und "Verhaltensweisen", die mit relativ geringem Aufwand nachgeführt werden, können Weisungen und Empfehlungen für alle wichtigen Arbeitsgattungen ausgedruckt werden. Die Struktur erlaubt die rasche Anpassung an neue Erkenntnisse.

Merkblätter: Struktur, Aufbau und Nachführung

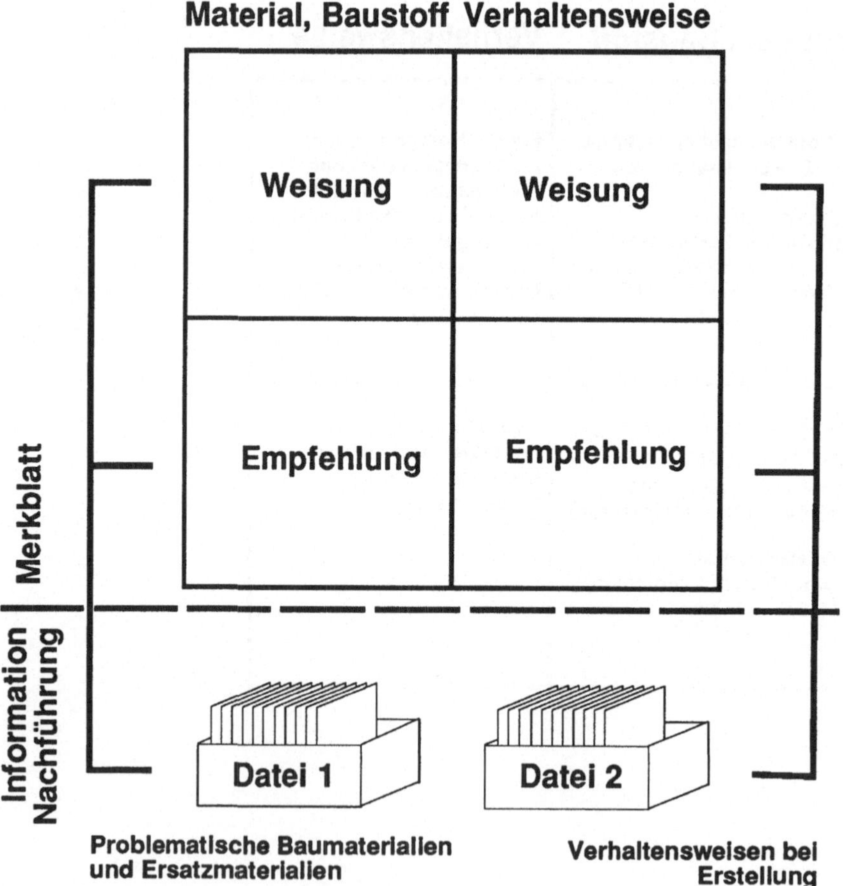

Schaffung geeigneter Hilfsmittel - Ergänzung des Normpositionenkataloges für ökologische Zwecke

Die oben erwähnten Merkblätter können nur eine provisorische Lösung darstellen. Eine definitive Lösung des Problems muss mit ökologisch durchdachten Leistungsbeschreibungen erfolgen. Damit sollte vor allem auch erreicht werden, dass bei der Auswahl von Leistungen ökologisch vorteilhafte Positionen gekennzeichnet sind und damit einfach ausgewählt werden können.

Die Schweizerische Zentralstelle für Baurationalisierung (CRB) ist bekanntlich die Herausgeberin des Normpositionenkataloges der schweizerischen Bauwirtschaft. Die Normpositionen sind präzise Leistungsbeschriebe für die Bauausführung bzw. für die Erstellung und den Vergleich von Offerten. Mit der Unterstützung von EDV können schnell und präzise (NPK = Checkliste & Textbibliothek) alle Bauleistungen effizient und detailliert beschrieben werden.

Wie erwähnt ist in den neuen NPK-Leistungsbeschrieben die Ökologie kaum berücksichtigt worden, obschon sich verschiedene Möglichkeiten angeboten hätten (Ergänzung verschiedener ökologischer Kenngrössen, Ausbau von Reservepositionen, Aufnahme von Suchtiteln und Hinweistexten für ökologische Anliegen usw.). Auch die Möglichkeit, in Reservepositionen ökologische Beschriebe selber erstellen zu können, tröstet nicht über den Mangel des NPK 2000 hinweg.

Wenn der Trägerverein SIA des CRB seinen Mitgliedern in der Leistungs- und Honorarordnung vorschreibt, dass "der Architekt/die Architektin seine Tätigkeit als Vertrauensperson des Auftraggebers/der Auftraggeberin ausübe und dabei aber auch verantwortungsbewusst gegenüber Umwelt und Öffentlichkeit zu handeln habe", sollten auch die nötigen Schritte im Bereich Dienstleistungen für PlanerInnen und ArchitektInnen bereitgestellt werden, um diese Zielsetzungen zu erreichen. Ich sehe deshalb den NPK als Hilfsmittel (zusammen mit dem Bauhandbuch) für die rasche Verbreitung ökologisch vertretbarer Bauleistungen.

Voraussetzungen zu ökologischem Handeln

Quantitativ gesehen sind die bisherigen Fortschritte nur sehr bescheiden im Vergleich zum Ausmass der umweltbelastenden Bauaktivitäten in der Schweiz und zu den weltweit anstehenden Problemen.

Immerhin haben die Aktivitäten der Bauherrschaften mit ökologischen Forderungen bisher mitgeholfen, dass Ökologie in der Baumaterialindustrie und bei
den Ausführungsunternehmungen vermehrt thematisiert wurde:
- durch die Bedeutung ihrer (vor allem öffentlichen) Bauvolumen auf dem
  Markt (alleine die "Gruppe ökologisches Bauen" dürfte ein jährliches
  Bauvolumen von ca. 3 Mia. Franken haben)
- durch die PR-Wirkung von beispielhaften Bauten

6 Punkte zur Vorbereitung des ökologischen Bauens

1. Ich bin überzeugt, dass die öffentlichen Bauherrschaften, die Vorbildcharakter
   haben und Marktimpulse geben können, weiterhin Anstrengungen unternehmen müssen.
2. Arbeitshilfsmittel zur Verarbeitung der zahlreichen und relativ rasch
   veraltenden Informationen sind nötig. Sie müssen sich problemlos in die
   gewohnten, eingespielten Arbeitsabläufe der Bauplanung und Baurealisierung
   einfügen lassen. Der NPK drängt sich als eines der wichtigen Arbeitshilfsmittel für die Leistungsdefinition auf, um für die Praxis eine ökologische
   Orientierungs- und Entscheidungshilfe anzubieten. Ich bin überzeugt, dass
   sich hier Wesentliches verbessern lässt.
3. Der Dynamik des sich rasch verändernden Baumarktes und der neuen ökologischen Erkenntnisse (Änderungen von Anforderungen und Marktangeboten)
   ist mit geeigneten Instrumenten, die einfach angepasst werden können, zu
   begegnen. Diese müssen sich möglichst in übliche Arbeits- und Entscheidungsabläufe einbauen lassen.
4. Es müssen zur ökologischen Beurteilung der Leistungen *neue Kenngrössen*
   eingeführt werden (Anpassung der Leistungsbeschriebe).
5. Die Warendeklaration bei Baumaterialien muss unbedingt vorangetrieben werden und sollte wie bei Lebensmitteln obligatorisch sein. Ohne die Materialzusammensetzungen zu kennen und zu werten, ist ein vernünftiges Handeln
   nicht möglich. Dabei sind einfach verständliche Gütezeichen wünschenswert
   (komplizierte chemische Begriffe und Formeln, die nur von SpezialistInnen
   entziffert werden können, können in der Praxis kaum angewendet werden).
6. Es gibt keine andere Lösung als das *vorausschauende verantwortungsbewusste Handeln*. Die Erziehung zu mündigen Menschen!

Ich komme zurück auf die übergeordnete Ebene: Es ist ja ein Prinzip der
Ökologie, die Gesamtzusammenhänge nicht aus dem Auge zu verlieren. "Die
Frage heute ist, wie man die Menschheit überreden kann, in ihr eigenes
Überleben einzuwilligen." (Zitat Bertrand Russell)

Ethik, Ästhetik und Ökologie

Einleitung

Im Laufe der letzten Jahre sind ästhetische Fragestellungen im weitesten Sinne des Wortes im ökologischen Diskurs immer wichtiger geworden. Es wurde deutlich, dass ethische Appelle und eine ökologische Gesetzgebung allein nicht ausreichen, um die überall gewünschte Trendwende in unserem Naturverhältnis zu erzielen. Ästhetische Fragestellungen sind der Versuch, auf sinnliche und körperliche Erfahrungen der Menschen zurückzugreifen, um ein Verständnis der Mensch-Mitwelt-Beziehungen neu zu gestalten. Dazu gehört auch das Nachdenken über Architektur, Bauen und Wohnen im hier vorgeführten Sinn.

Armin Reller

Ein Rückblick auf den griechischen Tempelbau: Zur Ökologie des Bauens im Spannungsfeld von Ethik, Ästhetik und Religion

Markus Huppenbauer

1. Einleitung

In den letzten Jahren hat mich eine Frage immer wieder beschäftigt. Der baubedingte Landschaftsverbrauch der Schweizer Bevölkerung ist nach wie vor nicht gestoppt. Wie ist das zu erklären, wenn man unser grosses ökologisches Wissen, die vielen ethischen Überlegungen und politisch-moralischen Appelle dagegen hält? Nur wenige SchweizerInnen betrachten Landschaftsschutz als überflüssig. Aber unser Handeln entspricht diesem Bewusstsein nicht. Wie kommt es zu dieser Diskrepanz? Ich vermute unterdessen, dass ökologische Erkenntnisse, ethische Einsichten und entsprechende Appelle allein nicht zur allenthalben gewünschten Umkehr führen.
Ich frage mich, ob das mit der Art und Weise zusammenhängt, mit der ästhetische und religiöse Sachverhalte in unsere Gesellschaft integriert sind. Ästhetik hat es im weitesten Sinn des Wortes mit Sinneswahrnehmung, Religion mit unserem Verhältnis zum Unverfügbaren zu tun. Die meisten Kulturen vor uns hatten ein sinnlich ausgestaltetes Verhältnis zu Bereichen, die den Menschen als unverfügbar galten. Im Gegensatz dazu empfinden heute viele von uns ihr (öffentliches) Leben als entfremdet. Kalte und abstrakte Bürokratien und funktionale Arbeitsabläufe bestimmen, so der Eindruck, unser Leben. Zudem: Das Wissen, welches unserer technischen Weltveränderung zugrundeliegt, abstrahiert vom sinnlichen Leben, ist mathematisch formalisiert.
Zugleich wissen wir heute nicht mehr wie frühere Kulturen, wo wir die Grenze menschlicher Verfügbarkeit ansetzen sollen. Dies hat damit zu tun, dass sich Natur faktisch in grossem Ausmass als manipulierbar und beherrschbar gezeigt hat. Wie also soll der Rekurs auf Natur die Menschen bremsen und zur ökologischen Vernunft bringen können?
Das sind ein paar der Fragen, auf deren Hintergrund ich die Relevanz des griechischen Tempelbaus für eine ökologische Ethik ansiedle.

Ich muss dabei vorausschicken, dass ich kein archäologischer oder kunstgeschichtlicher Spezialist, wohl aber ein Liebhaber, ein Amateur der griechischen Kultur bin.

2. Zur Schönheit griechischer Tempel

Die Griechen haben seit dem 7. Jh. v. Chr. eine grossartige Architektur entwickelt, die nicht den Menschen diente. Im Tempel war ein Standbild des Gottes oder der Göttin aufgestellt. Hier wohnte er oder sie selbst. Tempel und die in ihrem Umfeld praktizierten Rituale und erzählten Mythen gehörten selbstverständlich zur Alltagswelt der griechischen Gesellschaft jener Zeit. Die Religion ordnete Zeit anhand von Zyklen verschiedenster Feste. Die Götter und Göttinnen hielten das Schicksal der Menschen und ihrer Städte in ihren Händen (Orakel wie Delphi). Menschliches Zusammenleben insgesamt war ohne Rekurs auf göttliche Wirklichkeit nicht einmal denkbar[1]: Verträge und Eide, gesellschaftliche Solidarität, staatliche Institutionen und Krisenbewältigung waren eingebettet und geprägt von Religion. - Aber warum baute man einem Gott, einer Göttin ein Haus? Spiegelt sich in den Tempeln nicht bloss der Reichtum und die Macht der herrschenden Oberschicht? Hätte man die dazu investierten Mittel und Energien nicht sinnvoller den Menschen zukommen lassen sollen?
Aber vielleicht müsste man anders fragen: Warum besuchen jedes Jahr Millionen von TouristInnen die griechischen Tempelruinen? Solche oft sehr hinfälligen Trümmerstätten müssen noch heute eine Faszination ausüben, welche unsere Industrielandschaften nicht gewähren. - Diese Faszination geht zunächst durchs Auge, hat also mit ästhetischen Sachverhalten zu tun. Im Gegensatz zu den Wohnsilos unserer Zeit, lieblos hingeklotztem Beton, schmuddelig, wie Krebs an den riesigen Rändern unserer Städte wuchernd, steriler Atmosphäre im Innern, empfinden viele Menschen angesichts der griechischen Tempel ein Gefühl verlorengegangener Schönheit. Aber was ist Schönheit? Ist sie nicht etwas völlig Subjektives und Beliebiges? Warum soll ein Betonwohnblock, ein AKW-Kühlturm nicht schön sein?

In der abendländischen Ästhetik galt als schön, wenn sich das Göttliche in sinnlich wahrnehmbaren Gestalten zeigte. Weil wir nicht mehr wissen, was das Wort "Gott" bedeutet, verstehen wir diesen Satz heute kaum mehr. Aber wir sind immer noch in der Lage, die menschlichen Werke wahrzunehmen, von denen man sagte, sie seien schön. Eben Tempel, dann Statuen, Bilder, Musikstücke, Dichtungen usw. Deren Schönheit hatte im weitesten Sinn des Wortes etwas mit

---

[1] Vgl. Burkert 1977, Kap. V.3. (Zu den Abkürzungen, vgl. das Literaturverzeichnis am Schluss meines Beitrages.)

Harmonie zu tun. Harmonie heisst auf griechisch "Fügung". In der Harmonie
sind verschiedene Elemente (etwa Töne, Steine, Farben, Worte) mit oft widersprüchlichen Qualitäten zu einer Einheit zusammengefügt. Und zwar so, dass -
wie man sagt - die Elemente zu einander passen, ein Ganzes bilden. Harmonie im
europäischen Sinn war das Gleichgewicht in der Spannung von verschie-
denartigen Kräften und Elementen. Solche Verhältnisse wurden seit den Griechen
nach mathematischen Proportionen gestaltet: Regelmässige Rhythmen, Perioden
und Wiederholungen nach oft ganzzahligen Verhältnissen; und dann das
Beziehen des Ganzen auf einen Grundton, ein Grundelement, ein Grundmuster.[2]
Dies sind, etwas grob gesagt, zwei wesentliche Aspekte europäischer Harmonie.
Auch griechische Tempel waren zu solchen Formen zusammengefügt.[3]

3. Zum dorischen Tempelstil

Mir gefällt ein Typ der griechischen Tempel, der dorische, am besten. Man
unterscheidet daneben noch den ionischen und den attischen[4] Typ. Bei den
dorischen Tempeln handelt es sich um rechteckige, kraftvoll gedrungene
Monumentalbauten, die aus strengen Formen vor allem im 6. und in der ersten
Hälfte des 5. Jahrhunderts v.Chr. aufgebaut wurden. Sie wirken aufgrund ihres
oft etwas wuchtigen, additiven Aufbaus weniger elegant und plastisch als die attischen[5] und weniger schmuckhaft und verspielt als die ionischen Tempel.[6]
Für die Zwecke dieses Textes reicht es, sich einen grossen, dreistufigen Sockel
mit einer rundumgehenden Säulenreihe vorzustellen. Letztere umgab eine
abgeschlossene, innen kaum gestaltete Zelle, in der das Götterbild stand. Nach
oben schloss ein flaches Giebeldach den Bau ab. - Auch bei diesem Tempeltyp
geht es um einen spezifischen Ausgleich, also eine Harmonie zwischen Statik
und Dynamik: Zwischen dem Himmelsstrebenden der Säulen und der
Standhaftigkeit der Tempelzelle, zwischen dem Rhythmus der Säulenreihen und
der Geschlossenheit des Tempelinnern. Ausgleich wird gesucht zwischen dem
Tragen der Säulen und dem Lasten des Architravs, zwischen Längsseite und
Giebelfront.

---

[2] Vgl. Vitruv III, I.1, S. 137

[3] Vor allem die attischen, vgl. Gruben 1986, S. 155 und 171. Wichtig ist dabei, dass sich
dieses Gefüge nicht auf die Gesetze der Baustatik reduzieren lässt. Die gelten ja überall auf
der Welt und trotzdem sind die Baukulturen der Menschen verschieden.

[4] Letzterer erst nach den Perserkriegen entwickelt. Vgl. dazu Gruben 1986 S. 154 und 162

[5] Dazu Gruben, 1986, S. 175

[6] Dazu Gruben, 1986, S. 322

Und um ein paar Zahlen zu nennen: Mit seiner Basis von 27.68 x 64.12m (griechisches Mass der Peristasis: 80 x 192 dorische Fuss, was 5 x 12 Jochen entspricht), 6 x 13 Säulen, einer Säulenhöhe von 10.51m (ca. 2 Joche) und einer Sockelhöhe von etwa 3m war der Zeustempel in Olympia (zwischen 470 und 456 v.Chr. gebaut) einer der grössten.[7] Bei ihm war aus einem Grundmass, dem Säulenjoch (=5,22m =16 dorische Fuss), der gesamte Grundriss durch oft ganzzahlige Vervielfachung und Teilung aufgebaut. So betrugen die Aussenmasse der Zelle im Innern 3 x 9 Joche (=48 x 144 dorische Fuss). Oder ein anderes, späteres Beispiel aus der attischen Architektur: Beim Parthenon in Athen sind sehr viele Verhältnisse im ganzen Bau 4:9 festgelegt.[8]

4. Die Autarkie des dorischen Tempels

Wo er auch gebaut wurde, an Berghängen, in Sumpfniederungen, im enggedrängten Stadtgebiet, im offenen Hain, am Küstengestade - als Kunstwerk blieb der dorische Tempel sich im Stil erstaunlich gleich.[9]
Ziel der griechischen Tempelerbauer war es, ein in sich ruhendes, sich selbst genügendes Bauwerk zu errichten. Dorische Tempel grenzten sich durch die Stufen des Sockels, die dichte Säulenreihe und dann die Farben klar von der Umgebung, vom Boden ab. Das ist uns heute, wenn wir die Ruinen besuchen, vielleicht nicht mehr so deutlich. Wir sehen ja bloss die Erosion, den Zerfall der Struktur, also den Rückgang der Tempel in die Natur. Damals aber sah man (um nur ein Detail zu erwähnen) farbenfrohe, rot-weiss-blaue Gebäude in der Landschaft.[10]
Diese Autarkie des Tempels zeigte sich auch in bezug auf die menschlichen BetrachterInnen in der Stadt. Die Tempel, so fasst Benevolo zusammen, "hoben sich deutlich vom übrigen Stadtbild ab, aber nicht so sehr wegen ihrer Grösse, sondern vor allem aufgrund ihrer Lage und ihrer architektonischen Gestaltung. Sie waren in einiger Entfernung von den übrigen Gebäuden an Orten errichtet, die von weither sichtbar waren."[11] Aber, so muss nun ergänzt werden, der einzelne Tempel kennt dabei "keine Rücksicht auf benachbarte Bauten; er kümmert sich nicht um den Betrachter. Weder nutzten seine Erbauer den Reiz perspektivischer Überschneidungen, noch versuchten sie, durch zentrale Zugänge

---

[7] Gruben, 1986, S. 55f.
[8] Gruben, 1986, S. 172f.
[9] Vgl. dazu Gruben, 1986, S. 156f.
[10] Gruben, 1986, S. 44
[11] Benevolo, 1990, S. 96

oder optische Achsen den Bau in einen geformten Platz zu stellen und seine Wirkung auf den Betrachter zu steigern."[12]
Ästhetisch ist nun vor allem festzuhalten: Ein dorischer Tempel ist nie absolut streng in ein Proportionengerüst eingebunden. Und gerade diese Abweichungen machen den Bau lebendig. So etwa findet man Eckkontraktionen: Die Abstände zwischen den Säulen an den Ecken sind kleiner als in den Mitten. Wie wenn sich die Ecken entschärfen würden, um den Inhalt besser zusammenhalten zu können. Und auch wieder in Olympia findet man eine Kurvatur der waagrechten Linien nach oben.[13] Die Säulen sind keine streng geometrischen Zylinder. Sie haben eine leicht konvexe Schwellung, die sogenannte Entasis. Sie wirken wie gespannte muskulöse Glieder, wie wenn sie kraftvoll geladen wären, kurz vor dem Exploit. Nun darf man nie vergessen, dass Tempel Götter und Göttinnen beherbergten. Diese galten als über-, ja unmenschliche, dynamische Mächte. Es gibt eine religionstheoretische Position, die sagt, dass diese Mächte, um den Menschen vor ihnen zu schützen, in Tempel und Statuen gleichsam hinein-gebannt wurden. So hatten die göttlichen Mächte ihren Ort, den sie kraftvoll besetzten und durchdrangen, aber nicht überschritten. Das Ausserhalb gehörte den Menschen als Lebens- und Freiraum.

5. Tempel, Stadt und Landschaft

Da viele berühmte Tempel in Städte integriert waren (Athen, Agrigent, Paestum usw.), muss ich noch ein paar Ausführungen zu den griechischen Städten machen. Ich beziehe mich dabei auf Benevolos "Geschichte der Stadt".
Unabhängige Stadtstaaten, so die These Benevolos, versuchten ihre physische Gestalt durch eine "selbst auferlegte Begrenzung des Wachstums"[14] wohl zu proportionieren.[15] Bei den meisten während der Kolonisierung des Mittelmeeres gegründeten oder besiedelten Städten[16] waren nach innen die Strassenzüge streng geometrisch, rechtwinklig geordnet. Und zwar bei bewusstem Verzicht auf monumentale Ansprüche. Dies passte auch zu den bescheidenen privaten Wohnhäusern der griechischen Stadtbürger.[17] "Die äusseren Grenzen der Stadt dagegen folgten keinem regelmässigen geometrischen Muster; ihr Verlauf passte

---

[12] Gruben, 1986, S. 8

[13] Vgl. Gruben,1986, S. 57 und 174

[14] Benevolo, 1990, S. 164

[15] So Benevolo, 1990, S. 93

[16] Benevolo, 1990 erwähnt Milet, Piräus, Rhodos, Agrigent, Paestum, Neapolis, Olynth usw. (S. 143)

[17] Vgl. Benevolo, 1990, S. 131 und 143

sich dem jeweiligen Gelände an, so dass die bebaute Fläche von natürlichen Hindernissen, z.B. Bergen oder Küsten, begrenzt wurde."[18] Oft schloss die Stadtmauer nicht direkt an die bebaute Fläche an. Das trug dazu bei, den "Kontrast zwischen der Stadt und der sie umgebenden Landschaft zu vermindern und ein Gleichgewicht zwischen beiden herzustellen."[19] Gemäss Benevolo gilt das besonders auch für das nicht geometrisch geplante Athen. Selbst mitten in der Stadt blieben die Merkmale der ursprünglichen Landschaft weitgehend erhalten.[20] Ich habe nun genügend Material gesammelt für eine erste Zwischenüberlegung:

Zur Harmonie der Tempel

Der Tempel zeigte sich wie gesehen gegenüber Mensch und Natur abgeschlossen, er stand für sich. Man könnte nun meinen, das sei doch der Inbegriff der Künstlichkeit. Der dorische Tempel grenzte sich gegen die Natur ab, aber zugleich spiegelte er auch nicht bloss den monumentalen Machtwahn politischer Herrscher wie im Hellenismus.[21] Wofür also standen die Tempel? Für einen Gott, für eine Göttin, hätten die GriechInnen gesagt. Ich hingegen lese an den Tempeln das ab, was Benevolo in bezug auf das Verhältnis von Stadt und Landschaft als Gleichgewicht bezeichnet hat. In diesem Sinn formuliere ich eine erste These:

Tempel sind nicht nur harmonisch aufgebaut, sondern stehen als Ganze für eine Harmonie, d.h. eine zusammengefügte Spannung zwischen Natur und Baukultur. Tempel, so könnte man pointiert sagen, stehen und vermitteln zwischen Natur und menschlichem Lebensraum.

Sie grenzen sich mit ihrer geometrischen Form gegenüber der Landschaft ab und repräsentieren doch zugleich die Dynamik des Lebens mit ihren Säulenrhythmen und den kraftschwellenden und emporschiessenden Säulen. Tempel führen ästhetisch vor, wie Naturdynamik und geometrisch organisierter Gestaltungswille der Menschen in ein Gleichgewicht gebracht werden können. So gesehen sind Tempel Artefakte, welche die Menschen ästhetisch in die Natur integrieren und doch zugleich eine Distanz zur Erscheinung bringen.
Für uns ergibt sich daraus zunächst nichts, was sogleich praktisch umsetzbar wäre. Es stellt sich uns vielmehr die erste Frage:

---

[18] Benevolo, 1990, S. 143
[19] Benevolo, 1990, S. 145
[20] So Benevolo, 1990, S. 107
[21] Vgl. dazu Gruben, 1986, S. 421, dann auch S. 423

Woran könnte es liegen, dass wir aus diesem spannungsvollen Gleichgewicht herausgefallen sind? Hängt das mit den Zwecken zusammen, die wir unseren herausragenden Bauten geben? (Energie- und Geldgewinn)

6. Ethik und Religion der griechischen Gesellschaft im 6. und 5. Jh.v.Chr.: Die Grenzen menschlicher Macht

Es gibt ein Thema, das alle Mythen der griechischen Religion, dann auch noch die griechische Philosophie durchzieht: den Unterschied nämlich zwischen den unsterblichen Göttern und Göttinnen auf der einen und den endlichen, todgeweihten Menschen auf der andern Seite. Um es ethisch zu formulieren: Wo menschliches Leben, gerade auch menschliche Gemeinschaft gelingen sollte, musste es massvoll[22] sein. Also in den Grenzen gewisser Spielräume leben, seine widerstrebenden Kräfte, Emotionen und Begierden zu einem Ausgleich bringen.[23] Dabei waren die GriechInnen in keiner Weise lust- oder körperfeindlich. Im Gegenteil! Sie kannten ekstatische Kulte,[24] liebten den sportlichen Wettkampf und waren überhaupt sehr körperbetont. Gerade im Hinblick auf letzteres ist eine Aussage des römischen Architekturtheoretikers Vitruv für uns von Interesse. Er schreibt in bezug auf den Tempelbau der Griechen: Kein "Tempel kann ohne Symmetrie und Proportion eine vernünftige Formgebung haben, wenn seine Glieder nicht in einem bestimmten Verhältnis zueinander stehen, wie die Glieder eines wohlgeformten Menschen."[25]

Die Griechen waren ungeheuer vital. So brachten sie ja seit dem 8.Jahrhundert einen grossen Teil des Mittelmeeres unter ihre Kontrolle, gründeten viele

---

[22] Vgl. dazu Snell, 1986, S. 157f.: Schon Homer schätzt Besonnenheit und Masshalten. Vgl. etwa seine Darstellung der Zyklopen und des Zorns des Achilleus. Auch Hesiod, gemeinsam mit Homer prägend für die Frömmigkeit der späteren Zeiten, lässt sich hier situieren. "Harmonie, Ordnung, Mass", so Snell 1986, S. 159, "stehen als Ideale der Griechen fest". Und in bezug auf den Tempelbau: "Unter Solon..., 594 zum Archon gewählt, der der Stadt <Athen> nicht nur ihre Gesetze, sondern auch das Ethos des 'rechten Masses' gab und vorlebte, das als innerstes Gesetz der attischen Kunst viel unverbrüchlicher als der attischen Politik eingeschrieben ist, setzt der monumentale Tempelbau auf der Burg ein." (Gruben 1986, S. 153)

[23] Vgl. dazu Nitschke, 1991 nach einer Analyse von Menschenbildern des 5. Jahrhunderts vor Christus: "Auf diesen Bildern streben die einzelnen Teile des menschlichen Körpers auseinander, und dies setzt wieder voraus, dass es eine entgegengesetzte Kraft gibt, die den Körper zusammenhält." (S. 109f.)

[24] Vgl. dazu aber Burkert, 1977, S. 389: Das Ekstatische und Aussergewöhnliche sollte gerade die bestehende, städtische Ordnung bestätigen.

[25] Vitruv III, I.1

Kolonien und entwickelten demokratische Stadtstrukturen. Ihr Reden von den Göttern und das Bauen von Tempeln war aber bis ins 5. Jahrhundert hinein unmittelbarer Ausdruck dafür, dass Menschen nicht allein auf der Welt leben. Dass sie vielmehr von Nichtmenschlichem begrenzt, ja überragt werden. Dass das Mass für das menschliche Leben und Wohnen nicht durch Menschen gesetzt ist, sondern von anderswo kommt. Dass Menschen in einer ihnen überlegenen Ordnung plaziert sind, die sie nur durch Selbstzerstörung überschreiten können.[26] Das galt übrigens auch für die einzelnen Götter und Göttinnen selbst. Sie wurden nicht wie der eine Gott der christlichen Tradition als allmächtige gedacht. - In der griechischen Gesellschaft des hier betrachteten Zeitabschnitts zeigte sich die übergeordnete Macht selbst als massvolle Harmonie. Die Menschen wandten sich ihr durch den Gottesdienst bei dem Tempel, durch Opfer, Ritual, Gebet, Tanz und Festessen sinnlich und existentiell, d.h. ästhetisch zu.

In der Vorhalle des wichtigen Apollontempels in Delphi hiess es: Erkenne dich selbst.[27] Wenn sich selbst erkennen, wie bei den Griechen, heisst, "sich auf das Menschliche zu beschränken und nicht in das Göttliche zu übertreten, so gilt als ausgemacht, dass man Macht und Herrlichkeit der Götter kennt". Die Griechen waren aber Realisten. Sie wussten auch, "dass der Mensch nach ähnlicher Macht und Herrlichkeit <wie die Götter, M.H.> strebt."[28] Dieser Tendenz des Menschen, so könnten wir heute sagen, versuchten die Griechen mit ihrer Ethik und Religion des Masses entgegenzusteuern.

Für unsere Zwecke zentral ist vor allem, wie sich die GriechInnen die Götter und Göttinnen vorstellten. In der Plastik zeigten sich diese in schöner Menschengestalt.[29] Wir neigen deshalb dazu, von Projektion zu sprechen. Aber, so können

---

[26] Vgl. etwa zur Biographie des athenischen Staatsmannes Alkibiades (in der 2. Hälfte des 5. Jahrhunderts) Picht 1990, S. 368ff.

[27] So Gruben, 1986, S. 68. Besonders Apollon, der übrigens zentral auch in einer Giebelfront des Zeustempels in Olympia stand, repräsentierte seit Homer die Distanz zwischen dem Göttlichen und den Menschen (Vgl. Il. 21, 462-6). Aber er verkörperte auch das, was ich oben Harmonie nannte. Schon der griechische Philosoph Heraklit hat die Instrumente des Apollon - Bogen und Leier je für sich und im Verhältnis zueinander - als "gegenstrebige Fügung", eben im Sinne von Harmonie bezeichnet. (Vgl. Burkert 1977, S. 229 und dann Picht 1986, S. 565ff.)

[28] Beide Zitate in Snell, 1986, S. 170

[29] Vor allem wichtig die Monumentalität, das Lächeln und die Schönheit der archaischen Plastik (6. Jahrhundert). Der Schrecken ist hier schon zurückgedrängt, aber der menschliche Körper noch nicht zum Selbstzweck der Darstellung geworden (wie in der zweiten Hälfte des 5. Jahrunderts und später). Vgl. unter dem Titel "De la présentation de l'invisible à l'imitation de l'apparence" Vernant 1988 (S. 339-351): In der archaischen Statue (den *Kouroi* etwa) zeigten sich in der menschlichen Gestalt die göttlichen Qualitäten der Grösse, des Lächelns und der Schönheit. (S. 349) "L'image des dieux qui fixe la statue anthropomorphe est celle des 'Immortels', des Bienheureux, des 'toujours jeunes: ceux qui, dans la pureté de leur existence, sont radicalement étrangers au déclin, à

wir von heute aus sagen, gerade diese menschliche Gestalt der Götter und
Göttinnen war die Bedingung dafür, dass mit ihnen kommuniziert, ein sinnliches
Verhältnis zu ihnen aufgenommen werden konnte. Menschen sich also nicht
selbst als Mass und Mittelpunkt der Welt ansehen mussten. Die Begrenzung
menschlichen Lebens zeigte sich hier nicht nur in Form abstrakter, moralischer
Gebote, sondern in einer Weise, welche den Menschen sinnlich vertraut war:
Man konnte die unverfügbaren Götter und Göttinnen in ihrem Haus aufsuchen
und mit ihnen kommunizieren. Damit wird eine zweite Zwischenüberlegung
nötig:

Zur Harmonie der Götterplastik

Gerade an der Plastik des 6. Jahrhunderts wird aber etwas deutlich, was schon
der homerische Mythos aus dem 8. Jahrhundert wusste: Der Dichter Homer
erzählte von der göttlichen Heiterkeit. Götter und Göttinnen waren vom Ernst
und Elend menschlichen Lebens und Todes unberührt. Religiöse Statuen bilden
deswegen nicht einfach sterbliche Menschenkörper nach. Das Bild, die Plastik
wird unterschieden von der sich darin zeigenden Macht. Göttliche und kosmische
Mächte verkleiden sich vielmehr in Menschengestalt, um sich so den Menschen
sichtbar zu machen. Das Lächeln und die Monumentalität der archaischen Plastik
bringen zum Ausdruck, dass die Götter und Göttinnen den Menschen überlegen
sind: Auch in dieser Plastik wird also der Ausgleich zwischen einer Spannung
gesucht: Der Spannung zwischen der den Menschen vertrauten Form ihres
Körpers und den sich in dieser Gestalt zeigenden, universalen göttlichen
Mächten.

Zweite These:
*Die Griechen nahmen das dem Menschen Vorgeordnete in einer ihnen vertrauten
Gestalt wahr, die aber zugleich transparent war für das damit Unvergleichbare,
den Menschen in jeder Hinsicht Unverfügbare.*

Zweite Frage:
*Wie gelangen wir zu, oder wie stellen wir die Grenzen menschlicher Macht so
dar, dass sie uns "positiv", sinnlich-leibhaft in die Welt integrieren, also nicht nur
negativen Verzicht fordern? Reicht dazu der von Sheldrake vorgeschlagene
Rekurs auf die Heiligkeit der Natur?*[30]

---

la corruption, à la mort." (S. 349) Mit der Entwicklung der meisterlichen Plastiktechnik
im 5. Jahrhundert wurde gemäss Vernant 1988 ein Aspekt immer wichtiger: Das
Kunstwerk werde zur "imitation" des menschlichen Körpers. Der menschliche Körper
bringe nicht mehr in erster Linie die oben erwähnten göttlichen Werte zur Darstellung,
sondern werde um seinetwillen reproduziert. (S. 351)

[30] Vgl. dazu Sheldrake, 1991

7. Götter und die Mensch-Umwelt-Systeme der Griechen

Nun lassen sich die olympischen Götter und Göttinnen nicht direkt auf Phänomene der evolvierenden Natur in unserem Sinn beziehen oder reduzieren.[31] Zeus war mehr als der Gewitterblitz, Demeter war mehr als das Getreidewachstum. Auch die mythisch denkenden Griechen unterschieden in der Landwirtschaft sehr wohl zwischen göttlichen und natürlichen Phänomenen wie Wind, Hitze, Regen. Ökologisch interessant ist für uns heute an dieser Religion die ethische Selbstbegrenzung der Menschen. Es ist nicht einfach, dieser Selbstbegrenzung historisch-empirisch nachzugehen. Einen Hinweis darauf liefert Amouretti, die hat zeigen können, dass das griechische Agrarsystem, religiös eingebettet in die Verehrung Demeters, den mediterranen Klimaverhältnissen sehr gut angepasst war und die Böden fruchtbar erhielt.[32] Zu beachten ist Meiggs' These, dass der griechischen Landwirtschaft der archaischen und späteren Zeit nicht viel Wald geopfert werden musste, weil die entsprechenden Rodungen in den Ebenen schon im Neolithicum stattfanden.[33] Auch hielt sich die energetisch ungünstige Viehzucht in Grenzen.[34] Die Städte gaben sich, wie schon gesagt, bewusst eine relativ kleine und übersichtliche Gestalt.[35] Man wird erst und nur in bezug auf die Seestädte des 5. Jahrhunderts, vor allem mit Athens Wachsen zu einer Seemacht,[36] davon sprechen können, diese seien (energie-) "wirtschaftlich aus dem Lot geraten".[37]

---

[31] Vgl. dagegen Naturgottheiten wie die Nymphen.

[32] Amouretti, 1986, etwa S. 57. Vgl. auch ihre These zu den primitiv genannten Erntetechniken der archaischen Griechen: Durch das Schneiden mit der Sichel hielt sich der Verlust an Getreidekörnern in Grenzen.(S. 76)

[33] Meiggs, 1982, S. 40 und S. 372

[34] Vgl. Murray, 1991, S. 57: Mit "dem Anwachsen der Bevölkerungszahl (als Hesiods Vater ins Oberland zog) wurde die Viehzucht schrittweise zugunsten des Ackerbaus aufgegeben".

[35] Gemäss Benevolo, 1990, S. 93 galten 10'000 EinwohnerInnen als Richtwert für eine grosse Stadt.

[36] Vgl. dazu Meiggs, 1982, S. 121: Athen hatte vor den Persischen Kriegen keine nennenswerte Flotte.

[37] So Debeir/Deléage/Hémery, 1989, S. 64. In diesem Zusammenhang wäre es dann hochinteressant, Pichts Behauptung zu diskutieren, in der Generation vor Platon sei die Unmittelbarkeit der Manifestation des Mythos abgestorben: So Picht 1986, S. 187. Vgl. zu den Gründen Wilamowitz 1984, S. 89. 136, 180, 212-216, 235. In politischer Hinsicht trugen die Grausamkeiten des Peloponnesischen Krieges zur Verletzung der Scheu vor den Göttern bei. (S. 216) Wichtig war auch die Entwicklung der Naturphilosophie mit ihrer Umdeutung der Götter und Göttinnen zu "personifizierten" Naturmächten. (S. 212f.)

Exkurs
Es gab eine Entwicklung, in deren Verlauf die "Seestädte des klassischen Griechenland ... <durch Getreideimporte, M.H.> ihr Energiesystem immer weiter aus dem eigenen Territorium hinaus" verlagerten[38]. Man kann festhalten, dass die "attischen Bauern vom 6. Jahrhundert an von der Subsistenzwirtschaft zunehmend zur Spezialisierung auf den Wein- und Olivenbau" übergehen[39]. Aber dass die "Landschaft des klassischen Griechenland <etwa in Attika, M.H.> deutliche Spuren der Abholzung" zeigt, wie das Debeir/Deléage/Hémery 1989 im Anschluss an Platon behaupten,[40] bedarf der Spezifizierung. Gemäss Meiggs 1982 gilt in bezug auf Athen: "It was probably the expansion of the city in the seventh and sixth centuries that led to overcutting on the nearest mountains."[41] Dazu gehörten der Ägaleos und der Hymettos, aber die Grenze gegen Boötien (mit Parnes und Kithairon) und die Ostküste Attikas (Pentelikon) scheinen immer gut bewaldet gewesen zu sein.[42] Vor allem erstere waren wegen des Transports als Holzquellen kaum erschwinglich. Man wird also sagen können: "On the plains and lowlands of Attica woodlands had to face the competition of agriculture and through the archaic period there was probably an increasing clearance of trees to provide more land for grain crops."[43] Meiggs weist nach, dass man heute insgesamt die Zerstörungen der Mittelmeerwälder durch Griechen und vor allem Römer überschätzt. Der ganze nördliche Mittelmeerbereich war am Ende der Antike, soweit es die klimatischen Verhältnisse zuliessen[44], gut bewaldet.[45] Meiggs führt das auf Transportprobleme, dann aber auch auf religiöse Rituale

---

[38] So Debeir/Deléage/Hémery, 1989, S. 64. Gemäss Meiggs darf man sich aber auch nicht zu grosse Distanzen vorstellen: Erst im 5. Jahrhundert waren vermutlich Brennholzlieferungen aus Euboea nötig. (S. 206) Und zum Bau von Schiffen: "From the late fifth century at least, and throughout the fourth century, there is ample evidence that Athens relied primarly on Macedon for her ship timber." (S. 123 und auch S. 194) Getreideimporte in die ägäischen Städte gab es zwar schon teilweise gegen Ende des 7. Jahrhunderts (Austin/Vidal-Naquet 1984, S. 58), gross angelegt aber erst in klassischer Zeit, also im Athen des 5. Jahrhunderts. (S. 94)

[39] So Debeir/Deléage/Hémery, 1989, S. 64, dann auch Meiggs 1982, S. 190. Zur Zeit Solons exportierte Attika Oliven und Öl. (Meiggs 1982, S. 191)

[40] So Debeir/Deléage/Hémery, 1989, S. 64, mit dem Hinweis auf Platons Kritias, 111C

[41] Meiggs, 1982, S. 189

[42] So Meiggs, 1982, S. 190

[43] Meiggs, 1982, S. 190

[44] "Boetia, Attica, the Argolid, and the southern coast-land of the Peloponnese have poor soils, meagre rainfall, and considerable heat in summers. They can never have produced timber as good as that of the west and the north". (Meiggs 1982, S. 381) Gemäss Meiggs 1982, S. 40 und Amouretti 1986, S. 22f. haben sich die klimatischen Verhältnisse in Griechenland seit der Antike nicht wesentlich verändert.

[45] So Meiggs, 1982, S. 381ff. (inklusive Italien)

und Regeln zurück.[46] Die griechischen Wälder etwa wurden erst mit der Unabhängigkeit Griechenlands und dem Entstehen des Eisenbahnwesens gründlich abgeholzt.[47] (Ende des Exkurses)

Im einzelnen ist es aber immer sehr schwierig, den Zusammenhang solcher Sachverhalte mit religiösen Vorstellungen, Bräuchen oder Institutionen nachzuweisen. Zumal auch die Unterscheidung zwischen blossem Ideal und wirklich Gelebtem nicht immer einfach ist.
Dritte Zwischenüberlegung:

Warum also, so könnte man fragen, rede ich vom griechischen Tempelbau?

Die Frage ist umso verständlicher als sich im Fortschrittstaumel der Industriegesellschaft der griechische Harmoniekosmos aufgelöst hat. Wir bauen nicht mehr für die unsterblichen Götter und Göttinnen,[48] sondern auf die Schnelle und möglichst billig und deshalb funktional. Erklärt das unsere oft hässlich wirkende Architektur? Aber, so meine dritte These:

Die griechischen Tempel mit ihren Göttern und Göttinnen erinnern uns daran, dass waches Weltwahrnehmen und dynamische Gesellschaftsformationen nicht notwendig wie bei uns strukturiert sein müssen: Also in Form grossflächiger Zerstörung von Landschaft durch masslose Baubedürfnisse und -wünsche.

Dritte Frage:
Muss heute nicht jedes noch so ökologische Bauen einfach aufgrund der blossen Masse der Menschen scheitern?

Allerdings darf nicht vergessen werden, dass die Griechen, anders als wir, ausreichend Platz und Macht hatten, um zu expandieren. So gesehen und bei streng fundamentalistischen ökologischen Massstäben sind die Griechen nur Vorläufer der europäischen Expansionsmaschinerie. Der Unterschied zwischen uns und den Griechen wäre dann bloss quantitativer Art. Die Griechen wären einfach noch nicht an die uns heute evidenten räumlichen Grenzen der Landschaftsbesetzung gestossen. Das kann aber bloss ein Aspekt historischer Betrachtung sein. Ich wollte in meinen Ausführungen deutlich machen, dass es auch qualitative, eben ästhetische Unterschiede in der architektonischen Landschaftsgestaltung gibt. Heute kann an diese Ästhetik der Griechen nur noch

---

[46] ebenda 1982, S. 377f.
[47] ebenda 1982, S. 392
[48] Vgl. dazu Vitruv III, I.4, S. 139

erinnert werden. Diese Erinnerung ist deswegen ökologisch relevant, weil seinen zukünftigen Lebensraum nur gestalten kann, wer die Vergangenheit kennt.

8. Ein Ausblick auf den tempellosen Gott des Neuen Testamentes

Nicht nur von den Griechen, auch von unserer anderen grossen religiösen Tradition liesse sich vielleicht ökologisch etwas lernen. Ich denke an den neutestamentlichen Gott, der nicht an einen heiligen Bezirk und an einen Tempel gebunden ist.[49] Das hängt damit zusammen, dass sich eine wichtige biblische Tradition das menschliche Leben als Weg denkt, als ständiges Unterwegssein in eine offene Zukunft. Auch für die Menschen sind so gesehen Bauen und Wohnen nicht das Wichtigste. Dieser Gott begegnet den Menschen in der Bewegung.

Dieser Gott, so könnte man pointiert sagen, war weiter weg von der Natur als die griechischen Götter und Göttinnen, aber dafür näher bei den Menschen. Die olympischen Götter hatten mit menschlichem Chaos, Wirrwarr, Ungerechtigkeit, Dreck und Armut nichts zu tun. Ihr Kosmos war vor allem optisch-räumlich wahrnehmbare Wohlgeordnetheit. Der Gott des Neuen Testamentes scheint dagegen mehr zu den Affekten der Menschen zu sprechen. Er gilt ja auch als Gott der Liebe. Er tritt den Menschen - so wird berichtet - nicht nur an heiligen Orten und Bauten entgegen: Auch bei grösster Hektik, auf engstem Raum und unter Massen von Menschen spricht er gemäss des Neuen Testamentes Worte der Hoffnung, der Gerechtigkeit und des guten Lebens. Auch im Weltuntergang sagt er seine Gegenwart zu.

Nun ist das Neue Testament voll von Stellen, die sagen: Nicht was Du selbst kannst und herstellst, sondern was Dir gegeben wird, ist das Lebensnötige. Leben ist so gesehen etwas Unverfügbares, nicht Herstellbares. Das Neue Testament spricht deshalb nicht von Selbstverwirklichung, sondern von der Würde des Anderen, der Mitmenschen und Mitschöpfung. Es ist davon allerdings nicht die Rede im Sinn grosser politischer Programme oder Utopien. Immer geht es um das Hier und Jetzt, den konkreten Lebensvollzug. Dabei rechnen die neutestamentlichen Autoren ständig mit dem Scheitern der Menschen: Dass wir Mitmensch und -welt sensibel wahrnehmen und behandeln, ist gerade nicht das Selbstverständliche. Das Neue Testament strömt in bezug auf die Menschen einen ernüchternden Realismus aus. Vor allem der ethischen Verfasstheit der Menschen traut es wenig zu. Vielleicht ist es diese Einsicht in die Grenzen menschlicher Handlungsmacht und Programme menschlichen Handelns, die heute der neuen Ästhetik der Natur zugrundeliegen muss. Sich selbst auch im ökologischen Denken und Handeln nicht zu überschätzen: Vielleicht ist gerade dies nötig, um die Sinne und das Denken für Natur offen zu halten.

---

[49] Eine christliche Monumentalarchitektur gibt es erst seit dem 4. Jahrhundert nach Christus.

Literatur

Amouretti, M.-C.: Le Pain et l'Huile dans la Grèce antique. De l'araire au moulin, Paris 1986

Austin, M. /Vidal-Naquet, P.: Gesellschaft und Wirtschaft im alten Griechenland, München 1984

Benevolo, L.: Die Geschichte der Stadt, Frankfurt, 5.A. 1990

Burkert, W.: Griechische Religion der archaischen und klassischen Epoche, Stuttgart 1977

Debeir, J.-C. /Deléage, J.-P. /Hémery, D.: Prometheus auf der Titanic. Geschichte der Energiesysteme, Frankfurt 1989

Gruben, G.: Die Tempel der Griechen, Darmstadt, 4.A. 1986

Homer: Ilias und Odyssee, vollständige Ausgabe, in der Übertragung von H.Voss, mit einem Nachwort von W.H. Friedrich und Literaturhinweisen von F. Schönnagel, München, 4.A. 1985

Meiggs, R.: Trees and Timber in the Ancient Mediterranean World, Oxford 1982

Murray, O.: Das frühe Griechenland, München (4.A.) 1991

Nilsson, M.P.: Geschichte der griechischen Religion, Erster Band: Die Religion Griechenlands bis auf die griechische Weltherrschaft, München 3.A. 1976

Nitschke, A.: Die Mutigen in einem System. Wechselwirkungen zwischen Mensch und Umwelt. Ein Vergleich der Kulturen, Köln 1991

Picht, G.: Kunst und Mythos, Stuttgart 1986

ders.: Platons Dialoge "Nomoi" und "Symposion", Stuttgart 1990

Sheldrake, R.: Die Wiedergeburt der Natur. Wissenschaftliche Grundlagen eines neuen Verständnisses der Lebendigkeit und Heiligkeit der Natur, Bern 1991

Snell, B.: Die Entdeckung des Geistes. Studien zur Entstehung des europäischen Denkens bei den Griechen, Göttingen, 6.A. 1986

Vernant, J.P.: Mythe et pensée chez les Grecs. Etudes de psychologie historique, nouvelle édition revue et augmentée, Paris 1988

Vitruv: Zehn Bücher über Architektur, übersetzt und mit Anmerkungen versehen von C. Fensterbusch, Darmstadt, 5.A. 1991

Wilamowitz-Moellendorff, U. von: Der Glaube der Hellenen, Bd.2, Darmstadt 1984

Ist Ästhetik ökologisch?
Ist Ökologie ästhetisch?

Ueli Schäfer

Als ich im Rahmen des Themas dieser Diskussiosrunde (Ethik, Ästhetik und Ökologie) über Ästhetik nachzudenken begann, tauchten zuerst Bilder aus der Natur auf: Weisse Rehhintern, die im Laubdickicht verschwinden, stark farbige Blumen, die aus dem dunkeln Grün sommerlicher Bergwiesen herausleuchten, strahlende Gefieder mancher Vogelmänner, Enten, Eichelhäher, am auffälligsten Pfauen.

Sparsamkeit scheint nicht der erste Gedanke zu sein, wenn sich die Natur ans Werk macht, höchstens der zweite: Zuerst möchte das Leben vor allem *sein*. Es denkt nicht an das Gleichgewicht zwischen den Lebewesen, an beschränkt vorhandene Ressourcen, an Bescheidenheit. Die Mutation, um in biologischer Terminologie zu dilettieren, ist unreflektiert. Ökologie macht sich erst im zweiten Schritt, in der Selektion bemerkbar. Zu grosse weisse Flächen machen die Rehe zu einer leichter entdeckbaren Beute, grössere Blüten treten in Konkurrenz mit dem Blattwerk, längere Pfauenfedern machen das Fliegen unmöglich.

Viel Erfolg bei der Fortpflanzung heisst auch viel Konkurrenz um die vorhandenen Ressourcen, viel Nahrung für den Fressfeind. Ein Gleichgewicht stellt sich ein zwischen den verschiedenen Lebewesen und ihrer Umwelt, das Gleichgewicht, von dem wir in der Ökologie sprechen. Für die einzelnen Wesen gibt es dieses Gleichgewicht aber nicht. Sie versuchen, so wie wir, für sich das Beste herauszuholen. Erst als Summe sich widersprechender Antriebe und Möglichkeiten stellt es sich ein.

Wenn wir in die andere Richtung schauen, von der Ökologie zur Ästhetik, bestätigt sich der Eindruck, dass die Ökologie primär eine Kritik, nicht ein Antrieb ist. Sie hat in unserer Gedankenwelt und in unserem Alltag Fuss fassen können, ohne sich im geringsten mit Ästhetik kompromittieren zu müssen. Hässlichkeit scheint geradezu ihr Erkennungszeichen zu sein, struppige Bärte, dumpfe Farben, tapsige Schuhe, unordentliche Gärten, hässliche Abfallsammelstellen.

Goretex-Jacken, Deltasegler und Mountain-Bikes andererseits sind knallfarbig: "Sooo geil!", sagt der Insider/die Insiderin.

Ästhetik und Ökologie erscheinen als Antipoden: Die weissen Rehhintern machen die Böcke an, die leuchtend bunten Blüten fördern den Insektentourismus, die farbenprächtigen Vogelmänner lassen die braungrauen Weibchen vor Bewunderung und Ehrfurcht erstarren. Von Vernunft und Mass kann keine Rede sein. Sie kommen erst, wenn es nicht anders geht.

So gesehen ist Ökologie nichts anderes als die Vorwegnahme der Selektion durch Denken. Ist das alles ?

In den letzten zwanzig Jahren habe ich mich intensiv mit ökologischen Themen auseinandergesetzt. Ich war dabei, als die Schweizerische Vereinigung für Sonnenenergie gegründet wurde, habe an der denkwürdigen AGU-Ausstellung "Umdenken - Umschwenken" mitgemacht, habe mitgeholfen, die passive Sonnenenergienutzung zu entwickeln und inzwischen, dank den Bauherren und Bauherrinnen, die mir Aufträge gaben, eine schöne Zahl solcher Häuser gebaut.

Dabei hatte ich nie den Eindruck, mit der Moderne, mit Zivilisation, Technik und Wissenschaft im Konflikt zu sein. Sonnenenergie war im Gegenteil ein Ausweg, um unter geänderten Voraussetzungen - die architektonische Postmoderne war angebrochen - weiter Funktionalist zu sein.

Entwicklungen sind nie gleichmässig und im Gleichgewicht. Sie beginnen an einer Stelle, schaffen Exzesse und Ungleichgewichte, die weitere Entwicklungen nach sich ziehen, und schrauben sich so nach oben, immer mit dem Ziel, mehr und besseres Leben zu ermöglichen.

Im modernen Bauen begann dies mit Glas. Grössere, hellere Räume wurden möglich. Im Winter waren die neuen Räume kalt. Sie mussten mit neuartigen Methoden geheizt werden. Diese neuartigen Methoden verbrauchten viel Energie. Die Häuser wurden isoliert, die grossen Fenster als Energiequelle entdeckt. Weitere Schritte werden folgen. Zuletzt stehen neue, bessere Häuser da, keine Nullenergiehäuser, aber solche, die mit der gleichen Energiemenge, die früher genügte, um die Stube zu heizen, von unten bis oben warm sind.

Auch meine Häuser stehen, wenn sie gut sind, in dieser Spirale. Sie lösen Probleme und schaffen wieder neue. Sie wirken noch stets offen und frei wie moderne Häuser und brauchen dennoch wenig Energie. Die technischen Systeme sind einfach. Exzesse in ihrer Verknüpfung durch Pumpen, Steuerungen und Messeinrichtungen sind nicht notwendig. Aber dem Grunddilemma energie-bewussten Bauens entgehen auch sie nicht: Je besser die Häuser gebaut sind, desto weniger Energie brauchen sie. Und je weniger Energie sie brauchen, desto schwieriger wird es, mit vertretbaren Mitteln weitere Einsparungen zu machen.

Hinzu kommt, dass die technische Verbesserung an leistungsfähigere Materialien, mehrschichtige Konstruktionen, komplexere Strukturen gebunden ist. Welchen Einfluss auf die Umwelt haben sie, bis sie hergestellt, auf den Bau gebracht und eingebaut sind ? Und wie werden sie einmal entsorgt werden ?

Ich glaube, dass wir diesem Kreislauf von Ungleichgewichten und Anpassungen nicht entgehen können. Er scheint mir eine der Ingredienzen für den fort-dauernden Erfolg des Lebens auf diesem Planeten zu sein.

Es mag der Eindruck entstehen, ich hätte um Ökologie und Ästhetik einen Bogen gemacht, und vielleicht trifft er zu. Aber ich werde jetzt darauf zurückkommen:

Ich bin in St. Gallen aufgewachsen. Die Wochenenden und Schulferien verbrach-ten wir meist in einem kleinen Ferienhaus im Appenzellerland, vielleicht dem In-begriff einer ökologischen Landschaft, soviel Ordnung, Mass und Bezogenheit.

Ich erinnere mich, dass ich einmal einen Strassenarbeiter antraf, der, die Pfeife im Mund, mit der Sense die Ränder einer unbedeutenden, chaussierten Alpstrasse zurückschnitt. Als ich vorbeiging, lachte er verlegen und sagte: "S'isch aber au kä luege".

Die an sich unbedeutende Begebenheit ist mir immer im Gedächtnis geblieben. Der ungebildete Strassenarbeiter gab dem angehenden Architekten eine ästheti-sche Erklärung für das, was er, offenbar ohne eigentlichen Auftrag, machte.

Dass ein grosser Teil meiner ästhetischen Wertsysteme vom Kontakt mit der appenzellischen Kulturlandschaft herrührt, war mir immer klar. Dass aber von da eine Brücke zu Ökologie in einem weiteren, kreativen, nicht nur kritischen Sinn besteht, ist mir erst bei der Vorbereitung für diese Tagung bewusst geworden.

Die Vernunft kann uns in ökologischen Fragen gut beraten, sofern die Ursachen und Wirkungen einigermassen bekannt sind und wir sie in einen einsichtigen Zusammenhang zu dem, was wir zu tun beabsichtigen, bringen können. Ist das Wissen aber einseitig und unvollständig, so wird sie uns missleiten, so gut die Absichten auch sind, sofern nicht ein Gefühl für Mass und Schicklichkeit, für Ästhetik möchte ich eigentlich sagen, uns am Übertreiben hindert. Dies gilt für masslose Strassenbauprojekte, in denen der Verkehr sich als Verkehr darstellt und nicht als Verbindung, genau so wie für hypertrophierende Energiesparsysteme, bei denen die Freude am genauen Messenkönnen vergessen lässt, dass das Ziel eigentlich ist, dass es nichts mehr zu messen gibt.

Ästhetik im weitesten Sinne ist es, was unsere primären Antriebe, die Lust auf Erotik, den Drang zu beherrschen, den Wunsch zu umsorgen, zügelt. Besteht nicht eine Diskrepanz zwischen dem blendend weissen Ufer, das ich für zwei Wochen Ferien anpeile, und dem Dreck, den ich auf dem Weg dorthin versprühe, zwischen dem langen Weg von der Bauxiterde zum Aluminiumbarren, zur Büchse, zum wiedergewonnenen Metall und den drei Minuten, während denen das Coca-Cola auf meiner Zunge prickelt? Und ist dieses Missverhältnis nicht eindringlicher, wenn es uns einmal bewusst geworden ist, als alle ökologische Theorie ?

Weil diese Diskrepanzen bestehen, weil unsere Gier, die Erde zu besitzen und zu beherrschen, aber auch unsere Angst davor, sie mit Ozonlöchern und "Global warming" zu zerstören, so massstabslos geworden sind, reden wir, zurecht, andauernd von Ökologie. Wenn wir in beidem, der Gier und der Angst, wieder vernünftiger geworden sind, werden wir es vielleicht Ästhetik nennen.

Jetzt taucht wahrscheinlich die Frage auf, wie ich dazukomme, zwei so unterschiedliche Faktoren, primäres, unreflektiertes Wollen und Mass und Schicklichkeit mit einem Wort, Ästhetik, zu belegen. Ich möchte eine Erklärung nach Form und Inhalt, den Grundelementen jeder Kommunikation, versuchen.

Inhalt der Ästhetik eines Kunstwerks beispielsweise, das uns wirklich bewegt, sind, so scheint mir, jene drei Grundinteressen des Lebens: Erotik, der Wunsch zu lieben und sich zu verbinden, Aggression, der Drang zu trennen und zu beherrschen, und, hier fällt es mir schwer, das richtige Wort zu finden, Hinwendung, das Bedürfnis zu behüten und zu umsorgen.

Ihre Form richtet sich nach den Regeln der Wahrnehmung. Der Goldene Schnitt ist dafür ein gutes Beispiel. In der Theorie ist er eine geometrische Teilung nach einem bestimmten Prinzip, in der Praxis die Auflösung des Widerspruchs, der entsteht, wenn wir zwei Dinge gleichzeitig möglichst gut unterscheiden und dennoch zusammen sehen wollen.

Das Kunstwerk, das nur die Regeln der Form erfüllt, empfinden wir als kalt und leer. Jenes, in dem die Antriebe überhandnehmen, erscheint uns vulgär. Wenn jedoch beides zusammenkommt, können wir uns am Kunstwerk nicht sattsehen.

Jetzt ist das Leben nicht so, dass es diese Höhe der Ruhe und des Ausgleichs erstrebt. Es kann gar nicht anders als stets unausgeglichen und in Bewegung zu sein, da ihm ein Bewusstsein für ein Ziel, das es erstrebt, fehlt.

Wir aber, wenn wir unser Schicksal in die eigene Hand nehmen möchten, müssen dies tun. Als Ausgleich für unser zielgerichtetes Denken und Handeln ist es notwendig. Nicht wegen der Natur, deren Schere "Selektion" auch dann funktioniert, wenn wir nicht damit rechnen, aber wegen uns.

Plädoyer für eine ökomoderne Architektur

Christian Thomas

Die vielkritisierte Moderne

Die moderne Architektur, die Moderne überhaupt, das "Projekt Moderne" ist tot, es ist jahrzehntelang schärfstens und mit vielen guten Argumenten kritisiert und angegriffen worden, und jetzt ist es vorbei mit der Moderne, wir leben in der Postmoderne. Niemand mehr wagt es, einen Bau in klassisch-moderner Tradition hinzustellen, mindestens ein Rundfenster im Giebel oder ein markanter Glas-Erker muss her, um sich von der Moderne zu distanzieren.

Kein guter Faden wird mehr gelassen an der modernen Architektur, auch aus ökologischer Sicht ist die Bilanz der Moderne verheerend, denn die Panorama-Fenster sind grässliche Energie-Fresser, auf Flachdächern kann man keine Sonnenkollektoren sinnvoll integrieren und die Leichtbauweise ist baubiologisch unsinnig.

Der Funktionalismus ist x-fach als reine Propaganda entlarvt worden, die gar nie wirklich eingelöst wurde und auch nie einglöst werden konnte. Ganz besonders im Wohnungsbau wurde in unzähligen Publikationen gezeigt, dass die Idee des Funktionalismus zur gebauten Umweltkatastrophe führen muss[1] und die menschliche Wohnfunktion eigentlich verunmöglicht[2]. Der amerikanische Star-Journalist Tom Wolfe[3] hat die moderne Architektur sogar als konspirative Idee einiger nach Amerika eingewanderter Bauhäusler interpretiert.

Die Moderne wurde auch als "Rationalismus" bezeichnet, und Charles Jencks, der Chronist der frühen Postmoderne, hat die Rationalisten als "Rats" abgekürzt. Exponenten der Moderne haben besonders im italienischsprachigen Raum das Wort Razionalismo als Synonym für moderne Architektur verwendet. Doch ein

---

[1] "Bauen als Umweltzerstörung", Rolf Keller, 1973
[2] "architecture versus housing", Martin Pawley, 1969
[3] Wolfe, 1981

Standard-Vorwurf an die Moderne besagt, dass der bare Verstand vielerorts zur
Seelenlosigkeit, zur grossen Leere verkommen sei.

Alles spricht gegen die Moderne, alle sind gegen die Moderne.

Die Postmoderne, die offen die ästhetische Ideologie der Moderne über Bord
warf, ist von vielen vielleicht da und dort als überspitzt, aber im grossen und
ganzen als Befreiung von der rigorosen "Zigaretten-Schachtel-Architektur" empfunden worden. Jetzt ist alles erlaubt, auch "dürfen" wieder Satteldächer gebaut
werden. Architekten, die noch von der Moderne schwärmen (z.B. Alfred Roth),
werden als kuriose Fossilien gehandelt: kunstgeschichtlich interessant.

Plötzlich wird eine geistige Strömung, die in mancherlei Hinsicht in ihrer Zeit
sehr viel Gutes gebracht hat, von allen KulturkritikerInnen als verdammenswert
hingestellt. Wer muckst gilt als ewiggestrig. Eine solche kulturelle Situation
scheint mir verdächtig, und unvermittelt spüre ich einen Drang zur Verteidigung
der allseits angefeindeten "Ideologie".

Schauen wir erst einmal, wohin uns die Postmoderne eigentlich geführt hat. Was
am Anfang nach einer Befreiung von einem rigiden Schema ausgesehen hat und
oft auch tatsächlich war, erschlägt uns jetzt in einer Wucht von hemmungslosen
Formen, die so etwas wie ein Stadtbild schon gar nicht mehr aufkommen lassen:
Man besuche die Londoner Docklands! Wenn wir in der Moderne die Panorama-
fenster als Energiefresser und die Flachdächer als antiökologisch kritisieren
mussten, so stellen wir fest, dass die postmodernen vollklimatisierten Glaspaläste
noch viel schlimmer sind. Bauen ist zudem teurer geworden, weil alle Normie-
rungen wieder über Bord geworfen worden sind und es praktisch nur noch
Einzelanfertigungen gibt. Funktionieren tun die postmodernen Bauten noch weniger als die modernen, ja sie geben sich kokett mit Absicht antifunktionalistisch.
Und was die Seele betrifft: Ihre Bedürfnisse werden separat von der Arbeits-
Umgebung in neuen Giebeldach-Wohnsiedelungen befriedigt, die sich mindestens so volkstümelnd geben wie der Heimatstil der 30er Jahre - allerdings auf
einer Tiefgarage! In jeder Hinsicht sind wir vom Regen in die Traufe gekommen.

In dieser Situation findet die Debatte über das Thema Ästhetik und Ökologie statt.
Niemand wird jetzt eine fertige ökologische Ästhetik in prächtigen Bildern vorlegen. Das wäre oberflächlich und naiv. Architektonische Bewegungen mit nach-
haltiger Wirkung entstehen nie aufgrund einer ästhetischen Idee. Der Barock ist
auch nicht entstanden, weil einige Leute Schnörkel schön gefunden haben. Bauten sind Ausdruck einer Gesamtkultur. Neue architektonische Bewegungen entstehen dann, wenn sich neue gesellschaftliche Ziele in einer neuen Baukultur zu
manifestieren beginnen. Wenn wir also die Ökologie als neuen gesellschaftlichen
Imperativ in die Baukultur einbringen wollen, so müssen wir uns fragen, wie so

etwas überhaupt geschehen kann. Aus der Postmoderne gibt es in dieser Hinsicht nicht viel zu lernen, denn sie ist nicht aufgrund ideeller Zielsetzungen entstanden, es sei denn die Ablehnung der Moderne sei ein ideelles Ziel.

Wie können wir uns aus der neuen Enge der Moderne-Kritik wieder befreien?

Eine Möglichkeit liegt im Studium der Moderne. Zwar nicht im Studium der von der Bauwirtschaft vereinnahmten Moderne, sondern im Studium der frühen Moderne. Als eine ideelle oder idealistische Bewegung kämpfte sie gegen die Bauwirtschaft an, denn diese - insbesondere die in Verbänden organisierten ArchitektInnen - befürchtete damals, dass es bei Weglassung aller Schnörkel und Ornamente viel weniger zu tun und zu verdienen geben werde.

Die Bewegung der frühen Moderne ist nicht, wie oft angefeindet, einfach die neue Stilrichtung der weissen Kuben[4], sondern die Moderne ist ein Programm der kulturellen Veränderung, eine Synthese der künstlerischen Tendenzen zu Beginn des Jahrhunderts mit den sozio-ökonomischen Erfordernissen der Zeit der Knappheit nach dem ersten Weltkrieg.

Jetzt stehen wir wieder vor einer grossen Herausforderung. Es geht nicht um die Bereitstellung von möglichst viel Wohnraum zur Unterbringung von Millionen von Obdachlosen in West-Europa, denn die Wohnungsnot ist nicht eine Raumnot, sondern "nur" eine Preisnot, weitgehend ein Resultat übersteigerter Landpreise. Es geht vielmehr darum, die Produktion und den Betrieb von Wohn- und Arbeitsraum mit der Ökologie in Einklang zu bringen. Wenn wir bedenken, wieviel Energie laufend für Heizzwecke benötigt wird, ist klar, dass die Ökologisierung der Bausubstanz eine fast so grosse Aufgabe ist wie das Vorhaben, alles neu zu bauen. Es geht jedoch sicher nicht darum, alles neu zu bauen, sondern speziell aus ökologischen Gründen wird sehr viel umgebaut werden müssen. Die Ökomoderne wird eine Baukultur des Umbauens mehr noch als des Neubauens sein. Recycling wird Teil der Ökomoderne nicht nur bei den Gebrauchsgütern, sondern auch in der Architektur sein.

Der Grund, weshalb es angemessen ist, die neue, ökologische Architektur *Moderne* zu nennen, liegt darin, dass die Moderne, abgesehen von einigen obsoleten Stilmerkmalen, ganz wichtige Eigenschaften der Ökomoderne schon

---

[4] sog. internationaler Stil nach Hitchcock/Johnson, 1935

vorweg genommen hat. Ich möchte drei erwähnen und Fundorte für sie in der
frühen Moderne nennen, nämlich

- die Anknüpfung an die natürlichen Ressourcen und an die natürliche Versorgung mit dem Lebensnotwendigen;

- das vernetzte Denken, Einbezug nicht-materieller geistiger Strömungen frei
  von Kirchen und Religionen;

- die Verwirklichung einer Formenwelt, die den Materialien und den Funktionen der Bauteile angemessen ist.

Das Ressourcen-Bewusstsein

Ernst May war der berühmte Baudezernent von Frankfurt in den Jahren 1924-
1929. Unter ihm wurde «Das Neue Frankfurt», das kompletteste und kompro-
missloseste Programm der modernen Architektur und Gestaltung, das auch in der
Breite realisiert worden ist konzipiert, publiziert und gebaut.

Bevor May 1924 nach Frankfurt kam, war er Leiter der «Schlesischen Heimstätte», einer halbstaatlichen Institution zur Förderung des Wohnungsbaus, und
hier musste er unter den widrigen Umständen der Nachkriegsjahre möglichst viel
Wohnraum schaffen. Die Leistungen der Schlesischen Heimstätte sind später
hinter denen des Frankfurter Beispiels verblichen und dann in Vergessenheit geraten, weil Schlesien in Polen zu liegen kam.

May war aber ein Pionier und Praktiker des ökologischen Bauens, denn es fehl-
ten Energie und Rohstoffe für die Baustellen. Es musste mit lokalem Lehm und
mit Holz so gebaut werden, dass möglichst wenig Heizenergie gebraucht wurde.
Das Resultat der Anstrengungen der Schlesischen Heimstätte ist eine ökologische
Proto-Moderne, die bisher kaum bekannt ist, denn sie ist unspektakulär, weil sie
sich nicht wie die Moderne mit ihren Flachdächern laut schreiend von der traditionellen ländlichen Bauweise abhebt, sondern sich vielmehr bewusst integriert.
Praktiken des Lehmbaues wurden rationalisiert, neue Details wurden entwickelt
und es wurde, wie man heute sagen würde, eine "Logistik" des Baumaterial-
Nachschubes entwickelt.

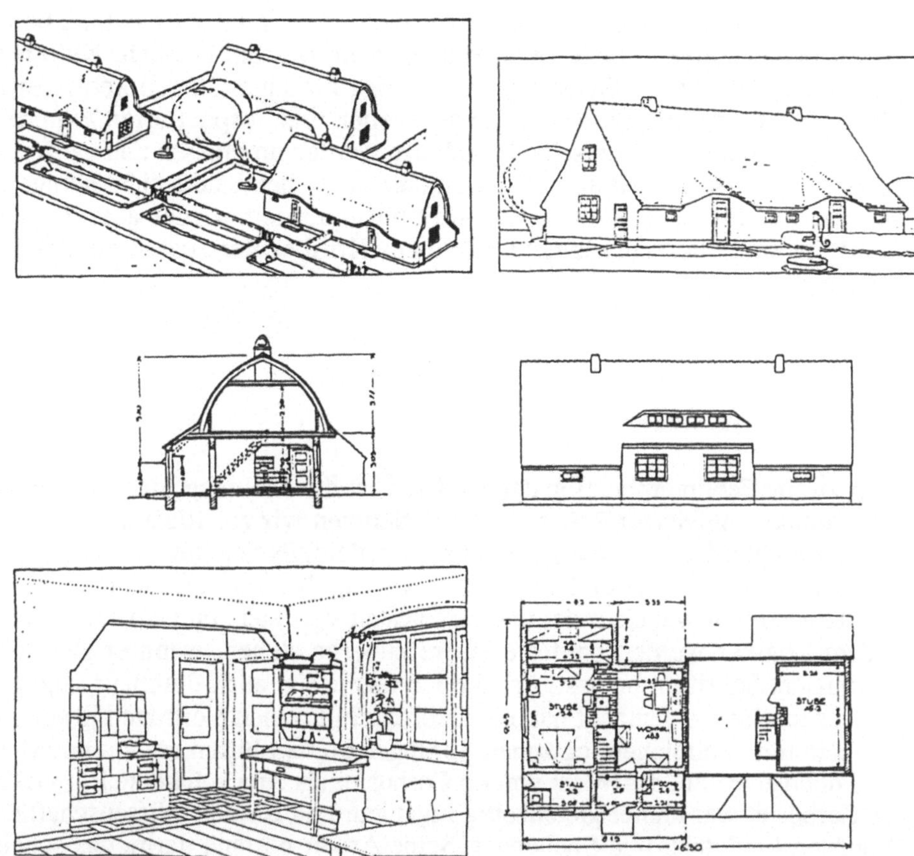

Abbildung 1
Häuschen für Landarbeiter in Schlesien. Projekt der Schlesischen Heimstätte, geleitet von Ernst May.

Sehr wichtig war dem Siedlungsplaner May nicht nur in Schlesien, sondern auch noch in Frankfurt, dass möglichst viele Haushalte einen gut besonnten Hausgarten hatten, in welchem sie das lebenswichtigste Gemüse selbst ziehen konnten. In Schlesien wurde auch Kleintierhaltung eingeplant. May wehrte sich noch lange gegen die Unterbringung von Familien in hohen Wohnblöcken; im Gegensatz etwa zu Walter Gropius verfocht er die Flachbauweise.

Ernst May war nicht nur in Schlesien aufgrund der ökonomischen Not ein Freund von ökologischer Planung und Bauweise. Nach einem Intermezzo in Russland kehrte er unter dem Faschismus nicht mehr nach Deutschland zurück, sondern wanderte nach Afrika aus, wo er eine Farm aufbaute und mit den

Afrikanern ein Dorf gründete. Das war wohl noch eine sehr kolonialistische Angelegenheit, aber er legte keine Plantagen an, sondern vielmehr Kulturen für das Leben der ganzen Gemeinschaft. In den fünfziger Jahren kehrte er nach Deutschland zurück, wo er ein angesehener und respektierter Experte für Planungsfragen war. Doch seine Ratschläge wurden im grossen und ganzen nicht befolgt. Er setzte sich nämlich dafür ein, die deutschen Städte nicht autogerecht, sondern auf öffentliche Verkehrsmittel hin optimiert wieder aufzubauen. So wurde er im Alter vorwiegend zu einem Kritiker der spätmodernen Stadtplanung.[5]

Das vernetzte Denken

Eine zweite Fehlinterpretation der Moderne ist die Meinung, dass die Moderne ein Produkt eingleisiger Rationalität sei. Nehmen wir zur Illustration den wohl bekanntesten aller modernen Architekten, jedenfalls den, über den am meisten geschrieben worden ist und am meisten geschrieben wird: Le Corbusier. Diese schillernde Figur war einer der interessantesten Vertreter von vernetztem Denken. Jedem Logiker werden bald die Haare zuberge stehen, wenn er sich mit Le Corbusiers Schriften befasst, und Le Corbusier hat auch durchaus zugegeben, dass es ihm Spass gemacht hat, das Publikum in seinen Vorträgen jeweils zwei Stunden mit zahlreichen logischen Sprüngen zu verblüffen und zu unterhalten. Und doch erscheint das Werk von Le Corbusier als eine kohärente Entwicklung. Le Corbusier war immer gleichzeitig Ingenieur und Bastler, Wissenschaftler und Künstler, Findender und Suchender. Seine Arbeit bestand darin, das scheinbar Unvereinbare im konkreten Werk zusammenzuführen. Das vernetzte Denken war für ihn nicht ein strukturelles Problem, es ging ihm nicht darum, ein lineares Denken zu bekämpfen, sondern er war ein Praktiker des Denkens. Die Ökologie war damals noch kein Thema wie heute und wir können es ihm nicht übelnehmen, dass er ihr nicht explizite Beachtung geschenkt hat. Sein Denken war allerdings so offen, dass er immer imstande war, neue Aspekte zu integrieren. Als er vom ersten Besuch in Chandigarh zurückkam, wo er eine neue Stadt planen sollte, empfing er seinen Mitarbeiter am Flughafen, der hofft dort unten endlich eine "Ville Radieuse" bauen zu können, doch Le Corbusier sagte sofort: "Wogenscky, dort unten muss man einen ganz anderen Städtebau machen". Worauf dieser fragte, warum, und Le Corbusier antwortete: "Die Leute nehmen am Abend ein Faltbett unter den Arm und schlafen im Freien und sie wollen den Himmel über dem Kopf sehen".[6] Die Städtebau-Entwürfe von Le Corbusier gelten als eine besonders schlechte Leistung der Moderne, doch Le Corbusier hat sie

---

⁵ Details zu Ernst May vgl. Thomas, 1991
⁶ Thomas, 1991, p. 177

nie gebaut, und wo er Städtebau machen konnte, machte er ganz anderen Städtebau als in seinen theoretischen Büchern. Für Le Corbusier gab es keine Möglichkeit, die Vielfalt des Lebens zu vereinfachen, ausser sie einfacher darzustellen als sie ist, doch er selbst war sich immer bewusst, dass die Darstellungen nicht das Leben sind, das er meinte.

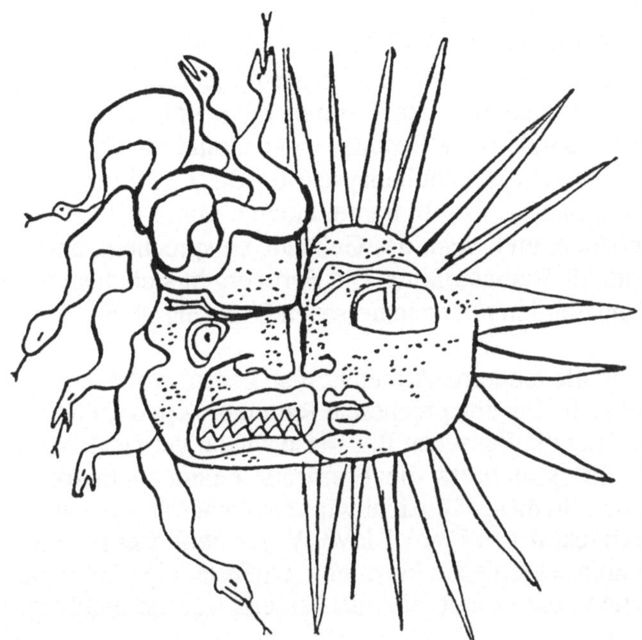

Abbildung 2

*Schlangensonne:
Le Corbusier sah in
wesentlichen Dingen
auch ihr Gegenteil
lauern.*

Auch die theoretischen Regeln, die Le Corbusier selbst aufstellte, hat er nicht rational eingesetzt. Die "Fünf Punkte", die er programmatisch forderte, nämlich die Stützen (pilotis), den Dachgarten, den freien Plan, die freie Fassade und das breite Panoramafenster, beachtete er nur gerade, wenn es ihm passte, das heisst immer bedingt in einem Kontext, oder eben: vernetzt mit den Entwurfs-Bedingungen.

Ganz wesentlich für das, wie man heute sagen würde, 'vernetzte' Denken von Le Corbusier ist auch sein weltanschaulicher Hintergrund. Die Familie Jeanneret, aus der er stammte, war eine alte Katharer-Familie. Auch Le Corbusier fühlte sich diesem alten christlichen Gedankengut sehr nahe, aber er war kein Anhänger einer Kirche. Gegenüber hierarchischem Denken in Opposition zu stehen war alte

Familientradition. Wie sehr sich diese Weltsicht, vernetzt mit theosophischen und anderen Ideen seiner Zeit, in seiner Architektur niedergeschlagen hat, hat Elisabeth Blum in "Le Corbusiers Wege" (1987) näher beschrieben.

Die moderne Formenwelt

Der dritte Punkt ist die Formenwelt. Die Moderne hat, verglichen mit dem Historizismus, den äusseren Formen, vorerst weniger Bedeutung zugemessen, weil sie - in ihren guten Momenten - die Formen nicht vom Äusseren des Gebäudes her komponierte, sondern als Resultat einer Grundriss-Entwicklung sah. Frank Lloyd Wright liefert die Schulbeispiele für diese Haltung mit den Grundrissen für seine Wohnhäuser. Es gibt immer einen bestimmten Ablauf der Funktionen in einem Gebäude, und wenn das Gebäude entsprechend ausgelegt wird, entsteht eine funktionale Raumstruktur. Die Form ergibt sich dann aus der Wahl einer geeigneten Konstruktion mit angemessenen Baumaterialien.

Selbstverständlich ist nicht alle moderne Architektur so gebaut worden, aber bei vielen Architekten findet sich eine entsprechende Raumkonzeption, und die ist durchaus für die Zwecke einer ökologischen Bauweise wieder verwendbar. Auch in der ökomodernen Architektur muss die Form aus einem nicht-formalen Erfordernis heraus entstehen. In dieser Hinsicht wird die Ökomoderne - wenn sie jemals kommt - einer Architektur von Frank Lloyd Wright ähnlicher sein als der Postmoderne, in der die architektonische Form eine eigenständige Variable ist, die sich keinen Vorschriften unterordnet, die mit Ästhetik vorerst nichts zu tun haben.

Bei Wright finden wir übrigens nicht nur die Unterordnung der Form unter die Funktion, sondern - ebenso wichtig - auch die Unterordnung der Form unter das Baumaterial. Wright war ein Baumaterial-Forscher, und er schuf immer wieder neue Formen, um neue Tragwerke in verschiedenen Materialien zu realisieren.

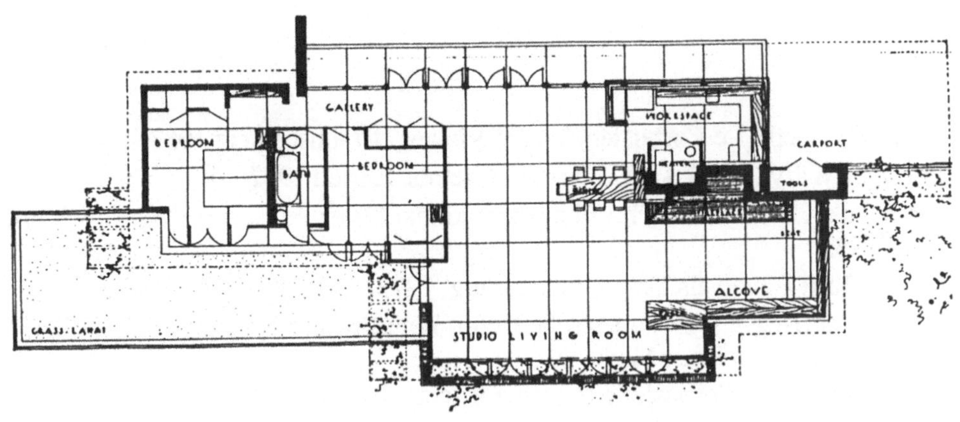

Abbildung 3
Goetsch-Winkler Haus, Okemos, Michigan

Gemeinsamkeiten zwischen Moderne und Ökomoderne

Die hier postulierte Ökomoderne hat mit der Moderne eine grosse Gemeinsamkeit, einen Wesenszug, welcher der Postmoderne oder auch dem Historizismus fehlt. Es liegt ihr ein ideeller, ja moralischer Imperativ zugrunde. In der Moderne lautet er: Jeder Mensch hat Anspruch auf eine menschenwürdige Behausung. Es war das soziale Element der Kultur. In der Ökomoderne lautet der Imperativ: Die Umwelt darf nicht übermässig geschädigt werden. Es ist das ökologische Element der kommenden Kultur.

Historizismus und Postmoderne hatten die Devise: Es ist alles erlaubt, was gefällt. Moderne und Ökomoderne stellen Forderungen auf, die über den Geschmack hinaus gehen und Lebensnotwendigkeiten betreffen. Während Historizismus und Postmoderne je auf ihre Art eklektizistisch sind, indem sie Stil- und Formelemente früherer Architekturepochen in freier Weise neu verwenden, sind Moderne und Ökomoderne Reformbewegungen, die kulturelle Ziele verfolgen, die auch ausserhalb der Architektur liegen. Die Moderne in Frankfurt in den zwanziger Jahren war eine äusserst breite kulturelle Bewegung, die auch alle angewandten Künste wie Grafik und Design, die Musik, den Film und die Körperkultur mit Tanz und Sport umfasste.

Literatur

Blum, Elisabeth: Le Corbusiers Wege; Vieweg, Braunschweig 1987

Boesiger, Willy (Hsg.): Le Corbusier; Artemis, Zürich 1972

Hitchcock, H.; Johnson, Ph.: The International Style; Norton & Co., New York 1932

Keller, Rolf: Bauen als Umweltzerstörung. 1973

May, Ernst (Hsg.): Das Schlesische Heim; Zeitschrift in Breslau, 1920 - 1924, redigiert von Ernst May

Taylor, Brian: Le Corbusier e Pessac, Officina, Roma 1973

Thomas, Christian: Das Verhältnis zwischen Wissenschaft und Kunst in der Architektur; Diss. Nr. 9359, ETH-Zürich 1991

Wolfe, Tom: From Bauhaus to our House; New York 1981

Wright, Frank Lloyd: Schriften und Bauten Langen/Müller, München, Wien, 1963

Wright, Frank Lloyd: The Natural House; Horizon Press, New York 1954

Bildnachweis

Abbildung 1: "Das Schlesische Heim", Septembernummer, S. 228/229

Abbildung 2: Boesiger (Hrsg.): 1972, S. 242

Abbildung 3. Frank Lloyd Wright: The natural House. New York 1954, S.91

Energie und Bauen

Einleitung

Das Bauen und die Nutzung der Bauten stehen in einem engen Zusammenhang mit der Umwelt.

Energie wird benötigt beim Erstellen der Gebäude, diese steckt als "graue Energie" in unserer Bausubstanz. Für Herstellung und Transport der Baustoffe und der vorgefertigten Bauteile werden bei Wohnbauten etwa 1'000 kWh pro Quadratmeter beheizte Geschossfläche (=Energiebezugsfläche EBF) aufgewendet. Weitere Energie benötigen die Bauarbeiten, der Unterhalt, Umbauten und zuletzt der Abbruch.

Für Wohngebäude werden pro Quadratmeter EBF für Heizen und Warmwasser etwa 200 kWh pro Jahr bei Vorkriegsbauten, etwa 220 kWh pro Jahr bei Häusern aus den sechziger Jahren, beziehungsweise rund 100 kWh pro Jahr bei Neubauten, die den derzeitigen Bauvorschriften des Kantons Zürich entsprechen, benötigt. Zusätzlich beanspruchen Licht, Kochen, Waschen und die weiteren häuslichen Aktivitäten nochmals 30 bis 40 kWh pro Quadratmeter und Jahr, zumeist als Elektrizität, seltener als Erdgas.

Die Art der Gebäudegestaltung (Wärmedämmung, Sonnenenergienutzung, Speichervermögen) und die Lebensgewohnheiten können den ganzen Energiebedarf stark beeinflussen.

Auch der Stofffluss im Lebenszyklus eines Gebäudes ist für die Umwelt von Bedeutung. In den Wohnbauten "lagern" 1'000 bis 2'000 kg Baustoffe pro m2 EBF. Bei Umbauten und Abbruch fallen diese zum Entsorgen an und sind nicht immer unbedenklich bezüglich Umweltbelastung.

Jürg Nadig zeigt, wie in seinem Einfamilienhaus mit grossem Anteil an passiver Sonnenenergienutzung nicht nur Heizenergie gespart, sondern mit Fischtanks ein Beitrag zur Nahrungsversorgung der Familie geleistet werden kann.

Ruedi Kriesi ist Initiant und Mitbewohner einer Wohnsiedlung, bei der angestrebt wurde, durch zusätzliche aktive Sonnenenergienutzung mit "null" Heizenergie auszukommen. Er ist sich aber bewusst, dass Energiesparmassnahmen, wie sie z.B. in Null- oder Niedrigenergiehäusern realisiert werden, den Einsatz zusätzlicher Materialien zur Folge haben, die produziert und irgendwann entsorgt werden müssen. Seine Ausführungen gelten deshalb vor allem der Frage, ob das Energieproblem von einem Ressourcen- zu einem Abfallproblem geworden ist, das nach neuen Lösungsansätzen verlangt.

Daniel Spreng, der sich in seiner wissenschaftlichen Tätigkeit lang mit Grauer Energie beschäftigt hat, beschreibt verschiedene Perspektiven, aus denen dieser Begriff erklärt werden kann: die Sicht des Energiehandels, eine biologische Sicht, die technische Energie generell als Graue Energie betrachtet oder die Sicht der Haushaltungen. Dahinter steht das Anliegen, darauf hinzuweisen, dass es mehr als eine mögliche Definition von Grauer Energie gibt und dass Bestrebungen nach einer Standardisierung in diesem Bereich nicht in jedem Fall wünschenswert sind.

                                                                Georg Furler

Solarhaushalt

Jürg Nadig

Der jährliche Energieverbrauch einer vierköpfigen Schweizerfamilie an meist nicht erneuerbarer Energie beträgt für den privaten Verkehr, die Heizung und den Haushalt zirka 40'000 kWh. An erneuerbaren Energien stehen 6 Mio. m^3 Holz pro Jahr als Ertrag der Schweizer Wälder, elektrischer Strom aus Wasserkraftwerken sowie 1 kW pro m^2 an einfallendem Sonnenlicht zur Verfügung. Beim Vergleich der vorhandenen erneuerbaren Energien und dem Verbrauch von nicht erneuerbaren fossilen Energien drängt sich die Frage auf, wie sehr unsere Lebensqualität durch eine Beschränkung des Energieverbrauchs auf 1 m^3 Holz pro Jahr pro Person bei gleichzeitiger Nutzung der Sonnenenergie verändert würde. Die Vorstellung, wie unsere Vorfahren die kalte Jahreszeit im gleichen Raum wie das Vieh zu verbringen, ist kaum erstrebenswert. Der Versuch, die heute verbrauchte Energie eines Vierpersonenhaushaltes allein unter Nutzung moderner Technologien mittels Fotovoltaik zu decken, wäre mit Investitionen von einer halben Million Franken pro Haushalt verbunden, während eine Deckung des Energiebedarfs des Privathaushaltes mittels Holz eine Waldfläche benötigen würde, die doppelt so gross wäre wie die ganze Schweiz.

Ziel des nachfolgend beschriebenen Experimentes war die Beantwortung der Frage, wie sich mittels der zur Verfügung stehenden erneuerbaren Energiequellen haushalten lasse.

1977 beschrieb Barnhart[1] Experimente mit autarken Treibhäusern an der Nordostküste der Vereinigten Staaten, bei denen lichtdurchlässige Polyesterwassertanks als Wärmespeicher und Fischzuchtbecken dienten. Das einfallende Sonnenlicht wärmte das Wasser und führte über die Photosynthese zur Planktonproduktion, welche den Fischen als Nahrung diente. Dadurch wurde die Nahrungskette verkürzt. Die Algen verbrauchten beim Wachstum die Abfallstoffe der Fische. Als zusätzliche Stickstoffspender dienten Küchen- und Gartenabfälle. Diese halboffenen Fischkultursysteme produzierten auf diese Weise mehr verwertbare Nahrungsmittelenergie, als an technischer Energie zum Betrieb der Fischzucht aufgewendet werden musste. Dies stand im Gegensatz zur industriel-

---

[1] Barnhart, E.: Bioshelter Primer. Journal New Alchemists 4: S. 114ff., 1977

len Tierhaltung, die in der Regel mehr Energie benötigt, als letztlich als Nahrungskalorien verwertet werden kann.

Im gleichen Jahr beschrieben Todd und Zweig[2] ein Haus, in dem diese autarken Treibhäuser mit dem Wohnraum architektonisch verknüpft wurden. Angeregt durch diese Ideen wurde versucht, in der Schweiz ein ähnliches Projekt zu realisieren.

Erste Freilandversuche mit Polyesterfischtanks zwischen 1983 und 84 verliefen erfolgreich. Sank die Wassertemperatur aber unter 15° C, mussten die subtropischen Barsche (Sharoteradon aureus) ins Haus gezügelt werden um zu überwintern. 1986 entwarf Ueli Schäfer ein Sonnenenergiehaus, in dem diese Fischtanks als Wärmespeicher integriert waren, wobei die Temperatur nicht unter 15° C sinken durfte. Das Haus sollte zudem Teil eines vernetzten Systems sein, in dem neben dem Wohnen auch die Produktion von tierischem Eiweiss und die Nutzung des Gartens zur Gemüse- und Beerenkultur möglich war. Besondere Herausforderung war die Lage des Grundstückes: Das Zürcher Unterland (Flughafen Kloten) gehört zu den nebligsten Gebieten der Schweiz. Wegen der Nähe zum Städtchen Regensberg bedurfte der Bau zudem einer Bewilligung durch die kantonale Heimatschutzbehörde.

Das Projekt

Wohnen
Beim Sonnenenergiehaus handelt es sich um ein Einfamilienhaus, gebaut mit Ortbeton, Kalksandstein und Holz, mit Ziegeldachung und Holzfenstern. Für die Isolation wurde Polistyrolisolation (10-20 cm) bei schweren, Glaswolle (16-20 cm) bei leichten Aussenbauteilen verwendet. Die Sonneneinstrahlung wird passiv genutzt durch südwestgerichtete Fenster und einen Fensterkollektor. Sie wird im Wohnraum, im zentralen Wintergarten und in den lichtdurchlässigen Wassertanks direkt genutzt. Die konvektive Nutzung erfolgt durch einen von Solarzellen getriebenen Gleichstromventilator, der Warmluft aus dem Fensterkollektor in die Umfassungswände und den Boden eines Schwimmbeckens im Wintergarten, das wie die Fischtanks als Wärmespeicher dient, abgibt. Die Holzzentralheizung wird von einem gemauerten Ofen mit Register im Wohnraum betrieben. Eine 3-kW-Solarzellenanlage auf dem Hausdach mit einem Umwandler speist Wechselstrom ins Ortsnetz.

---

[2] Todd, J.: Bioshelter. Journal New Alchemists 4: S. 85ff., 1977

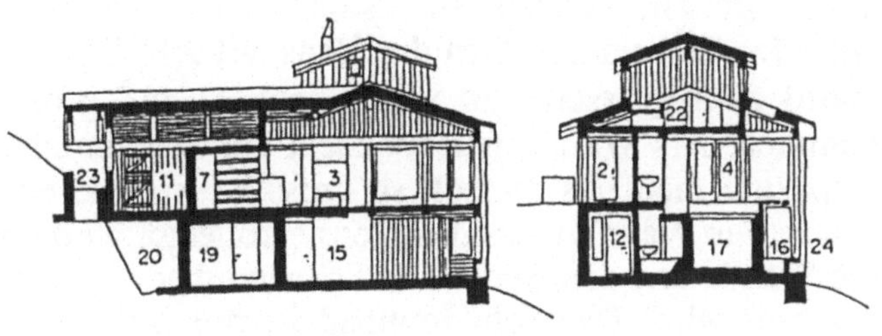

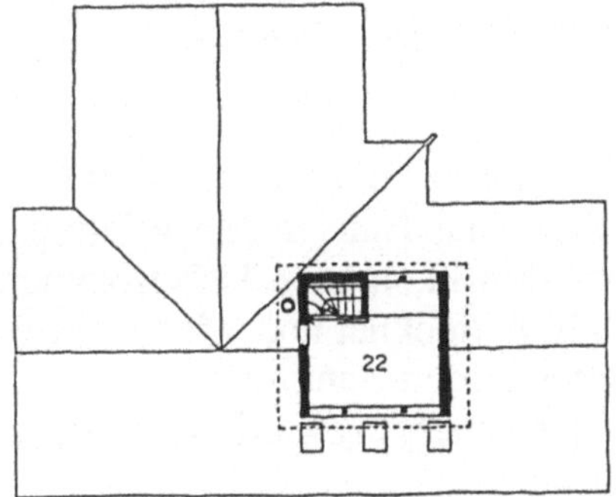

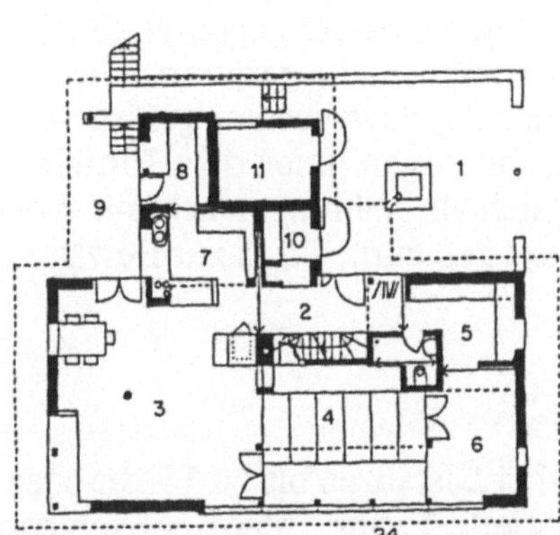

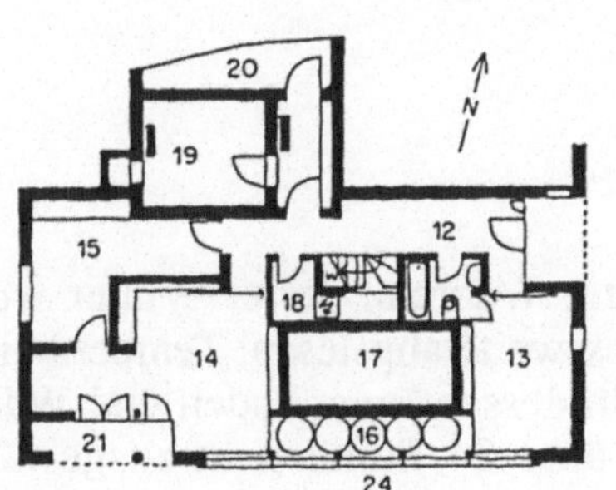

Abbildung 1

Plan des Sonnen-energiehauses

Zentrum des Hauses ist ein heller Wintergarten, an den alle Wohnräume angrenzen. Die K-Werte der Grenzflächen sind so bestimmt, dass die Wintergartentemperatur nicht unter 15° C absinkt, sofern das Haus auf 20° C beheizt wird. Die Südfassade wird zum grossen Teil von einem 31 m^2 grossen Fensterkollektor eingenommen. Als Wärmespeicher dient ein Schwimmbad, dessen Wärmespeicherkapazität mehr als doppelt so gross ist wie die eines entsprechenden Geröllkoffers. Die Warmluft aus dem Fensterkollektor wird über ein Luftrohrregister in die Wände und den Boden des Schwimmbades geleitet, wodurch das Wasser erwärmt wird. Das Schwimmbad ist mit isolierenden Platten abgedeckt und so begehbar. Unmittelbar hinter der Südfassade sind fünf Wassertanks plaziert, die sowohl als Wärmespeicher als auch als Fischzuchtbecken dienen.

Zur Raumluftentfeuchtung saugt der Ventilator eines standardmässigen Wärmepumpeboilers die Luft von aussen durch das Haus in den Wintergarten und die angrenzenden Sanitärräume und von dort in einen Wäschetrocknungsraum, wo sie im Wärmepumpeboiler gekühlt, getrocknet und wieder ins Freie geblasen wird. Zudem sind die Lichtschalter in den Sanitärräumen mit dem Wärmepumpeboiler verbunden und erlauben eine energiegewinnende Lüftung.

Das Wasser für die Fischtanks wird in einem Regenwasserspeicherbecken hinter dem Haus gesammelt und von dort bei Bedarf in die Fässer gepumpt. Die Fische werden mit Grasmehl, Gartenabfällen und Rasenschnitt gefüttert. Die Fischausscheidung düngt das Wasser, wodurch das Algenwachstum gefördert wird. In den lichtdurchlässigen Fässern wachsen die Algen unter dem Einfluss des Sonnenlichts und dienen den Fischen zusätzlich als Nahrung. Nach 6-8 Wochen wird das nährstoffreiche Wasser in den Garten gepumpt, wo es zur Bewässerung und als Dünger dient.

Verkehr
Die Fortbewegung erfolgt mit dem Fahrrad bei Distanzen bis zu 15 km oder mit den öffentlichen Verkehrsmitteln. Für spezielle Fahrten steht bei schlechten öffentlichen Verbindungen ein Auto zur Verfügung.

Resultate

Seit Sommer 1987 wird das Haus bewohnt. Während dreier Winter wurden täglich zwischen 7.30 Uhr und 8.30 Uhr Messwerte abgelesen: Temperaturen in den Fischtanks, im Schwimmbecken und in dessen Betonboden und Wänden, minimale und maximale Lufttemperatur über 24 Stunden in ausgewählten

Räumen und im Freien sowie der tägliche Brennholzverbrauch. Dazu wurde der Wetterverlauf notiert. Gleichzeitig wurde der Energieverbrauch für private Autofahrten gemessen. Nicht eruierbar war der Verbrauch an Energien durch die Benutzung von öffentlichen Verkehrsmitteln.

Ergebnis dieser Messungen sind Tabellen der Gebäude- und Energieverbrauchsdaten. Die mittlere Energiekennzahl für Heizung allein liegt bei 150 MJ/m a, für Heizung und Elektrizität bei 220 MJ/m a.

Projekt		1986
Bau		1986/87
SIA	m^3	1140
Preis	Fr./m^3	571.60
davon: Anteil SE	Fr./m^3	35.- (ohne Schwimmbad)
BewohnerInnen		3
konvektiver Gewinn:		
Koll.fläche, netto	m^2	31
Speicherinhalt	kWh/°C	24
Speicherinhalt/m^2 Koll.	kWh/°C m^2	0,76
Max. Speichertemp.	°C	29,5
direkter Gewinn		
Südfenster, netto	m^2	7
Ost-/Westfenster	m^2	14
Gebäudespeichermasse	kWh/°C	20
Speichermasse, total	kWh/°C	44
Speicherm./m^2 Südglas	kWh/°C m^2	1,2
Speicherm./m^2 EBF	kWh/°C m^2	0,2

Tabelle 1
Gebäudedaten

Heizperiode		1988/89	1989/90
Energiebezugsfläche EBF	m2	230 (inkl. Wintergarten)	
E-Heizung	MJ/m^2a	183	115
E-Jahr	MJ/m^2a	244	183
Höhe über Meer	m	500	
HGT (eff. RT/AT)	°Cd	3200	2'800
Mittl. Temp. Wohnraum	°C	19	18,5
Mittl. Temp. Wintergarten	°C	19	19
Mittl. Temp. Haus	°C	18,5	18,5
Wärmeleistungsbedarf	W/m^2 EBF °C	1	
Wärmebedarf	kWh/p	17'500	15'500
Holzleistung	kg/p	2'721	1'716
Feuerwirkungsgrad		0,7	0,8
Heizenergie, netto	kWh/p	8'200	5'900
Innere Wärmequellen	kWh/p	1'600	1'600
Sonnenenergie	kWh/p	7'700	8'000
Sonnenenergie-Anteil	%	44	52
Heizenergie-Einsparung	%	49	58

Tabelle 2
Energieverbrauchsdaten: Heizperiode (p) 1988-89, 1989-90 (für Vergleichswerte siehe "Schweizer Ingenieur und Architekt", Heft 43/1986, S. 1075)

Der Heizbetrieb beginnt Mitte November, wenn erstmals Speichertemperaturen unter etwa 22° C, Aussentemperaturen unter 5° C und eine längere Schlechtwetterperiode zusammentreffen. Er endet wieder bei einer Aussentemperatur um 5° C, wenn mehrere Schönwettertage die Speichertemperatur auf über 20° C angehoben haben. Im Winter 88/89 war dies Mitte März, 1989/90 Mitte Februar der Fall. Anders als im Herbst gibt es im Frühjahr jeweils noch einige Heiztage ausserhalb der eigentlichen Heizperiode bei kühlem Wetter und länger dauernden Schlechtwetterperioden.

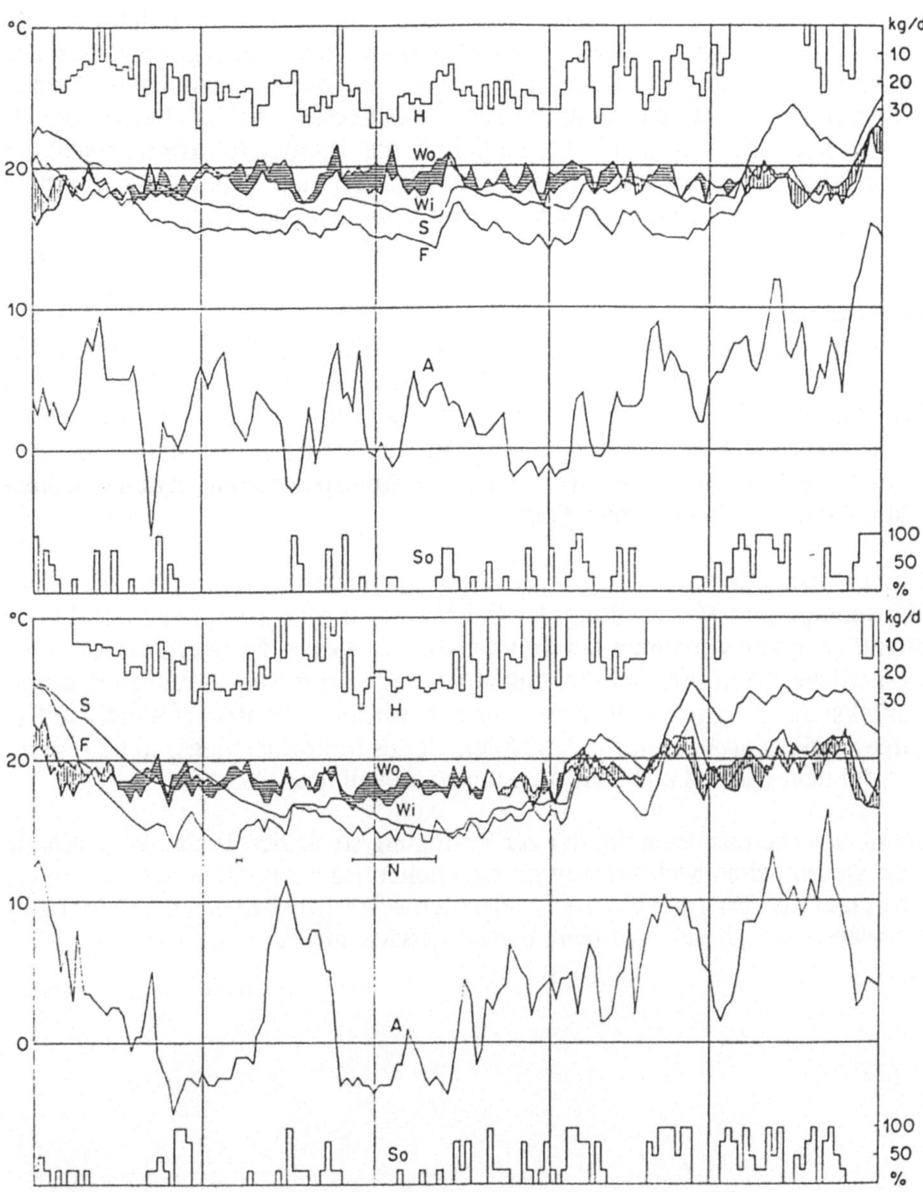

Abbildung 2
Tagesmitteltemperaturen, Holzverbrauch und Sonnenscheindauer vom 1. November bis zum 31. März 1988/89 und 1989/90. H: Holzverbrauch (kg); Wo: Wohnraum (° C); Wi: Wintergarten (° C); S: Schwimmbad (° C); F: Fischtank (° C); N: sporadisches Nachheizen der Fischtanks mit dem WP-Boiler; A: Aussentemperatur (° C); So: Sonnenscheindauer in %.

Die Aufzeichnungen bestätigen die Zielsetzung bei der Projektierung: In der Übergangszeit wird mit den Speichermassen des Wintergartens das Haus temperiert. Im Winter werden mit dem vom Holzofen geheizten Haus der Wintergarten und die darin befindlichen, entsprechend noch kälteren Speichermassen temperiert. In den Diagrammen ist die Temperaturdifferenz senkrecht schraffiert, wenn die Wärme vom Wintergarten zum Wohnraum fliesst und waagrecht, wenn sie vom Wohnraum zum Wintergarten fliesst.

Folgerungen
Die Hauptlast der Energieeinsparung trägt die Wärmeisolation. An zweiter Stelle folgen die grossen an der Süd- und Westfassade plazierten, nicht verschatteten Fenster, die während der Heizperiode nachts durch innere Isolierläden auf K-Werte von rund 1 W/m^2 K gedämmt werden. Erst an dritter Stelle kommt das eigentliche Sonnenenergiesystem mit der Wärmespeicherung in den Fischtanks und im Schwimmbecken zum Tragen.

Durch Einschränkungen des privaten Motorfahrzeugverkehrs auf das absolut Notwendige und Verwendung des Fahrrades für Distanzen bis zu 15 km und öffentlicher Verkehrsmittel bei weiteren Strecken kann der Energiekonsum ohne wesentliche Komforteinschränkung auf wenige Liter Benzin reduziert werden. Berücksichtigt man zur Berechnung der mittleren Fahrgeschwindigkeit die aufgewendete Arbeitszeit für den Unterhalt des Motorfahrzeugs, so bewegt man sich mit dem Fahrrad und dem Auto gleich schnell (ca. 20 km/h).

Somit ist es bereits heute mit der zur Verfügung stehenden Technologie möglich, ohne wesentlichen Mehrpreis in grossen hellen Räumen mit hohem Komfort zu leben und den Energieverbrauch eines Schweizerhaushaltes auf die Menge zu reduzieren, die jährlich an erneuerbaren Energien anfällt.

Abfallproblematik - eine unabwendbare Folge des Energieeinsatzes?

Ruedi Kriesi

Einleitung

Seit der Energiekrise von 1973 sind in vielen Bereichen Energiesparmassnahmen entwickelt und mit Erfolg angewandt worden. Aber alle diese Massnahmen benötigen Zusatzinvestitionen gegenüber den bisher üblichen Ausführungen, d.h. es werden zusätzliche Materialien eingesetzt. So benötigen Niedrigenergiehäuser wesentliche Mengen an Wärmedämmstoffen, enthalten Wärmepumpen Freone, die die Ozonschicht schädigen, benötigen Elektromobile anstelle eines Benzinbehälters mehrere hundert Kilogramm schwere Batterien mit Anteilen von Blei, Cadmium, Nickel, Brom oder Natrium usw. Lösen wir also unser Energieproblem, indem wir das bereits bestehende Abfallproblem weiter verschlimmern?

Die Abfallmengen haben erst in den vergangenen Jahrzehnten parallel mit den Fortschritten der industriellen Produktion eine nennenswerte Grösse erreicht (Abb. 1). Allzulange wurden sie in Deponien aus den Augen geschafft, aber damit halt nicht beseitigt. So existieren heute im Kanton Zürich rund 8000 Deponien und Unfallstandorte, die irgendwann aufgrund der Giftigkeit der abgelagerten Materialien durch die öffentliche Hand saniert werden müssen, mit geschätzten Kosten von 2-3 Mia. Franken. Zusätzlich existieren rund 11000 privat zu sanierende Industrie-Deponiestandorte.

Seit Ende der 60er Jahre wird der Abfall grösstenteils in Kehrichtverbrennungsanlagen verbrannt und das zu deponierende Volumen dadurch wesentlich verkleinert. Demgegenüber sind die zu deponierenden Materialien, die Schlacken und der Filterstaub, nun jedoch wesentlich giftiger, und das notwendige Deponievolumen ist ebenfalls nicht verfügbar. Das Problem konnte die heutigen Dimensionen nur erreichen, weil bis heute in unserer Zivilisation der/die HerstellerIn eines Produktes nichts mit dessen Entsorgung zu tun hat.

Die Natur zeigt uns jedoch, dass noch wesentlich grössere Material- und Energieumsätze als die von der Zivilisation verursachten über Millionen von Jahren möglich sind. Wenn wir unseren hohen Lebensstandard langfristig behalten wollen, müssen wir für Herstellung und Betrieb unserer Güter die gleichen Prinzipien übemehmen.

Entwicklung der Siedlungsabfallmenge in der Schweiz

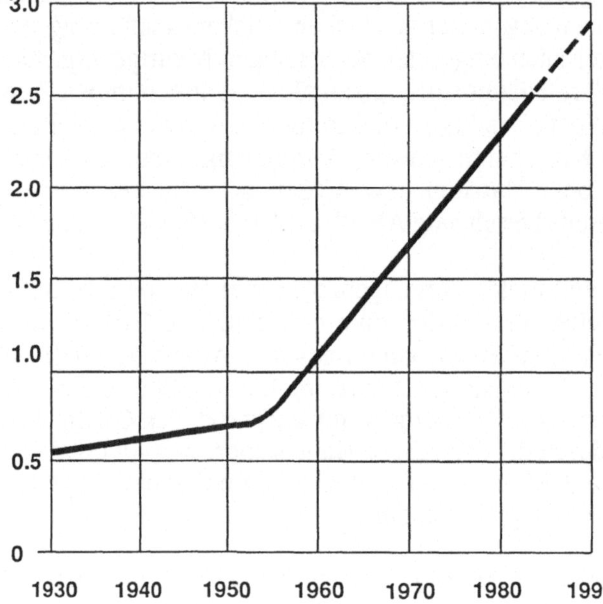

Abbildung 1

Parallel mit den Fortschritten der industriellen Produktion haben in den letzten Jahrzehnten die Abfallmengen in der Schweiz zugenommen.

Das Energieproblem heute - vom Ressourcenproblem zum "Abfallproblem"

Die Bilder der Autoschlangen vor den Tankstellen während der Ölkrisen von 1973 und 1978 sind vielen noch präsent. Erstmals wurde uns bewusst, dass wir sehr stark von der Energieversorgung abhängig sind und dass diese weit weniger sicher funktioniert, als wir bisher annahmen. Heute, speziell nach dem jüngsten Krieg im Nahen Osten, scheint die Versorgungslage wieder weit günstiger. Grosse neue Öl- und Gasvorräte wurden gefunden, und einer durch erste Sparmassnahmen abgeschwächten Nachfrage steht ein Überangebot aus devisen-hungrigen Ländern gegenüber.

Dafür machen uns die Folgen der grossen Energieumsätze zu schaffen! Aus den Kaminen der Heizungen, aus Auspuffrohren der Autos entströmen zu grosse Mengen an schädlichen Gasen; u.a. Stickoxide und Kohlenwasserstoffe, die für die zu hohen Ozonkonzentrationen verantwortlich sind und Schwefeldioxid, das den Regen sauer macht und zusammen mit den ersten beiden Gasen die Wälder schädigt.

Während diese Gase mit technischen Mitteln in den Griff zu bekommen sind, er-weist sich als längerfristiges Hauptproblem das eigentlich unschädliche Kohlen-dioxid, das bei jeder Verbrennung von Kohlenstoffen entsteht. Von den Pflanzen wird dieses Gas auch in etwas höheren Konzentrationen geschätzt, durch den verstärkten Treibhauseffekt führt es jedoch zu einem Anstieg der Temperatur und damit zu möglicherweise sehr gefährlichen Klimaveränderungen mit Trocken-heiten auf der einen, Stürmen und Überschwemmungen auf der anderen Seite.

Der Engpass unseres Energieeinsatzes hat sich somit innerhalb von 15 Jahren von der Versorgungsseite zu den Emissionen, also zur Abfallseite verschoben.

Bereits als Reaktion auf die Energiekrisen sind in vielen Kantonen Energiegesetze entstanden, haben Fachverbände Normen erlassen und haben sich in vielen Bereichen die Gewohnheiten geändert. Während früher die Gebäude lediglich so stark isoliert wurden, dass bei normaler Beheizung keine Feuchtigkeitsschäden auftraten, begann man nun, zur Verminderung des Ölverbrauchs von den bishe-rigen Dämmstärken von 2 bis 3 cm auf etwa 10 cm überzugehen. Viele Kreise wehrten sich gegen diese Neuerungen, u.a. mit dem Argument, dass der Energie-inhalt der Mehrisolation grösser sei als die Einsparungen während der Lebens-dauer der Gebäude. Wie falsch diese Begründung war, zeigt sich im nächsten Abschnitt. Die fortschrittliche Meinung setzte sich jedoch durch, und heute verbrauchen die durchschnittlichen Neubauten im Kanton Zürich pro m2 Wohnfläche nur noch halb so viel Energie wie vor 1974 (Abb. 2).

Durchschnittliche Energiekennzahlen von Wohnbauten[1] im Kanton Zürich

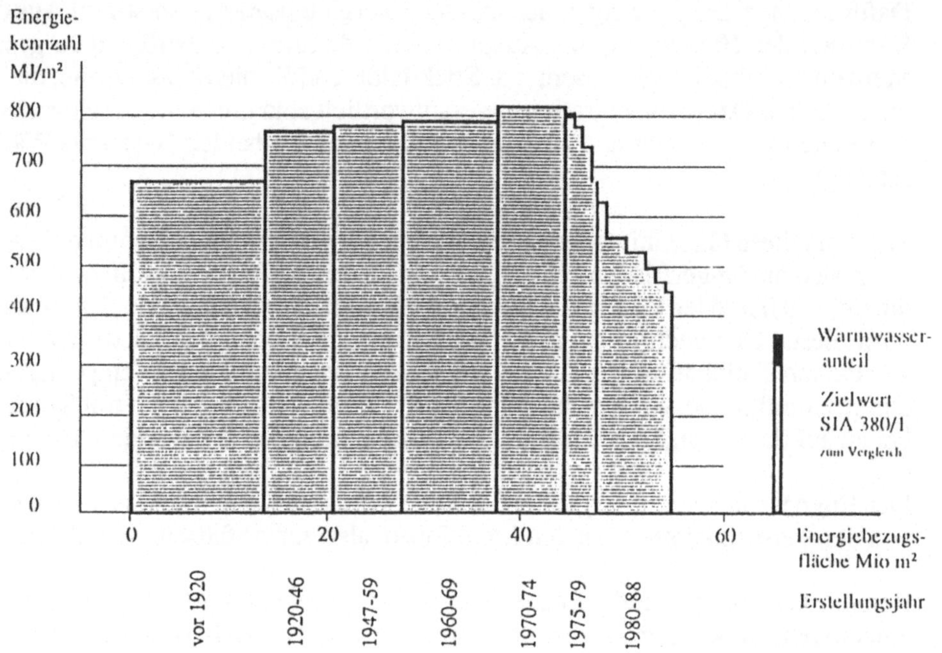

Abbildung 2
Durch die Verschärfung von Normen und Wärmedämmvorschriften ist der Energieverbrauch der neuen, ölbeheizten Wohnbauten pro Wohnfläche seit 1974 halbiert worden.

"Ganz exotische Kräfte" gründeten 1974 die schweizerische Vereinigung für Sonnenenergie. Auch sie mussten sich u.a. den gleichen Einwand anhören: Der Energieaufwand zur Herstellung der Kollektoren sei grösser als der Gewinn während der Lebensdauer der Anlagen.

---

[1] ölbeheizte Wohnbauten inklusive Warmwasser

Energieoptimiertes Bauen als Antwort

Inzwischen wurden die Techniken zur Reduktion des Heizenergiebedarfs von Häusern perfektioniert. In Wädenswil ist als Pilotprojekt des Kantons Zürich eine Siedlung mit 10 Häusern gebaut worden, von denen 4 in einem durchschnittlichen Winter ohne Heizung die üblichen 20° C Raumtemperatur einhalten sollen (Abb. 3)[2].

Abbildung 3
In Wädenswil ist eine Siedlung entstanden, von der vier Häuser in einem günstigen Winter allein durch Sonnenenergie beheizt werden sollen.

Die Häuser sind im Dezember 90 bezogen worden. Seit Mitte Februar funktioniert ein Teil vollständig ohne Zusatzheizung für Raumheizung und Warmwasser. Die Massnahmen, die dieses Resultat ermöglichten, sind in Abb. 4 dargestellt.

---

[2] "Null-Heizenergiehäuser in Wädenswil", Bauen heute, Nr. 5/1991 S. 82-84.

- Die Fenster sind mit 3-fach-Verglasungen, mit 2 Silberbeschichtungen und Argonfüllung ausgeführt. Deren Wärmeverluste sind damit fast dreimal geringer als mit herkömmlichen 2-fach-Isolierverglasungen.

- Wände und Dach sind fast dreimal stärker isoliert, als dies den Wärmedämmvorschriften des Kantons Zürich entspricht (k=0.15 W/m2K). Die Keller sind zudem von einer Schaumstoffschicht umhüllt, um auch die Verluste in das Erdreich zu vermindern. Herkömmliche Fundamente besitzen die Häuser nicht.

- Dach, Wände, Fenster und Türen sind luftdicht konstruiert. Die Frischluft wird im Winter mit einem Ventilator in die Schlafzimmer gebracht und mit der Wärme der aus Bad und Küche abgesogenen Abluft über einen Wärmetauscher aufgewärmt. So werden 75% der für die Luftaufwärmung notwendigen Energie zurückgewonnen.

Beiträge der Massnahmen

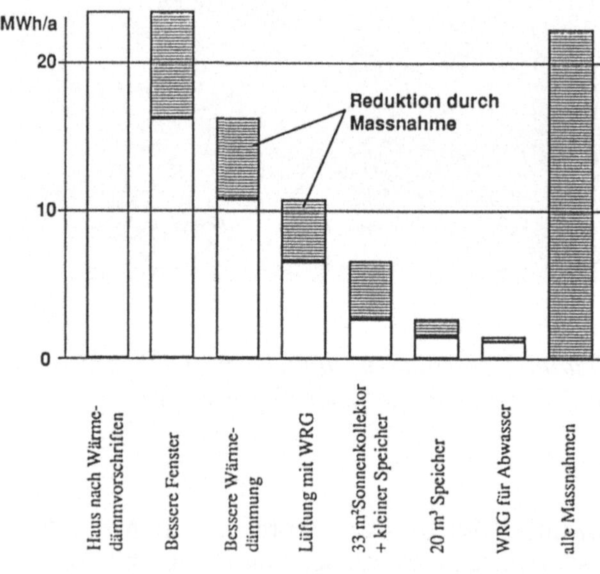

Abbildung 4

Die stärksten Verbrauchsminderungen gegenüber einem nach den Zürcher Wärmedämmvorschriften isolierten Haus der gleichen Form erbringen die besseren Fenster, die dickere Wärmedämmung und die mechanische Lüftung mit Wärmerückgewinnung.

- In jede Südfassade sind 33m^2 Sonnenkollektoren integriert, die mit einem neuartigen, transparenten, wabenförmigen Wärmedämmaterial aus Polycarbonat abgedeckt sind. Dank dessen guter Isolationswirkung können die Kollektoren ohne
Frostschutz direkt mit Wasser durchströmt werden. Bei direkter Sonnenstrahlung
fliesst das Wasser mit Schwerkraft in den Speicher zur Bereitstellung des Warm-
wassers und für längere sonnenlose Perioden, bei bedecktem Himmel wird es mit
20 bis 25° C direkt in die Bodenheizung gepumpt.

- In jedes Haus ist ein Speicher mit 20 m3 Wasserinhalt integriert, mit denen längere sonnenlose Perioden überbrückt werden können und die einen Teil der im
Herbst anfallenden Sonnenenergie für den Winter speichern.

- In einem Haus wird das von den WCs getrennte Abwasser zur Vorwärmung
des Warmwasser-Boilers verwendet.

Energierückzahlfristen

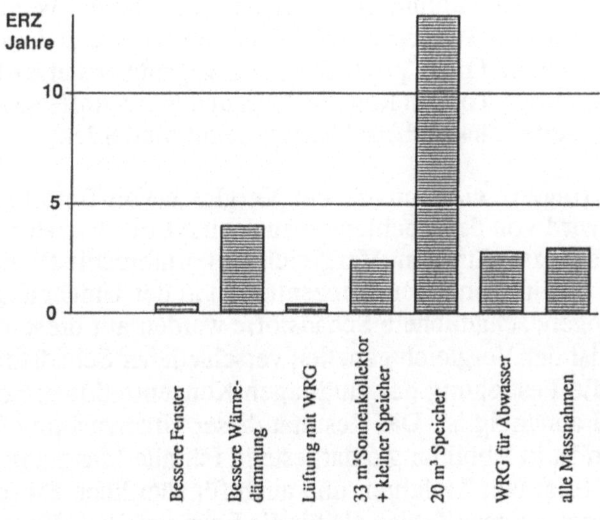

Abbildung 5

Die Zeitdauer, bis die beim Haus gegenüber einem normalen Gebäude zusätzlich investierte Energie durch die Einsparungen im Betrieb zurück-bezahlt wird, beträgt für alle Energiesparmassnahmen zusammen 2,9 Jahre.

Die Frage, ob die in den Materialien enthaltene Energie nicht grösser sei als die
möglichen Einsparungen, stellt sich bei diesen Gebäuden wesentlich härter als
Mitte der 70er Jahre, als erstmals etwas grössere Dämmstärken angewendet wurden. Die ersten 10 cm einer Wärmedämmung nützen wesentlich mehr als die

Erhöhung von 10 auf 20 cm, und auch der grosse Sonnenkollektor wird hier
nicht optimal genutzt, da er im Sommer viel zu gross ist und Überschuss vernichtet werden muss. Die Methodik zur Berechnung dieser Zusammenhänge wurde
seit Mitte der 70er Jahre verfeinert und für diese Siedlung angewendet[3]
(Abbildung 5). Für alle Sparmassnahmen zusammen beträgt die Energierückzahlfrist, also die Zeit, die benötigt wird, um die investierte Energie durch
die Betriebseinsparungen zu kompensieren, weniger als 3 Jahre. Für die ungewöhnlich dicke Wärmedämmung beträgt sie 4 Jahre, für den nicht optimal
genutzten Kollektor 2 Jahre, und selbst beim extrem ungünstigen, aus 40 Tonnen
Beton gefertigten Speicher, der hier zu Demonstrationszwecken in dieser Grösse
gebaut wurde, liegt sie mit 10 Jahren weit unter dessen Lebensdauer. Das Thema
scheint damit für normale Energiesparmassnahmen erledigt.

Das Energieproblem morgen - ein neues Abfallproblem?

Welches Abfallproblem wird sich aber aus diesen Mengen von Wärmedämmmaterial in 30 oder 50 Jahren ergeben, wenn es einmal ersetzt werden muss?
Auch dieser Frage sind wir nachgegangen. Die Frage der absoluten Mengen lässt
sich einfach zugunsten der Wärmedämmung nachweisen: In 30 Jahren werden
dank den Sparmassnahmen etwa 60 Tonnen Heizöl nicht verbrannt und daraus
allein etwa 180 Tonnen Kohlendioxid nicht produziert. Demgegenüber stehen 1,6
Tonnen Wärmedämmaterial, etwa 5 Tonnen Metalle, Glas und Kunststoffe sowie
etwa 40 Tonnen Beton. Die "Abfallrückzahlfrist" beträgt somit rund 8 Jahre.

Allerdings kann man sich fragen, wie sinnvoll ein Vergleich von Beton mit
Kohlendioxid ist. Deshalb wird von den Fachleuten auch eine Luftrückzahlfrist
definiert. Hierzu wird als Mass für den Vergleich der unterschiedlichen
Schadstoffe die gesetzliche Limite von deren Konzentration in der Umgebungsluft (Grenzwerte) herangezogen; schädlichere Schadstoffe werden auf diese Art
stärker gewichtet. Auch so ist der Vergleich gänzlich verschiedener Schadstoffe
noch sehr fragwürdig, da die Festlegung der zulässigen Konzentrationen vom
momentanen Kenntnisstand abhängig ist. Das Resultat dieser Untersuchung für
die Energiesparmassnahmen ist in Abbildung 6 dargestellt. Für alle Massnahmen
zusammen ergibt sich eine Frist von 31 Jahren und auch für sämtliche Einzelmassnahmen ergeben sich ungünstigere Zahlen als für die Energierückzahlfristen.

---

[3] Hofstetter, P.: "Die ökologische Rückzahldauer der Mehrinvestitionen in zwei
  Nullenergiehäuser", ETH-Zürich, Labor für Energiesysteme, Überarbeitung einer
  Semesterarbeit, Mai 91.

Im Falle der Siedlung Wädenswil verfügen wir über Zahlen. Ähnliche Situationen ergeben sich aber bei anderen interessanten Massnahmen zur rationelleren Energieanwendung:

- Wärmepumpen benötigen für die Bereitstellung der gleichen Wärmemenge nur rund einen Drittel der Energie gegenüber einer Öl-, Gas- oder Elektroheizung. Sie enthalten aber Freone, die je nach verwendetem Produkt die Ozonschicht mehr oder weniger schädigen.

- Kleinelektromobile benötigen gegenüber herkömmlichen Kleinautos gar nur 10 bis 15% der Antriebsenergie. Heute beträgt die Lebensdauer der 200 bis 300 kg schweren Bleibatterien aber noch 5000 bis 15000 km, bis sie als Abfall anfallen.

Schaffen wir also mit den Energiesparmassnahmen nur ein neues, gleich gravierendes Abfallproblem, das sich von den Emissionen der Raumheizungen und Autoauspuffrohre auf die gasförmigen und festen Abfälle der Kehrichtverbrennungsanlagen verlagert?

Luftrückzahlfristen

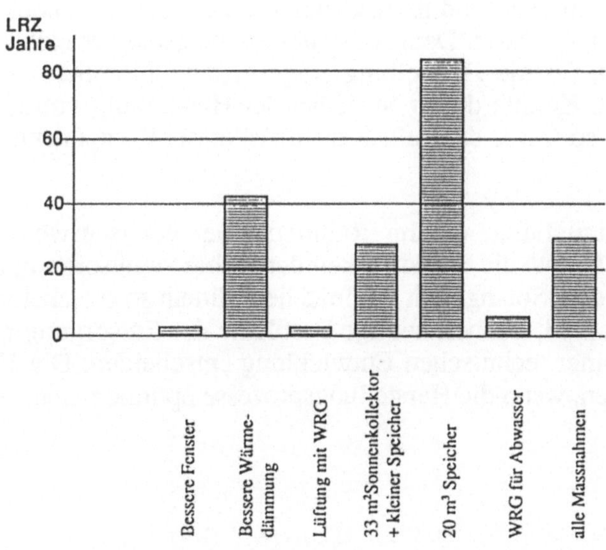

Abbildung 6

Die Zeitdauer, bis die beim Haus gegenüber einem normalen Gebäude zusätzlich entstehenden Luftschadstoffemissionen durch die Einsparungen im Betrieb kompensiert werden, wurde für alle Sparmassnahmen zusammen mit 31 Jahren berechnet.

Bei der Berechnung der Luftrückzahlfristen der Wädenswiler Häuser wurden die heutigen, meist ausländischen Industrieprozesse mit der neusten Heizungstechnik in der Schweiz verglichen. Stahl wird z.B. auch heute noch vorwiegend mit Strom aus Kohlekraftwerken ohne Abgasreinigung hergestellt. Für Zementwerke gelten auch in der Schweiz wesentlich höhere Stickoxidgrenzwerte als für bestehende und speziell für neue Öl- oder Gasheizungen mit Low-NOx-Technik. Zudem besitzt die verarbeitende Industrie kaum Kenntnisse über die Zusammensetzung und Schädlichkeit der eingesetzten Stoffe. Entsprechend wären heute mit kleinen Massnahmen grosse Verbesserungen der Luftrückzahlfristen möglich. Dazu einige Beispiele aus unserer Untersuchung:

- Die Analyse der eingesetzten Stoffe hat ergeben, dass das für die Herstellung der Kollektoren verwendete Lot Cadmium enthält, was dem Hersteller aber nicht bekannt war. Inzwischen setzt er ohne jegliche Nachteile ein anderes Produkt ein, womit die Rückzahlfrist von 14 auf 9 Jahre gesenkt werden konnte.

- Ursprünglich war vorgesehen, aus ästhetischen Gründen die Kollektoren mit einer Einbrennlackierung zu versehen. Darauf wurde verzichtet, nachdem die Untersuchung zeigte, dass die Luftrückzahlfrist dadurch von 14 auf 16 Jahre gestiegen wäre.

- Bei der Wahl des Schaumstoffes für die Wärmedämmung der Gebäudehülle wurde speziell auf ein freonfreies Produkt geachtet, das zu dieser Zeit noch aus Schweden eingeführt werden musste. Dem Autor der Studie gelang es nicht, herauszufinden, wieviel vom für die Herstellung eingesetzten Chloräthan an die Umgebung verloren geht. Könnte dieser Stoff bei der Herstellung vollständig zurückgewonnen werden, so würde die Luftrückzahlfrist dieser Komponente von 42 auf 9 Jahre sinken.

Aufgrund unserer Untersuchung, die im Rahmen einer etwas erweiterten Semesterarbeit stattfand, konnte die Schädlichkeit der Kollektorentsorgung ganz wesentlich verringert werden. Solange mit so einfachen Mitteln so entscheidende Verbesserungen möglich sind, können heutige Probleme der Entsorgung nicht über Sinn oder Unsinn einer technischen Entwicklung entscheiden. Die Frage muss dann beurteilt werden, wenn die Herstellungsprozesse optimiert sind.

Recycling muss bei der Herstellung beginnen

Es ist vermutlich noch nicht sehr lange her, dass das Wort Abfall einen negativen Aspekt bekommen hat. Die archäologisch interessanten Abfallhalden früherer Kulturen bestanden weitgehend aus problemlosen Materialien wie Ton, Eisen, Wolle, Glas. Erstmals zu einem wichtigen Problem wurde Abfall vermutlich in den mittelalterlichen Städten, die eine Grösse erreichten, dass die Fäkalien nicht wie bisher gleich an Ort und Stelle wieder als wertvoller Dünger eingesetzt werden konnten, sondern zur Verbreitung von Seuchen beitrugen und auf grössere Gebiete um die Städte verteilt werden mussten. Ganz neu kommt nun dazu, dass die Fäkalien u.a. mit Metallen aus Wasserleitungen und Industrie so stark verschmutzt sind, dass sie als Dünger gar nicht mehr eingesetzt werden dürfen, sondern verbrannt werden müssen.

Der Rückblick zeigt, dass nicht jede Art von Stofffluss zu einem Abfallproblem führen muss. Die Natur geht allgemein extrem verschwenderisch mit Rohstoffen um, werfen doch z.B. die Bäume jedes Jahr ihre Blätter weg. Allerdings wird bei den natürlichen Prozessen der Abfall direkt am Anfallort wieder als Rohstoff eingesetzt, ohne Transporte und ohne schädliche Nebenprodukte, die Stoffe befinden sich also in einem geschlossenen Kreislauf.

Dass unsere Abfälle heute so wenig Wert als Rohstoffe haben, dass sie zu einem Problem werden, hängt mit der Einstellung der Gesellschaft zur Rohstoffgewinnung eng zusammen. Für die Rohstoffe selbst bezahlen wir nichts, obwohl wir die bekannten Reserven einiger Stoffe in kurzer Zeit aufbrauchen werden, und für deren Förderung bezahlen wir ebenfalls sehr wenig, da billige Arbeitskräfte in Entwicklungsländern dies für uns besorgen.

Der Umgang der Natur mit Rohstoffen zeigt uns die wünschbare Entwicklungsrichtung: Abgesehen davon, dass die Herstellungsprozesse bezüglich ihrer Luftrückzahlfristen optimiert werden müssen, sind die Konstruktionen von Bauten und Geräten so zu verändern, dass eine spätere Demontage und Wiederverwendung der Einzelteile möglich wird, d.h. dass auch die Zivilisation mit geschlossenen Kreisläufen arbeitet. So werden die Wärmedämmaterialien kaum mehr auf die Wände geklebt werden können, werden Elektro- und Wasserleitungen nicht mehr einbetoniert, sondern in Kanälen geführt, werden Autos und Geräte demontierbar hergestellt werden.

"Recyclierbare" Energieträger für den Restbedarf

Wenn sich die Zivilisation weiter entwickeln soll, werden wir in fernerer Zukunft also vermutlich neue Häuser bauen, die kaum mehr Energie für die Beheizung benötigen. Wir werden auch bestehende Häuser sanieren, so dass deren Energieverbrauch auf einen Drittel des heutigen Wertes sinkt, und werden schadstoffarme Bauteile aus wiederverwendbaren Rohstoffen einsetzen. Wir werden vermutlich auch vermehrt mit der Bahn fahren, da wir so pro Personenkilometer nur etwa 15% der Energie eines durchschnittlich besetzten Autos benötigen. Wir werden auch, mit Maschinen mit wesentlich geringerem Verbrauch, Autos bauen, die mit 10 bis 20% des heutigen Verbrauchs auskommen - aber wir werden immer noch Energie verbrauchen. Während wir durch verbesserte Technik unseren Lebensstandard mit wesentlich geringerem Energieverbrauch halten können, werden viele Entwicklungsländer ihren Verbrauch trotz hoffentlich auch dort besserer Technik wesentlich vergrössern, sollen die weltweiten sozialen Spannungen einmal etwas abgebaut werden können.

Nicht nur bei der Technik der Gebäude- und Geräteherstellung können wir von der Natur lernen, auch die natürliche Energieversorgung funktioniert seit Millionen von Jahren mit riesigen Umsätzen abfallfrei. Selbst in der hochindustrialisierten und dicht besiedelten Schweiz ist die Energiemenge der eingestrahlten Sonnenenergie etwa 150mal grösser als unser gesamter Bruttoverbrauch. Langfristig wird auch die Zivilisation fast nur erneuerbare Energien einsetzen können, also Wasserkraft, Sonnenenergie, Wind, Umgebungswärme. Möglicherweise wird auch eine weiterentwickelte, grundlegend neue Form der Kernenergie eine wichtige Rolle spielen.

Ausblick

Die Möglichkeiten zur Verminderung des Energieverbrauchs sind sehr gross. Noch einfacher und wirksamer scheinen die ersten Schritte zur Vermeidung von Schadstoffen bei der Produktion und beim Einsatz von Energiesparmaterialien sowie bei deren Wiederverwertung. Die aufgrund der heutigen Prozesse ermittelten ökologischen Rückzahlfristen (Luft-, Wasser-, Boden-) können damit zwar auf das Problem hinweisen und Verbesserungsschritte ermöglichen, sie können jedoch vorläufig kein Indikator sein für die Förderungswürdigkeit der heute angewendeten, weitergehenden Energiesparmassnahmen an sich.

Hüten wir uns, ähnlich wie mit dem Argument der Energierückzahlfristen wünschbare Entwicklungsschritte durch kurzsichtige Argumentationen zu behindern:

- Im Zusammenhang mit Stromsparlampen wird häufig argumentiert, dass sie zwar Energie sparen, dafür aber die Menge an Sondermüll erhöhen. Diese Feststellung ist sicher richtig. Ein wichtiger Schritt wurde aber auch hier bereits gemacht durch die Konstruktion von trennbaren Vorschaltgeräten. Wieso wird das Problem Abfall bei dieser neuen Technik sofort genannt, nicht aber im Zusammenhang mit Leuchtstoffröhren, die seit Jahren genau das gleiche Problem in wesentlich grösserer Menge darstellen?

- In der Zeitschrift INFEL-INFO[4] werden die Schadstoffemissionen bei der Herstellung von Solarzellen untersucht und aus dem Vergleich mit anderen Kraftwerkstypen wird geschlossen, dass der Solarzellenstrom weniger schadstofffrei sei als üblicherweise angenommen. Die heute existierende und untersuchbare Zellentechnik ist aber etwa 5mal teurer als die in grösserem Massstab einsetzbare. Damit ist sie auch wesentlich aufwendiger als die zukünftige. Eine Emissionsuntersuchung in dieser Phase kann also Hinweise für die Richtung der anstehenden Verbesserungsschritte geben, sie erlaubt aber kein generelles Urteil über diese Technik. Schliesslich hätte eine Energiebilanz am Versuchsreaktor von Lucens auch nicht sehr günstig ausgesehen.

Die Geräte und Installationen zur Reduktion des Energieverbrauchs und zur Gewinnung erneuerbarer Energien lassen sich bei richtiger Konstruktion in wiederverwertbare Stoffe oder gar in die Ausgangsmaterialien zurückführen - Kohlendioxid in den heute anfallenden Mengen in menschlichen Zeitdimensionen nicht!

Bildnachweis

Abbildungen von der Energiefachstelle des Kantons Zürich, Oktober 1991

---

[4] Huser, A.: "Strom aus Solarzellen - nicht ganz schadstofffrei", Infel-Info, Nr. 3/1991, S. 17-20.

Graue Energie

Daniel Spreng

SpezialistIn und GeneralistIn

An der Universität Zürich kann das Nachdiplomstudium Umweltlehre im Rahmen der Umweltwissenschaften absolviert werden. Werden zum Beispiel durch dieses Studium UmweltspezialistInnen oder GeneralistInnen ausgebildet? Werden es GeneralistInnen, die alle Wissenschaften und Künste kennen? Oder umfasst der Lehrgang ein breiteres Gebiet als die meisten anderen Studiengänge und wird im Vergleich zu diesen als generalistisch empfunden?

Es gibt doch wohl wenige GeneralistInnen, die nicht andere kennen, die nicht ein noch breiteres unspezifischeres Wissen haben als sie selbst. Vereinfacht kann gesagt werden, dass es verschiedene Ebenen der Generalisierung gibt. Die Leute, die sich in einer mittleren Stufe der Generalisierung befinden, sehen dann jeweils von oben wie SpezialistInnen aus und von unten wie GeneralistInnen. Dabei hat "oben" ebensoviel mit Oberfläche und Oberflächlichkeit zu tun wie mit Hierarchie.

SpezialistInnen werden AbsolventInnen des Nachdiplomstudiums also als GeneralistInnen sehen, wer in keinem Bereich der Umweltlehre zuhause ist, wird sie als UmweltspezialistInnen betrachten.

Entropie

Kann der Entropiebegriff vielleicht in analoger Weise erklärt werden? Entropie war für mich immer etwas sehr Undurchsichtiges, bis ich auf eine Arbeit von C.F. von Weizsäcker gestossen bin, in welcher der systemtheoretische Aspekt der Entropie erläutert wird: Entropie ist ein Mass für die unterschiedliche Auflösung, mit welcher zwei BetrachterInnen, auf verschiedenen Ebenen der Generalisierung, einen Sachverhalt sehen.

Im Fall des Standard-Beispiels zur Erläuterung des Entropiebegriffs ist für makroskopische BetrachterInnen kein Unterschied auszumachen zwischen all den verschiedenen möglichen räumlichen Verteilungen von Gasmolekülen in einem Zylinder. Sie können nur die Temperatur messen, welche von der *durchschnittlichen* Geschwindigkeit der Moleküle abhängt.

Mikroskopische BeobachterInnen können all die verschiedenen Möglichkeiten der räumlichen Anordnung der Moleküle und der Geschwindigkeits*verteilung* unterscheiden. Die Anzahl der abzählbaren Fälle für die mikroskopischen BeobachterInnen, welche für die makroskopischen BeobachterInnen ununterscheidbar sind, sei N, dann ist die Entropie der Logarithmus der Zahl N.

Warum dieser Exkurs in die Physik? Ich wollte zeigen, dass es Grössen gibt wie die Entropie, welche nicht nur durch das System selbst bestimmt sind, sondern ganz stark auch durch den unterschiedlichen Standpunkt von zwei BetrachterInnen. Solche Unterschiede sind im Zusammenhang mit der Relativitätstheorie populär geworden. Bei der Entropie hat man auf diesen Aspekt bisher nur selten hingewiesen. Doch ist das gerade der zentrale Aspekt: Die Entropie ist ein Mass für den unterschiedlichen Detaillierungsgrad, mit welchem die beiden BetrachterInnen die Dinge sehen.

Es ist mir ein Anliegen, auf diese Grundidee der Entropie hinzuweisen, da Graue Energie einen ähnlichen Charakter hat: Graue Energie ist ein Energieverbrauch, der für die einen BeobachterInnen als Energie erkennbar, aber für die andern versteckt ist und nicht offensichtlich einen Energieverbrauch darstellt.

Es wurde in der Vergangenheit einiges über Graue Energie geschrieben und gesagt, doch dieser Aspekt kam bisher, auch in meinen eigenen Arbeiten, zuwenig deutlich zum Ausdruck: Welche Energieflüsse als "Grau" und welche nicht als "Grau" bezeichnet werden, ergibt sich aus den unterschiedlichen Blickwinkeln *zweier* BeobachterInnen.

Der Themenbereich Graue Energie ist heute nicht mehr mein Arbeitsschwerpunkt. Es beschäftigen sich jetzt andere Leute mehr oder weniger vollamtlich damit. Es ist mir aber ein Anliegen, darauf hinzuweisen, dass Bestrebungen, mehr Standardisierung in dieses Thema zu bringen, nicht in jedem Fall wünschenswert sind. Es gibt mehr als *zwei* mögliche BeobachterInnen-Standpunkte und infolgedessen auch mehr als *eine* mögliche Definition der Grauen Energie.

Der Import von Grauer Energie

Die Energie-Importe der Schweiz können beispielsweise aus der Sicht des Energiehandels gesehen werden. Die Energiewirtschaft kauft aus dem Ausland fossile Brennstoffe in raffinierter und unraffinierter Form. Zudem wird Energie im Inland produziert und Elektrizität mit dem Ausland ausgetauscht. Die Nettosumme der aus dem Ausland eingekauften und im Inland produzierten Energie heisst Bruttoenergie. Ein wichtiger Punkt in der Energiekette ist der, an welchem die Energiewirtschaft ihren KundInnen Energie verkauft. Der gesamte Verbrauch wird an diesem Punkt gemessen und als Verbrauch von Endenergie bezeichnet. Diese Sicht der Energiewirtschaft wird in der Energiestatistik übernommen und ist die dominierende Sicht, wenn es um den Energieverbrauch der schweizerischen Volkswirtschaft geht.

Sitzen wir aber in einem Satelliten und schauen, wo auf der Welt zu welchem Zweck Energie aufgewendet wird, sieht es anders aus. Es ist dann denkbar, den Energieverbrauch, der beispielsweise zur Herstellung einer für die Schweiz bestimmten Sendung von Stahl aufgewendet wird, auch zum Energieverbrauch zu zählen, der durch die schweizerische Volkswirtschaft entsteht. Die Differenz der beiden Sichtweisen, derjenigen der Energiestatistik und derjenigen des Astronauten/der Astronautin, ist *eine* Definition der Grauen Energie.

Vor 14 Jahren haben wir diese Graue Energie für die Schweiz gerechnet. Wir verwendeten drei Methoden und kamen immer auf 20%-25%; d.h. wenn der in der Schweiz ausgewiesene Bruttoenergieverbrauch 100% beträgt, dann ist die importierte Graue Energie, die zusätzlich verbraucht wird, 20%-25%. Letzthin hat Patrick Hofstetter[1] die Rechnung mit den Daten der Aussenhandelsstatistik von 1988 und neueren Daten bezüglich der spezifischen Energieaufwendungen zur Herstellung der gehandelten Waren wiederholt. Er hat die importierte Graue Energie mit 30% beziffert. Die Erhöhung der Zahl dürfte real sein und die zunehmende internationale Arbeitsteilung widerspiegeln.

Die "Graue Energie" der Biosphäre

In den üblichen Energiestatistiken wird immer nur mit technischer Energie gerechnet. Der Energieverbrauch der Landwirtschaft beispielsweise besteht dann aus den direkt aufgewendeten Energien wie dem Treibstoff für die Traktoren, dem Strom für die Melkmaschinen oder der Energie zum Betrieb der landwirtschaftlich genutzten Gebäude u.s.w. Dazu kommt allenfalls noch die indirekt benötigte Energie, der Energieaufwand zur Herstellung der Betriebsmittel wie dem Kunstdünger und zur Herstellung der landwirtschaftlichen Maschinen und Gebäude. Normalerweise wird diese indirekt benötigte Energie als Graue Energie bezeichnet.

Es ist nun aber auch möglich den Begriff der Grauen Energie ganz anders zu sehen: Die Energie, welche die Landwirtschaft in erster Linie braucht, ist die Sonne. Ohne die Sonne entsteht nichts, wächst nichts, trocknet nichts. Es ist aus dieser biologischen Sicht deshalb möglich, die technische Energie als zusätzliche Energie zu betrachten. Die indirekt und direkt benötigte technische Energie sind dann sozusagen die Graue Energie: die Energie, an welche PflanzenkundlerInnen

---

[1] Hofstetter, Patrick: ETH "Graue Energie und Treibhausgase", Anhang 1

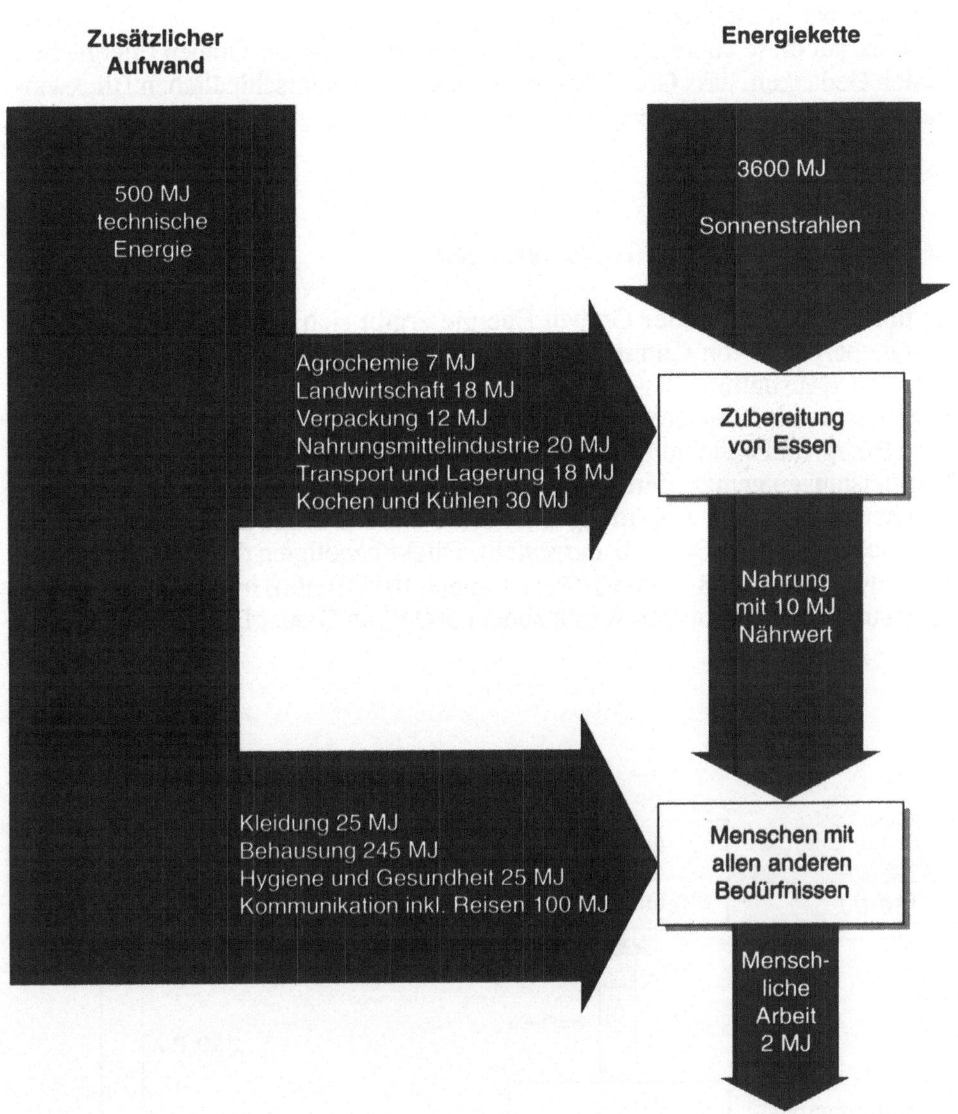

Abbildung 1
In der Schweiz strahlt die Sonne pro Person täglich rund 3600 Megajoule Energie auf landwirtschaftlich genutzten Boden. Nahrung und menschliche Schwerarbeit können als veredelte Formen dieser Energie gesehen werden. Zusätzlich wird technische Energie eingesetzt.

zunächst gar nicht denken. In Abbildung 1 kann in diesem Sinn der "Zusätzliche Aufwand" als Graue Energie gesehen werden.
Ich weise auf diese unübliche Möglichkeit der Definition der Grauen Energie hin, um den Gedanken, dass Graue Energie sich aus den unterschiedlichen Blickwinkeln *zweier* BeobachterInnen ergibt, zu erläutern.

Die Graue Energie der Haushaltungen

Die übliche Definition der Grauen Energie ergibt sich aus der Sicht der EndverbraucherInnen von Gütern und Dienstleistungen einerseits - typischerweise sind dies Haushaltungen - und der Sicht des/der oben eingeführten Astronauten/Astronautin andererseits. Der/die AstronautIn teilt den gesamten technischen Energieaufwand von Rohstoffen, Zwischenprodukten, Konsumgütern und Dienstleistungen gemäss deren Zweckbestimmung auf die verschiedenen EndverbraucherInnen auf. In Abbildung 2 ist diese übliche Sicht der Grauen Energie bezüglich der ganzen Schweiz dargestellt. Direkt benötigten die schweizerischen Haushalte im Jahr 1986 390 PJ (Peta Joule = 10^{15} Joule), in den eingekauften Gütern und Dienstleistungen waren zudem 500 PJ an Grauer Energie enthalten.

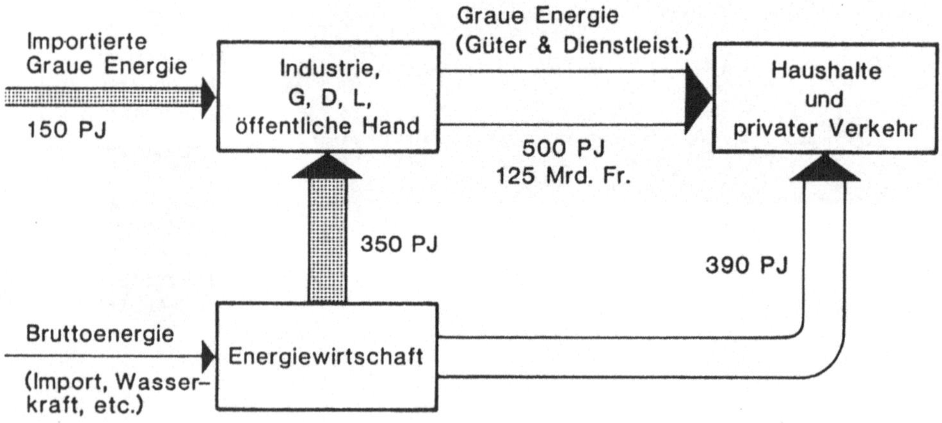

Abbildung 2
Graue Energie der von den Haushaltungen nachgefragten Güter und Dienstleistungen (CH, 1986)

Diese Sicht der Grauen Energie kann nun auch auf einzelne Waren und Dienstleistungen oder auf eine Tätigkeit wie den Gebrauch eines Autos bezogen werden
(Abb. 3).

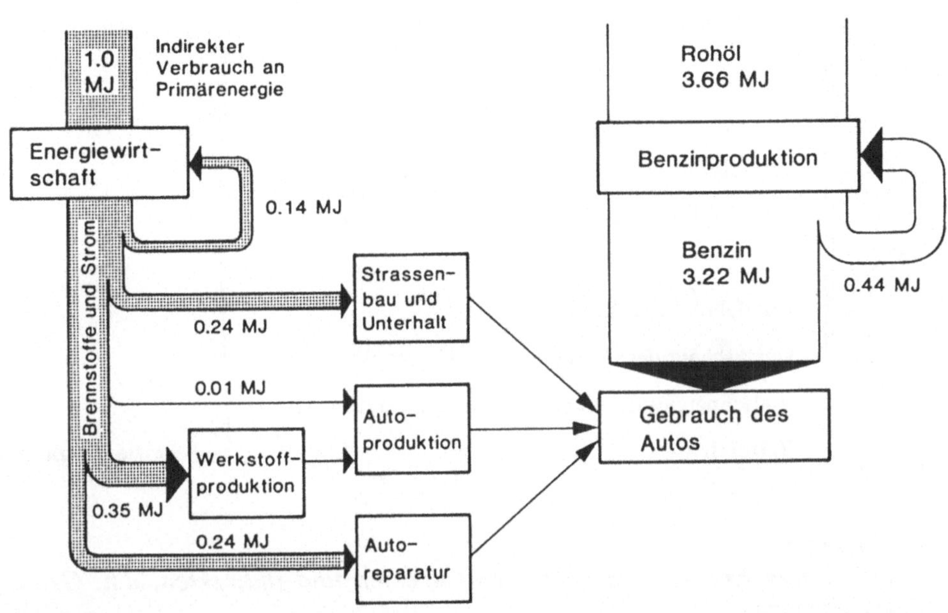

Abbildung 3
Energieflussdiagramm für den Gebrauch eines Autos (Zahlen in MJ pro
Personenkilometer)

Für den Bereich der Grauen Energie von Bauten und Baumaterialien verweise ich
auf Arbeiten von Niklaus Kohler[2]. Es sei hier nur angemerkt, dass gemäss
Abbildung 1 für das Grundbedürfnis "Behausung" fast die Hälfte der gesamten
technischen Energie eingesetzt wird. Die anderen Grundbedürfnisse in diesem
Zusammenhang sind "Essen", "Kleidung", "Hygiene und Gesundheit" sowie
"Kommunikation, inkl. Reisen". Einzelne Elemente aus diesem Bereich der
Behausung sind teilweise sehr energieintensiv, andere sind es viel weniger. Von
Interesse dürfte oft auch der Anteil der Grauen Energie am gesamten (direkten
und Grauen) Energieaufwand sein.

---

[2] z.B. Kohler, Niklaus: Ökologische Optimierung im Lebenszyklus eines Gebäudes. Beitrag
in diesem Tagungsband

Abbildung 4 macht hierzu einige Angaben, die aber allesamt als gröbste Schätzungen zu verstehen sind.

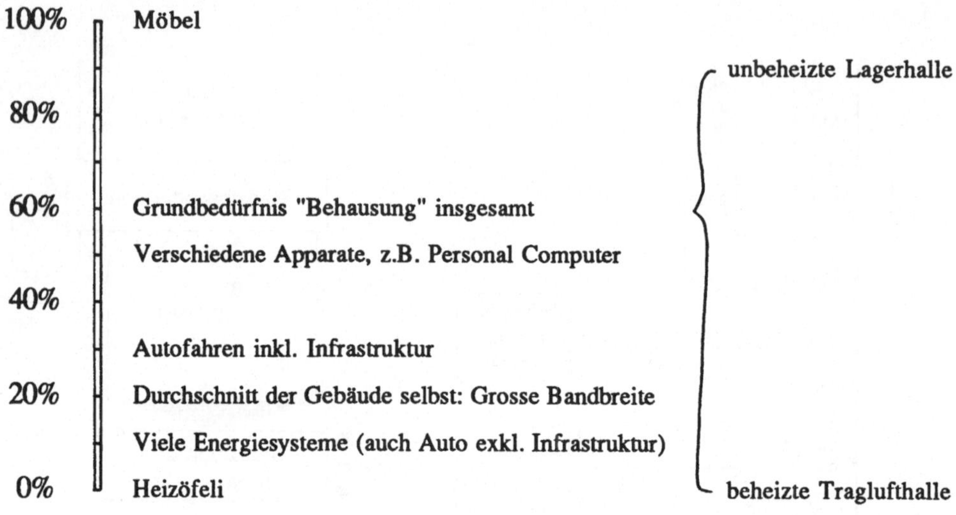

Abbildung 4
Anteil Graue Energie am gesamten (direkten und indirekten, d.h. Grauen) Energieaufwand

Bildnachweis

Abbildung 1: Spreng, Daniel: "Wieviel Energie braucht die Energie?", Verlag der Fachvereine, Zürich, 2. Auflage 1990

Abbildung 2: Schweizerische Physikalische Gesellschaft, "Energie und Umwelt", August 1990, S.52

Abbildung 3: ebenda, S. 53

Wohnkultur
im 19. und 20. Jahrhundert

Einleitung

Der Titel der Diskussionsrunde, für die die folgenden zwei Beiträge verfasst
wurden, könnte falsche Erwartungen wecken. Nicht ein kulturgeschichtlicher
Überblick über Formen des Wohnens im 19. und 20. Jahrhundert war beabsich-
tigt, und es sind auch nicht die Zeugnisse solcher Wohnkultur, denen das Haupt-
interesse gilt. Vielmehr geht es darum, Wohnen als "Totalphänomen" (Barbara
Koller) in seiner Verbindung zu den anderen Sektoren menschlichen Lebens zu
beschreiben. Unter diesem Blickwinkel erweist sich der Bereich des Wohnens als
besonders geeignet für den Transport von Ideologien und Wertvorstellungen.

Barbara Koller geht in ihrem Beitrag von zwei Beobachtungen aus, die scheinbar
wenig miteinander zu tun haben: zum einen von der Hygienewelle, die in der
zweiten Hälfte des 19. Jahrhunderts ganz Europa erfasste und Reinlichkeit zu
einem in allen Bevölkerungsschichten akzeptierten Wert machte, zum andern von
der kulturellen und politischen Integration der ArbeiterInnen in den bürgerlichen
Staat, die in den ersten Jahrzehnten des 20. Jahrhunderts ihren Anfang nahm.
Diese beiden Beobachtungen verbindet die Autorin über das Motiv der Hygienewelle, die Gesundheit, die Massnahmen zu legitimieren hatte, mit denen Menschen in ein bestimmtes Wertsystem eingebunden wurden. Da das rasante,
unkontrollierte Wachstum der Industriestädte im 19. und frühen 20. Jahrhundert
von massiert auftretender Armut, Wohnungsnot und einem entsprechenden
Konfliktpotential begleitet war, musste der (bürgerliche) Staat im Wohnbereich
aktiv werden. Mit scheinbar wissenschaftlich-objektiven Wohnungsenquêten
verschaffte er sich Zutritt in die private Sphäre von Wohnung und Familie.
Aufgrund der Erhebungen erliess er Vorschriften für ein "gesundes" Wohnen
und baute den nötigen Kontrollapparat auf. Gesundheit wurde so zu einem schüt-
zenswerten öffentlichen Gut, das Recht auf die "gesunde" Wohnung zur Pflicht.
Das damit verbundene Arbeitsethos förderte nicht nur die Integration unterer
Schichten, sondern auch die Ausbildung und Verfestigung von Geschlechter-
rollen.

Setzt sich diese gesellschaftliche Homogenisierung in der Schweiz der
Nachkriegszeit fort? Mit Quellenmaterial vor allem aus der Frauenzeitschrift
Annabelle, einer damals wichtigen Stimme zum Thema Wohnen, präsentiert

Johanna Gisler Wohnleitbilder der 50er und 60er Jahre, die auf einen Trend zur Angleichung von Lebensstilen hindeuten. Sie zeigen die Wohnung sowohl als private Gegenwelt wie als Repräsentationsobjekt. Das Wirtschaftswachstum der Nachkriegszeit, die soziale Umschichtung mit einem wachsenden Anteil von Angestellten und eine mit dem allgemein höheren Lebensniveau verbundene Entwicklung weg von der Klassen-, hin zur Mittelstands- und Massenkonsumgesellschaft sind Faktoren, die diese Angleichung förderten. Allerdings wurden ihr Grenzen gesetzt, z.B. im Postulat des "guten Geschmacks", das die Diskussion über das Wohnen in den 50er Jahren prägte. Denn Geschmack ist nicht einfach eine individuelle Eigenschaft. Eng an Bildungsgrad und soziale Herkunft derjenigen gekoppelt, die darüber verfügen, begünstigt er eine gesellschaftliche Differenzierung und zieht neue soziale Grenzen.

Die Ergebnisse der beiden Untersuchungen legen die Frage nahe, ob nicht gerade der Lebensbereich Wohnen besonders geeignet wäre, um Forderungen nach umweltverträglichem Handeln durchzusetzen. Die Autorinnen mahnen zur Vorsicht: Selbst ökologische "Erziehungsversuche" müssten daraufhin geprüft werden, "ob dahinter nicht auch die Arroganz und der Herrschaftsanspruch privilegierter Gruppen stehen, die damit ihre soziale Überlegenheit gegenüber den wirtschaftlich und kulturell Machtlosen ausweisen und legitimieren wollen." (Johanna Gisler)

Kuno Gurtner

Homogenisierung der Gesellschaft über die wissenschaftliche Vereinnahmung der Wohnkultur[1]

Barbara Koller

Den Ausgangspunkt dieses Aufsatzes bilden zwei allgemeine Beobachtungen. Erstens lässt sich in der zweiten Hälfte des 19. Jahrhunderts eine europaweit einsetzende "Hygienerevolution" feststellen, die grundlegende Einstellungs- und Verhaltensänderungen zur Folge hatte: Reinheit und Reinlichkeit und alle damit verbundenen Erfordernisse wurden damit schliesslich vollständig von allen Bevölkerungsschichten verinnerlicht. Zweitens zeichneten sich für die Schweiz in den ersten Jahrzehnten des 20. Jahrhunderts Ansätze einer politischen und kulturellen Integration der ArbeiterInnenschaft in den bürgerlichen Staat ab, die sich in den 1930er Jahren und während des Zweiten Weltkrieges konkretisieren sollten.

---

[1] Die vorliegenden Ausführungen dienten den TeilnehmerInnen als Informationsgrundlage für die anschliessende Diskussion. Sie beschränken sich deshalb im wesentlichen auf eine summarische Darlegung der bisher von der Forschung erarbeiteten Ergebnisse. Dieser Zielsetzung entsprechend wird bewusst darauf verzichtet, sämtliche Differenzierungen und allfällige Kontroversen breit darzustellen. Wo nicht explizit auf andere Grundlagen verwiesen wird, beziehen sich die vorgestellten Gedankengänge insbesondere auf die folgenden Publikationen und Forschungsarbeiten: Fritzsche, Bruno, Das Quartier als Lebensraum, in: Conze, Werner / Ulrich Engelhardt (Hg.), Arbeiterexistenz im 19. Jahrhundert. Lebensstandard und Lebensgestaltung deutscher Arbeiter und Handwerker, Stuttgart 1981 (Industrielle Welt 33), S. 92 - 113; Fritzsche, Bruno, Der Transport bürgerlicher Werte über die Architektur, in: Von Arburg, Hans-Peter / Kathrin Oester (Hg.), Wohnen. Zur Dialektik von Intimität und Öffentlichkeit. Diskussionsbeiträge zum Thema Wohnen, Freiburg i. Ü. 1990 (Studia ethnographica Friburgensia 16), S. 17 - 34; Fritzsche, Bruno, Vorhänge sind an die Stelle der alten Lumpen getreten: Die Sorgen der Wohnungsfürsorger im 19. Jahrhundert, in: Brändli, Sebastian et al. (Hg.), Schweiz im Wandel. Festschrift zum 60. Geburtstag von Rudolf Braun, Basel / Frankfurt a. M. 1990, S. 383 - 396; Koller, Barbara, "Gesundes Wohnen". Die wissenschaftliche Konstruktion bürgerlicher Wirklichkeit als integrative Strategie zur Lösung der Sozialen Frage, unveröffentlichte Lizentiatsarbeit, Zürich 1991; Mesmer, Beatrix, Reinheit und Reinlichkeit. Bemerkungen zur Durchsetzung der häuslichen Hygiene in der Schweiz, in: Gesellschaft und Gesellschaften. Festschrift zum 65. Geburtstag von Ulrich Im Hof, Bern 1982, S. 470 - 494.

Diese beiden Beobachtungen scheinen auf den ersten Blick isoliert. Es drängt
sich aber geradezu auf, nach deren Zusammenhang zu fragen, wenn das Motiv
der Hygienisierung verschiedener Lebensbereiche kritisch betrachtet wird: die
Gesundheit. Denn Gesundheit an sich existiert nicht. Vielmehr ist sie gemäss
einer Definition von Alfons Labisch lediglich ein sekundärer Wert, der es ermöglicht, übergeordnete Ziele durchzusetzen.[2] Mit Gesundheit werden nach dieser
Auffassung Massnahmen legitimiert, welche die betroffenen Menschen in ein
bestimmtes Wertsystem einzuführen haben. Damit lässt sich die Grundfrage dieses Aufsatzes formulieren: Auf welche Weise wurde das legitimatorische
Potential der Gesundheit in die bürgerlichen Strategien zur Integration der
ArbeiterInnenschaft einbezogen?

Um diese Fragestellung zu verdeutlichen, ist es angebracht, einen kurzen, im-
pressionistischen Blick auf vorindustrielle Verhältnisse zu werfen.

Bis ins 18. Jahrhundert bildeten Wohnen und Arbeiten, Produktion und
Konsumtion sowie der Boden und die ihn bestellenden Menschen unter den herrschenden Bedingungen einer vorindustriellen, ständisch organisierten und vorwiegend agrarischen Selbstversorgungswirtschaft eine Einheit. Idealtypisch wird
diese alteuropäische Ökonomie, diese Arbeits-, Wohn- und Lebensgemeinschaft
als "Ganzes Haus" bezeichnet.[3] An dessen Spitze stand der Hausvater. Als
Spiegelbild der gesamten Gesellschaft oder als Welt im Kleinen angesehen, entsprach seine patriarchalische Vorrangstellung der Vorstellung einer hierarchisch
gegliederten, theologisch legitimierten Weltordnung. In Analogie zum Regiment
des Landesherrn vertrat er die Hausgemeinschaft nach aussen, hatte er das
Herrschaftsrecht, aber auch die Sorgepflicht gegenüber allen Hausgenossen,
sowohl den eigenen Angehörigen wie dem Gesinde. Seine Frau ihrerseits erfüllte
im Rahmen der Familienökonomie lebenswichtige Funktionen: sie hatte
Eigenverantwortung für Haus, Vorratshaltung, Garten, Kleinvieh, Milchwirt-
schaft usw. Als architektonische Konkretisierung dieser integralen Gemeinschaft
wurde das niederdeutsche Hallenhaus gesehen. Als sogenanntes "Einhaus"
vereinigte es in Räumlichkeiten, die man heute als Allzweckräume bezeichnen
würde, unter einem Dach Herrn und Knecht, Mensch und Tier. Arbeit, Konver-
sation und Vergnügen - alles spielte sich in denselben Räumen ab, in denen die
bäuerliche, aber auch die Handwerkerfamilie mit dem Gesinde und den
Arbeitskräften lebte, ass und schlief. Die Zimmer waren - mit Ausnahme der

---

2 Labisch, Alfons, "Hygiene ist Moral - Moral ist Hygiene" - Soziale Disziplinierung durch
  Ärzte und Medizin, in: Sachsse, Christoph / Florian Tennstedt, Soziale Sicherheit und
  soziale Disziplinierung, Frankfurt a. M. 1986, S. 265 - 285, insbesondere S. 280.
3 Grundlegend dazu Brunner, Otto, Das "Ganze Haus" und die alteuropäische "Ökonomik", in:
  ders., Neue Wege der Verfassungs- und Sozialgeschichte, Göttingen 1968, S. 103 - 127.

Küche - für die verschiedenen Zwecke noch kaum spezialisiert und gingen meist ohne Flur unmittelbar ineinander über.

Mit der Auflösung der ständischen Agrargesellschaft im Gefolge der Französischen Revolution, mit dem Anwachsen der bürgerlichen Schichten, mit dem Übergang von der ländlichen Agrargesellschaft zur verstädterten Industriegesellschaft und der Durchsetzung der profit- und leistungsorientierten kapitalistischen Wirtschaftsweise haben sich nun auch die Wohn- und Lebensverhältnisse grundlegend geändert: die Familie im modernen Sinne, die Trennung von Arbeiten und Wohnen entstanden. Zwar waren gewisse Wandlungstendenzen im Wohnbereich der bürgerlichen Oberschichten bereits seit dem 16. Jahrhundert zu beobachten. Doch erst im 19. Jahrhundert sollte sich das bürgerliche Familienideal als Norm durchsetzen und damit zu einem tragenden Element der Industriegesellschaft werden.[4]

Die bürgerliche Konzeption stellte der harten, von den unerbittlichen Gesetzen des Marktes beherrschten Arbeitswelt als Gegenstück das Ideal der Ehe als Liebesgemeinschaft und der Familie als Ort der Emotionalität, des Vertrauens und der Geborgenheit gegenüber. Der postulierten Funktionsteilung von Arbeiten und Wohnen entsprach also auch eine Funktionsteilung von gesellschaftlich und familiär, von öffentlich und privat, wobei für jeden der beiden Bereiche ganz andere Spielregeln oder Verhaltensnormen galten. Der Privatbereich, die bürgerliche Wohnung war in sich wiederum differenziert. Die Räume wurden nämlich funktional sowie alters- und geschlechtsspezifisch separiert.

Zeitlich parallel zu dieser "Dissoziation von Erwerbs- und Familienleben" verlief die Ausdifferenzierung oder "Polarisierung der Geschlechtscharaktere".[5] Dem Mann, weil er sich angeblich auszeichnete durch Aktivität, Rationalität, Egoismus, Ehrgeiz, Wille, Kraft, Selbständigkeit und Verstand, wurde die Sphäre der Öffentlichkeit zugewiesen; der Frau ordnete man, weil sie passiv, emotional, weich, hingebend, opferbereit sei, den privaten Bereich zu. Dass die Frau ins Haus gehöre und dem Mann untergeordnet sei, war zwar keineswegs eine Erfindung des bürgerlichen Zeitalters. Neu war, dass die Position der Frau seit der Aufklärung nicht mehr theologisch abgestützt werden konnte, sondern aus ihrer andersartigen biologischen und physiologischen Natur heraus erklärt werden musste.

---

4 Faktisch allerdings überlebte die Hausgemeinschaft als Produktionsgemeinschaft bei den Handwerkern bis weit ins 19. Jahrhundert, bei den Bauern darüber hinaus.

5 Vgl. Hausen, Karin, Die Polarisierung der "Geschlechtscharaktere" - Eine Spiegelung der Dissoziation von Erwerbs- und Familienleben, in: Conze, Werner (Hg.), Sozialgeschichte der Familie in der Neuzeit Europas, Stuttgart 1976, S. 363 - 393.

Im Wandel der Sozialform des "Ganzen Hauses" zur modernen Familie wurden, und das ist für die nachfolgenden Ausführungen von besonderer Bedeutung, auch die familienfremden Arbeitskräfte ausgegliedert. Für die Gesellen und Mägde bedeutete dies, dass sie nicht mehr dem traditionellen Zwangszölibat des Hausgesindes unterworfen waren, sondern nunmehr zumindest rechtlich die Möglichkeit erhielten, eine eigene Familie zu gründen; dies war einer der Gründe für einen markanten Bevölkerungsanstieg seit ungefähr 1800, der zu einem überproportionalen Wachstum der Unterschichten führte. Doch die Bevölkerungsstruktur veränderte sich nicht nur in dieser Hinsicht. Mit dem in der Schweiz seit den 1840er Jahren einsetzenden Industrialisierungsschub stieg als Folge von Wanderungsbewegungen der Anteil der städtischen Bevölkerung an der Gesamtbevölkerung zwischen 1850 und 1910 von 6,5% auf etwa 25%.

In diesem kaum kontrollierten, ungeordneten Wachstum der Industriestädte im 19. und frühen 20. Jahrhundert reproduzierte sich indes stets von neuem ein geordnetes Muster sozialräumlicher Verteilung: der markante Bevölkerungszuwachs verteilte sich auf der Ebene der einzelnen Städte unterschiedlich auf die verschiedenen Quartiere. Einerseits erklärt sich dies aus der Tatsache, dass sich ein Grossteil der Zuwandernden aus den ländlichen und ausländischen Unterschichten rekrutierte, welche sich zumeist in denjenigen Quartieren niederliessen, die bereits von den Unterschichten bewohnt wurden. Denn nur dort konnten sie erwarten, eine einigermassen erschwingliche Wohnung zu finden. Andererseits akzentuierte sich die Sozialtopographie zusätzlich dadurch, dass, weil die Zugewanderten in der Mehrzahl Personen im reproduktionsfähigen Alter waren, der Geburtenüberschuss in den entstehenden Unterschichtsquartieren im Vergleich zum gesamtstädtischen Mittel trotz der hohen Sterberate überdurchschnittlich hoch war. Das Angebot an billigen, kleinen Wohnungen konnte aber mit der durch das explosive Wachstum der Unterschichten sprunghaft steigenden Nachfrage bald nicht mehr Schritt halten. Diese Diskrepanz zwischen Angebot und Nachfrage führte ihrerseits zu einem unverhältnismässig starken Anstieg der Mietpreise: die Unterschichten lebten zwar in billigen Wohnungen, nicht aber in billigem Wohnraum. Infolgedessen waren viele Unterschichtsfamilien gezwungen, ihre am Einkommen gemessen zu grosse Wohnung durch Aufnahme von bezahlenden SchlafgängerInnen, ZimmermieterInnen, ja sogar ganzen Familien besser zu nutzen. Die Folge der akuten Wohnungsnot waren drastische Auswirkungen in bezug auf die Wohndichte, wovon zeitgenössische Quellen vielfach Zeugnis ablegen: "Vom feuchtkalten Kellerraume bis hinauf unter das Ziegeldach, das weder von der Kälte des Winters, noch von der Gluthitze des Sommers zu schützen vermag, sind alle Winkel benutzt zum Aufenthalte für Menschen; Räumlichkeiten, in welche der Sonne Licht keiner Zeit des Jahres seine belebenden und erwärmenden Strahlen scheinen lässt, (...) müssen oft als

Schlaf- und Arbeitsstätte genügen."[6] "Man schläft nicht nur zu zweien, nein auch zu dreien und zu vieren in einem Bett".[7]

Diese quantitative und qualitative Wohnungsnot, diese quartierbezogene, dafür umso massierter auftretende Armut bildete eine politische Gefahr: Es entstand ein fruchtbarer Nährboden für die Bildung von Klassenbewusstsein und ArbeiterInnenbewegung, zumal der Wohnsituation diesbezüglich eine entscheidendere Rolle zugekommen sein dürfte als dem Arbeitsort. Während nämlich die Angehörigen der Unterschicht am Arbeitsort eingebunden waren in eine vom Unternehmer gesetzte Hierarchie, welche die Interaktion mit MitarbeiterInnen von oben her strukturierte, in eine Fabrikordnung, welche Kommunikation unter den ArbeiterInnen strikte verbot, waren sie am Wohnort dieser sozialen Kontrolle entzogen, nicht mehr dem von einer bürgerlichen Vorstellungswelt entworfenen Normenkatalog ausgesetzt. Und ausgerechnet hier, in der sozialen Segregation, in ihrer - nun auch der sozialen Kontrolle durch den Meister entzogenen - Wohnsituation, erlebten die ProletarierInnen den sich zuspitzenden Klassencharakter der Industriegesellschaft konkret, nämlich räumlich und optisch klar erkennbar. Oder wie es ein Zeitgenosse formulierte: "Man hatte zwar immer und überall reiche Stadtviertel und arme Stadtviertel, aber dieser Gegensatz hat sich in neuester Zeit wesentlich gesteigert".[8]

Vor diesem Hintergrund stellt sich nun die Frage, in welcher Form von bürgerlicher Seite her Leistungen erbracht wurden, die für das Abwenden der von den Unterschichten her drohenden Gefahr von Bedeutung waren.

Die damit gestellte Herausforderung war keine leichte. Denn gerade weil die Familie, wie wir gesehen haben, ein privater Bereich war, in dem die Öffentlichkeit im allgemeinen, der Staat im besonderen nichts zu suchen hatten, stellte die Überwachung des Wohnbereiches ein heikles Unterfangen dar. Mit den sogenannten Wohnungsenquêten schufen die staatlichen Instanzen eine Möglichkeit, sich die Türen auf eine unverfängliche Art und Weise öffnen zu lassen.

So wurden in den neunziger Jahren des letzten Jahrhunderts nach dem Vorbild der Basler Enquête von 1889 in verschiedenen Schweizerstädten flächendeckende und systematisch angelegte empirische Untersuchungen der aktuellen Wohnumstände durchgeführt, z. B. in Lausanne, Zürich, Bern, Winterthur, Aarau, St.

---

[6] Blätter für Gesundheitspflege, No. 1, Zürich 1872, S. 4 f.

[7] Gretzschel, Gustav, Das Wohnungswesen, in: Fraenken, C. (Hg.), Weyl's Handbuch der Hygiene in acht Bänden, 2. Auflage, 4. Band (Bau- und Wohnungshygiene), Leipzig 1912, S. 996.

[8] Erismann, Friedrich, Gesundheitslehre für Gebildete aller Stände, München (3) 1885 (1. Auflage 1878), S. 86.

Gallen, Luzern und Vevey. Zwar waren diese zum Teil, wenn auch in der
Minderheit, von sozialdemokratischer Seite her initiiert. Doch allein die Tatsache,
dass die Wohnungsenquêten in jedem Fall von der Stadt - bzw. in Basel vom
Kanton - finanziert wurden, widerspiegelt, dass die Realisierung der Erhebungen
ein bürgerliches Anliegen war.

Zur Durchführung der Enquêten wurden überall die noch in den 1880er Jahren
um allgemeine Anerkennung ihrer Wissenschaft bemühten Statistiker herbeigezo-
gen. Die Forderung nach unparteiischer Wahrheit löst die Statistik ein, indem sie
durch Quantifizieren objektiviert. Entsprechend war das Vorgehen. Methodisch
mit Hilfe standardisierter Fragebögen, die quantifiziert werden konnten, sollte inhaltlich die eigentliche Wohnungsproblematik, also Gestaltung und Nutzung der
Räumlichkeiten erfasst werden. Die alte seuchenpolizeiliche Fragestellung, nämlich die Prüfung auf Trockenheit, Zutritt von Luft und Licht, Sauberkeit,
Entfernung von Schmutz und Fäkalien, wurde dabei ergänzt durch neue Fragen
nach der Wohnungsgrösse, Zimmerzahl, Belegungsdichte, Fensterfläche usw.

Indem die städtischen Entscheidungsgremien die Wohnungsfrage also über die
Wohnungsenquêten angingen, stilisierten sie sie, ihrer sozialpolitischen Brisanz
sozusagen entleert, vereinfachend zu einem rein technischen Problem. Die soziale
Bedeutung des Wohnens taucht dabei - entpolitisiert durch die Methoden der
Quantifizierung seitens der Statistik - in einem scheinbar wissenschaftlich-wert-
neutralen Gewand auf. Obwohl die Wohnungsenquêten damit vordergründig
apolitisch angelegt waren, wurden ihre Ergebnisse politisch gewertet und entschlüsselt.

Politisch gewertet wurden sie insofern, als beispielsweise Wohnungen ohne
eigene Küche und eigenen Abtritt als "kulturwidrig", Wohnungen mit mehr als
zwei BewohnerInnen pro Raum als "überfüllt" galten. Die (klein)bürgerliche
Wohnung wird somit nicht nur zur Norm der Alltagskultur, sondern explizit zur
Grundlage für eine diffamierende Ausgrenzung alles Abweichenden.
Politisch entschlüsselt wurden die Resultate, indem man sie signifikanterweise
stets nach Quartieren bzw. Stadtkreisen - unter Einbezug von Name, Zivilstand
und Beruf des Haushaltungsvorstandes sowie Zahl, Geschlecht und Alter aller
Personen der Haushaltung, von Zahl der Betten und vom Mietzins - tabellarisch
darstellte und das Wichtigste dabei in Textform vergleichend zusammenfasste.
Wissenschaftlich bestätigt und dementsprechend bewusst sachlich formuliert
wurde, was vorher dem Inhalt nach eigentlich längst bekannt gewesen war: "dass
es die Arbeiterquartiere und Arbeiterhaushaltungen sind, welche öfter
Kostkinder, Zimmermieter und Schlafgänger haben und die dichteste Besetzung
der Schlafräume sowie die stärkste Bettenbesetzung aufweisen; dass in vielen
Häusern mit Mietwohnungen die Zahl der Abtritte eine durchaus unzureichende
ist; dass trotzdem aber (...) allgemein der relative Miethpreis in den kleinsten, am

ungünstigsten gelegenen und am meisten überfüllten Wohnungen am höchsten ist (...)".[9]

Um neben dieser statistisch erarbeiteten kategorialen Lokalisierung der Missstände im Wohnungswesen - wie es so schön hiess - "gleichzeitig auch ein praktisches Ergebnis aus den Erhebungen zu gewinnen"[10], wurde in allen Städten zuhanden der Baupolizei und des Gesundheitswesens zur konkreten örtlichen Bestimmung der Mängel ein sogenanntes "schwarzes Buch" angefertigt, eine Aufstellung, in welcher nach Strassen geordnet sämtliche Häuser und Wohnungen einzeln aufgeführt wurden, in denen man gesundheitsschädigende Begebenheiten festgestellt hatte.

Dass gerade die oben beschriebene Wohnkultur als ungesunde Wohnkultur bezeichnet wurde, ist dabei keine zufällige Einzelnennung. Diese Kongruenz ist dadurch zu erklären, dass die Hygieniker gegen Ende des 19. Jahrhunderts die Tuberkulose, eine sehr bedeutsame Todesursache, als eigentliche "Wohnungskrankheit" der städtischen Unterschichten definiert hatten - eine Verknüpfung, die in der heutigen Medizin umstritten ist. Zur Prävention der Tuberkulose empfahlen die nach Professionalisierung und Profilierung strebenden Hygieniker jedenfalls genau das, was als verbindliche Norm bürgerlichen Wohnens galt. Neben einer allgemein gemässigten Lebensführung zählten dazu etwa die Kontrolle der Affekte, das Vermeiden von engen Körperkontakten (Kinder nicht küssen und liebkosen!), häufiges Lüften der Wohnung und der Betten, viel Bewegung im Freien sowie ausreichend Schlaf und Erholung im trauten Heim.

Es kann deshalb kaum mehr erstaunen, dass die anschliessenden kommunalen Eingriffe v. a. in prophylaktischer Hinsicht erfolgten: so wurde unter dem Banner medizinischer Präventivmassnahmen in mehreren Städten eine Wohnungsaufsicht eingerichtet. Die Ergebnisse der Wohnungsenquêten konnten dabei in zweierlei Hinsicht nutzbar gemacht werden. Einerseits lieferten sie statistische Daten als Handlungsgrundlage und als allgemeinverbindliche, weil wissenschaftlich bewiesene Legitimierung einer auf bestimmte Quartiere bzw. Bevölkerungsschichten ausgerichteten Kontrolltätigkeit, andererseits liessen sich spezifische Übelstände aufgrund der bereits erwähnten schwarzen Bücher genau lokalisieren.

Ausgeführt wurde die Wohnungsaufsicht durch Sanitätsbeamte, welche der städtischen Verwaltungsabteilung des Gesundheitswesens unterstellt waren. Ihre Aufgabe war es, "darüber zu wachen, dass die guten Wohnungen gesundheits-

---

[9] Die Zitate sind dem publizierten Basler Enquêtenbericht entnommen: Bücher, Karl, Die Wohnungs-Enquête in der Stadt Basel vom 1. - 19. Februar 1889, Basel 1891.

[10] Stadtratsprotokolle Zürich, Sitzung vom 7. Mai 1898.

gemäss benutzt, die ungesunden in gesunde verwandelt oder von der Benutzung zum Wohnen ausgeschlossen werden"[11]. Zu diesem besagten Zweck der Gesundheitssicherung war das Wirken der Wohnungskontrolle administrativ straff organisiert, indem die Kontrolltätigkeit genau reglementiert war und deren Resultate auf vorgegebenen Formularen schriftlich erfasst, zentral und systematisch registriert sowie periodisch ergänzt und erweitert wurden. Dass die Aufmerksamkeit dieser professionellen und administrativen Verwaltung der Gesundheit dabei in Ziel und Praxis primär dem ungesunden Verhalten und weniger der ungesunden Wohnung galt, lässt sich aufgrund zahlreicher Tatsachen belegen, von denen hier nur die wichtigste genannt sei: die Kontrollen der Wohnungsaufsichtbeamten waren unangemeldet vorzunehmen, was zur blossen Feststellung baulicher Mängel nicht notwendig gewesen wäre.

Was das konkrete Programm der Wohnungsinspektoren betrifft, umfasste es die Forderung nach Einhaltung folgender Prinzipien. Es durften in der Regel nur zwei SchlafgängerInnen aufgenommen werden, wobei das Vermieten von Schlafstellen sowie jede Veränderung der Zahl der SchlafgängerInnen meldepflichtig und die Zimmertrennung nach Geschlecht fortan obligatorisch waren. Als ebenso verbindlich wurde die funktionale Trennung von Küche, Schlafzimmer und Stube erklärt. Kriterium zur Aufnahmeerlaubnis von SchlafgängerInnen war konformes Verhalten: "die Bewilligung kann verweigert oder entzogen werden, wenn Missstände in sittlicher Hinsicht zu befürchten oder eingetreten sind"[12].

Aber auch "ungelüftete, ungeordnete Zimmer, in denen oft auch allerlei Unrat in ekelerregender Weise anzutreffen war", "stinkende Kindswäsche, besonders in Küchen, Gängen und Fensteröffnungen", "überall schmutzige Papierfetzen, Lumpen, Kot und Schmutz überhaupt", "die Herde, Kamine und Öfen voller Ungeziefer",[13] waren den Hygiene-Schnüfflern, d. h. den Wohnungsinspektoren, ein Dorn in ihren Argusaugen. Stattdessen befahlen sie Reinlichkeit, Sauberkeit und Ordnung mittels des alltäglichen Trainingsmottos der Regelmässigkeit. Regelmässiges Lüften, regelmässiges, d. h. tägliches Reinigen der Schlafräume und, damit verbunden, eine regelmässig hergestellte Ordnung wurden zum Sakrosanktum innerhalb der in zahlreichen Hygieneschriften und -berichten vielgepriesenen "rationellen Gesundheitspflege".

---

[11] Wegleitung der Zürcher Wohnungskontrolle, abgedruckt im Geschäftsbericht des Stadtrates von Zürich 1899, S. 121.

[12] Wohnungsreglement der Gemeinde Tablat, Art. 15, abgedruckt in: Kern, K., Wohnungsinspektorate in der Schweiz, mit spezieller Berücksichtigung von Erfahrungen im Wohnungsinspektorat der Gemeinde Tablat (St. G.), Zürich 1912, S. 19 - 21.

[13] Kern, K., Wohnungsinspektorate in der Schweiz, a. a. O., S. 11 f.

Die öffentliche Hand schreckte schliesslich selbst davor nicht zurück, aus dem Anrecht auf eine gesunde Wohnung eine Pflicht zu machen. So wurde vermeintlich gesundheitswidriges Verhalten mit Verwarnung oder Busse geahndet. Im Namen der medizinischen Prophylaxe wurde die Gesundheit damit zum öffentlichen Gut erklärt, der Mensch im allgemeinen somit fremdverwaltet, der/die unsaubere und ungesunde ProletarierIn im speziellen gar kriminalisiert.

Welche primären Ziele mit dieser Art des Managements und der Steuerung des Wohnverhaltens der Unterschichten von den Behörden angestrebt wurden, soll im folgenden - ohne Anspruch auf Vollständigkeit - skizziert werden.

Die in den Wohnungsenquêten erfolgte Allianz zwischen Hygiene, Statistik und Politik war nur möglich, weil alle drei sich an den bürgerlichen - der Gesundheit übergeordneten - Werten der Wirtschaftlichkeit und der nationalen Potenz orientierten. Dieses Globalziel sollte über verschiedene Teilziele verwirklicht werden.

Als augenfälliges Ziel präsentierte sich das Bestreben nach dauernder Sicherung und Steigerung eines quantitativ und qualitativ genügenden Arbeits- und Wehrkraftpotentials. Voraussetzung einer dauernden Leistungsfähigkeit ist jedoch immer auch die proportional dazu steigende Leistungsbereitschaft. Diese war sicher Teil der als Norm geltenden bürgerlichen, nicht aber der von der Norm abweichenden proletarischen Wertvorstellungen und Verhaltensweisen. Sozialer und mentaler Konsens musste also hergestellt werden. Das bürokratische Programm und die überfallähnliche Eindringungspraxis der Hygiene-Aufpasser in die Wohnungen suggerierten den ProletarierInnen deshalb insgeheim, dass fortwährende Gesundheit und die damit verbundene ständige Arbeits- und Leistungsfähigkeit zum Naturgesetz ihrer Lebensführung werden sollten. Im Rahmen dieser Neukonstitution des Arbeitsethos gewannen Ruhe und Erholung einen immer höheren Stellenwert, doch sie dienten lediglich der Steigerung produktiver Zeitnutzung im Arbeitsalltag. Diese Erholung sollten die Erwerbstätigen nun nicht mehr im Wirtshaus oder im Quartier als Lebensraum, sondern in der Wohnstube finden. Die Öffentlichkeit sollte durch die Privatheit abgelöst werden. Ziel war es, die typischen sozialen Netzwerke der ProletarierInnen, das Wohnquartier und die Nachbarschaft, auszuschalten. Indem die Behörden zudem dazu aufriefen, gewissermassen als HilfspolizistInnen mit dem Instrumentarium ihrer Ohren, ihrer Augen und ihrer Nase die Einhaltung der Hygieneregeln und Wohnvorschriften zu kontrollieren bzw. fehlbare NachbarInnen zu denunzieren, wurde ein Klima gegenseitigen Misstrauens begünstigt. Die Interessenartikulation, das Klassenbewusstsein und die ArbeiterInnenbewegung sollten dadurch unterminiert werden. Anstelle der ausserfamiliären Solidarität sollte das Prinzip der Konkurrenz treten. Räumlicher Bereich dieser integrativen Funktion der Intimität war die durch das Bündel von Hygienegeboten determinierte gesunde Wohnung. Diese sollte künftig durch die auf ihre reproduktive Leistungsfähigkeit reduzierte (Haus)Frau hergestellt werden. Obwohl das Ziel der ausschliesslich im Haushalt tätigen Arbeiterfrau vorerst Idealvorstellung blieb, waren enorme Erwartungen an sie gestellt. Ihr Pflichtenheft umfasste gemäss einer 1911 vom Basler Gesundheitsamt publizierten Broschüre neben vielen anderen Aufgaben die folgenden:

"Sämtliche Räume einer Wohnung, nicht bloss die Zimmer, sondern auch Küche, Treppen, Gänge, Abort etc. sind täglich einmal gründlich auszukehren. (...) Tannene oder mit Linoleum belegte Böden sind öfters mit heissem Wasser, Seife und Bürste gründlich zu reinigen, Parkettböden mit Stahlspänen abzureiben. Die Tapete reinige man von Zeit zu Zeit durch Abwischen mit einem trockenen Borstenwischer oder Tuch; gröbere Verunreinigungen der Tapeten lassen sich meistens durch Abreiben mit weichem Brot entfernen. Die mit Ölfarbe gestrichenen Wände, Türen, Getäfel etc. wasche man öfters mit warmem Wasser gründlich ab. Bei der Reinigung der Zimmer vergesse man nicht, von Zeit zu Zeit auch die Möbel wegzurücken, um auch die von ihnen verdeckten Teile der Wände und Böden reinigen zu können.
Die Betten lüfte man jeden Morgen durch Abdecken bei geöffneten Fenstern, vor dem Umbetten wende man die Matratze, schüttle und lüfte Kissen und Wolldecken; die Bettwäsche soll alle 2 Wochen erneuert werden. Jedes Bett nehme man jährlich mindestens einmal auseinander, reinige das Gestell desselben recht gründlich und klopfe die Matratzen im Freien gehörig aus.
Bettvorlagen, Teppiche, Wolldecken etc. sind möglichst oft ausserhalb der Wohnung auszuklopfen; waschbare Vorhänge sind jährlich einmal zu waschen, nicht waschbare öfters auszuklopfen. Die Nachtgeschirre leere man sofort nach dem Aufstehen, spüle sie nachher aus und reinige sie öfters mit heissem Sodawasser.
Bei der Reinigung der Zubehörden zur Wohnung (Küche, Gänge, Abtritt etc.) verfahre man in einer obigen Regeln entsprechenden Weise."[14]

Das Putzen der Wohnung als planmässige Pflichterfüllung wurde zu einem immer komplizierteren Hygieneritual. Die Spezialisierung und Professionalisierung der Haushaltsarbeit, die geschlechtsspezifische Trennung der produktiven und reproduktiven Arbeit waren damit eingeleitet. An die Stelle der sozialen trat die Sicht der geschlechtlichen Ungleichheit, d. h. der nach Geschlecht verschiedenen Rollen- und Interessenzuordnung. Mit diesen Momenten beidseitiger Ergänzung und Abhängigkeit sollten überdies sowohl Frau wie Mann zu kontinuierlicher Höchstleistung angespornt werden. Der Sockel einer leistungsstarken, als Ganzes flexiblen und mobilen, im Innern jedoch stabilen und integrierten Gesellschaft war geschaffen.

---

[14] Wie wohnt man gesund?, Ratschläge unter spezieller Berücksichtigung der Basler Verhältnisse, hg. vom Gesundheitsamt Basel-Stadt, Basel 1911, S. 19 f.

Wir erkennen daraus, dass das Thema "Wohnen" ein Gebiet ist, das zu den
Totalphänomenen gerechnet werden kann, welche zu allen Zeiten und Orten auftreten und mit allen anderen Lebensbereichen des Menschen direkt oder indirekt
verbunden sind. Angesichts dieser Tatsache ist es denn auch nicht erstaunlich,
dass es bis heute sowohl an einer generellen Theorie als auch an einer umfassenden Geschichte des Wohnens mangelt. Trotzdem sei soviel festgehalten: Das
Wohnen steht in einem Spannungsfeld zwischen ökonomischen, sozialen, menta-
len, kulturellen, ideologischen, technischen, rechtlichen und politischen Kausali-
täten, die sich jeweils gegenseitig bedingen.[15] Der Objektbereich der Wohnung
als gebauter Umwelt (Wohnlage, -form, Siedlungsform, -räume, Wohnungs-
quantität, -qualität) steht in engstem Zusammenhang mit dem Subjektbereich des
Wohnens als erlebter Umwelt (Nachbarschaft, Freizeit- und Konsumangebot,
emotionale Verbindung der BewohnerInnen, Wohnen als Herrschaftsform und
Statussymbol) und als gestalteter Umwelt (Wohnungsmöbel, Hausrat).

Jeder Eingriff in den Lebensbereich des Wohnens, und sei er noch so technokra-
tisch und scheinbar wissenschaftlich begründet, muss unbedingt hinsichtlich der
Absichtshaltung seiner UrheberInnen, hinsichtlich seiner sozialen und politischen
Auswirkungen sowie in bezug auf die Wertvorstellungen der wohnenden
Subjekte hinterfragt werden.

---

[15] Der Versuch einer Systematisierung der verschiedenen Einflussfaktoren findet sich bei
Teuteberg, Hans Jürgen, Betrachtungen zu einer Geschichte des Wohnens, in: ders. (Hg.),
Homo habitans. Zur Sozialgeschichte des ländlichen und städtischen Wohnens in der
Neuzeit, Münster 1985 (Studien zur Geschichte des Alltags 4), S. 3.

Die private Gegenwelt - Homogenisierung und soziale Differenzierung der Wohnstile in der Nachkriegszeit

Johanna Gisler

Im vorhergehenden Aufsatz hat Barbara Koller die Homogenisierung der Gesellschaft beschrieben und darunter die staatlich erzwungene Anpassung unterer Schichten an bürgerliche Normen verstanden. Lassen sich ihre Befunde für das 20. Jahrhundert weiterspinnen? Ich werde diese Frage in drei Punkten weiterverfolgen.
1. Als ersten Punkt behandle ich den Trend zur Homogenisierung der Lebensstile in der Zeit nach dem Zweiten Weltkrieg. Ich habe dafür zwei Beobachtungsfelder ausgewählt: Die Wohnung als private Gegenwelt und die Wohnung als Repräsentationsobjekt. Beide hängen eng zusammen, weil sich ein Ort, an dem man quasi autonom schalten und walten kann, für die Inszenierung des Lebensstils besonders gut eignet.
2. Im zweiten Abschnitt werde ich sodann die wichtigsten unter den Faktoren streifen, welche die Angleichung der Wohnvorstellungen befördert haben.
3. Im dritten Abschnitt möchte ich zeigen, dass dem allgemein verbreiteten Geschmackspostulat gleichzeitig ein hohes Potential an sozialer Differenzierung innewohnte. Hier geht es um die sozialen Grenzen, die der Angleichung der Lebensstile gesetzt waren.

Der Trend zur Homogenisierung der Wohnleitbilder

Unter Lebensstil verstehe ich ein "System kohärenter Ausdrucksformen und Orientierungsmuster", die typisch sind für eine soziale Gruppe oder gar für eine Kultur. Die Vorlieben für typische Meinungen, Gegenstände oder Praktiken sind eine Art Sprache, mit deren Hilfe eine Gruppe ihr Selbstverständnis definiert und sich andern gegenüber darstellt. Erzeugt wird diese Sprache durch verinnerlichte Wahrnehmungs- und Bewertungsmuster, die der Gruppe gemeinsam sind. Sie stammen aus der objektiven Realität sozialer Strukturen, sind aber von den

Individuen aufgenommen, verarbeitet, internalisiert. Ob man sich mit Corbusier-
möbeln einrichtet oder mit Louis toujours, ob man Cello spielt oder Fussball, ist
also nicht zufällig, die Wahl hat System.[1]

In der Tendenz haben sich nach dem Zweiten Weltkrieg die sozialen Unterschiede
in der Lebensweise eingeebnet, die vorher zwischen ArbeiterInnen, Angestellten
und traditioneller bürgerlicher Mittelschicht bestanden. Untere Schichten haben
Elemente des Lebensstils der Angestellten übernommen und sich vor allem in den
Bereichen Familie, Haushalt und Rolle der Frau den bürgerlichen Leitbildern
angeglichen.

Dem gängigen Familienleitbild zufolge schottet man sich in der privaten, familiären Innenwelt vor der Öffentlichkeit ab, insbesondere vor der Arbeitswelt, die
als mühselig empfunden wird. Die private Sphäre ist eine Gegenwelt, weil sie
nach anderen Gesetzen funktioniert als die Aussenwelt: Hier sind die zwischen-
menschlichen Beziehungen nicht von Konkurrenz und Unterordnung unter ökonomische Zwänge geprägt, sondern von Freiwilligkeit und Liebe. Hier glaubt
man seine ureigensten Neigungen und Interessen leben zu können. Kurz: Im
Schoss der Familie kann die wahre Persönlichkeit aufblühen, die tagsüber
zurückgebunden werden muss.[2] Im Selbstverständnis der schweizerischen Nach-
kriegsgesellschaft ergänzte dieses Familienleitbild die Wachstumsideologie, es
gehörte mit zu den Rezepten für eine problemlose Zukunft, die man in der Hand
zu halten glaubte: Man begriff die ökonomische Entwicklung als unbegrenzten
Fortschritt und wollte sie durch eine ungehemmte Rationalisierung forcieren.
Und daneben wollte man stabile Lebensbereiche bewahren, welche Sicherheit
und Halt bieten konnten im raschen Wandel der Arbeits- und Lebenswelt. Einer
davon war die Familie, die auf der traditionellen Rollenteilung der Geschlechter
aufbauen sollte. Innovative und konservative Elemente verflochten sich in dieser
Zeit zu einem ausserordentlich stabilen Selbstverständnis, welches der Schweiz
erlaubte, die Belastungen des Wachstumsprozesses bis weit in die 60er Jahre
hinein zu bestehen.[3]

Der Wunsch nach einem emotionalen, selbstbestimmten Freiraum spiegelt sich in
den Wohnleitbildern der 50er und 60er Jahre wider. Die Wahrnehmung der
Wohnung als familiäre Rückzugsbastion und als Bühne für die Inszenierung des
persönlichen Geschmacks verbreiteten sich in allen Schichten. Im 20. Jh. sind die
neuen Mittelschichten für die Ausprägung und Ausbreitung des zeitgemässen
Lebensstils verantwortlich.[4] Von ihren Orientierungsmustern werde ich deshalb

---

[1] Becher, 1990, S. 11-18; Bourdieu, 1982
[2] Rosenbaum, 1982
[3] Siegenthaler, 1987, S. 502f.
[4] Becher 1990, S. 34

ausgehen. Sie lassen sich für die Schweiz in der Frauenzeitschrift *Annabelle* studieren, deren Zielpublikum sich zu jener Zeit vor allem aus städtischen Mittel- und Oberschichten, aus Angestellten, Intellektuellen und KünstlerInnen zusammensetzte.

Der Traum: das Häuschen im Grünen

Das Sinnbild abgeschotteter Häuslichkeit war in den 50er und 60er Jahren das Häuschen im Grünen. Die zahlreichen Reportagen, welche die *Annabelle* zu diesem Thema brachte, titelten: "Das Glück: vier Kinder und ein Haus", "Ferienhaus für alle Tage", "Ein Häuschen für uns vier" - schon in den Titeln ist es unübersehbar, das Motiv der familiären Gegenwelt.[5]

Folgerichtig stellen diese Reportagen nicht nur die Lage, die Architektur und die Inneneinrichtung der Häuser vor, sie widmen sich auch eingehend den Bilderbuch-Familien, die darin wohnen. Der Vater ist selbstredend erfolgreich im Beruf, die Mutter ist hübsch und zugleich tüchtig im Haushalt, die Kinder sind gesund und haben "glückliche Augen". Es sind richtige Heldengeschichten mit dem immergleichen Tenor: Unter Aufbietung all ihrer Kräfte haben sie und er es geschafft, sich und ihren Kindern ein gesundes, ungestörtes Leben zu erkämpfen, ein richtiges Leben, das sich ausschliesslich um das "Elementare und Echte", die "Wärme des Daseins" im Schoss der Familie dreht.

Ihr Haus liegt in der Abgeschiedenheit, meist "im Waldwinkel", mindestens aber auf einer unverbauten Wiese. "Der Blick geht weit über die Hügel."[6] Schon lange bevor das Haus fertig ist, hält man auf dem Flecken Land, den man sich erobert hat, Picknicks mit der ganzen Familie ab. Manches Haus ist gleichsam organisch verwoben mit der Natur, es "schmiegt sich wie ein Schneckenhaus um die Menschen, so dass sie darin geborgen sind und doch kaum getrennt von Wasser, Luft und Erde". In der Umgebung und im Haus selbst finden sich "lauter gewachsene Dinge: Holz, Stein, Wasser, Pflanzen", in deren "gegenseitigen Beziehung" sich "ihre Kraft erschliesst".[7]
Eingebettet sein in die unberührte Natur, die eine Art Spiegel der Seele darstellt, weit weg von der Stadt - das ist die perfekte Gegenwelt. In städtischen Quartieren muss die Architektur an ihre Stelle treten, um den schützenden Abstand zu gewährleisten. Hier finden sich eigentliche "Wohnburgen". Die Fenster gegen die Strasse hin wirken wie Schiessscharten; die Räume öffnen sich im Innern des

---

[5] 1959/257, S. 103-107; 1958/244, S. 64f.; 1958/244, S. 64f.
[6] 1956/217, S. 73; 1965/383, S. 112
[7] 1960/269, S. 140, 143

Hauses gegen einen Gartenhof. "Das grimmig abweisende Äussere des Baus ist gleichsam ein schützender Mantel, der den privaten heiteren Wohnbezirk der Familie umhüllt."[8]

EinfamilienhausbesitzerInnen sind IndividualistInnen. Sie sind imstande, ihre Bedürfnisse der Welt aufzuzwingen, seien diese auch noch so "eigenwillig". Das Haus ist Symbol dieses Willens zur Aneignung. Es ist Symbol einer persönlichen Unabhängigkeit, die als Chance zur Selbstverwirklichung empfunden wird. "Zu sehen, wie aus den Träumen und Wünschen Realität wird mit Balken und Mauern ist ein spannendes Abenteuer, welches uns hilft, uns selbst zu finden und zu formen."[9] Dieser Individualismus schöpft seine Kraft aus der Möglichkeit, sich selbst zu sein. Denn das Leben spielt sich hier jenseits von Zwängen ab. Man ist "losgelöst vom grauen Alltag", "die Werte rutschen ins richtige Mass, die schale Konvention erscheint nicht"; es ist, als hätte man "ewige Ferien".[10]

Die Einfamilienhausthematik in der *Annabelle* zeigt sehr schön die zwei Seiten des bürgerlichen Individualismus: Neben dem selbstbewussten Ausgreifen in die Welt, dem autonomen Handeln als Voraussetzung für den Erfolg steht der Rückzug in eine empfindsame Innerlichkeit.[11] Die Privatsphäre hat Aufbau- und Kompensationsfunktion. Sie gibt, so sie nicht zur Flucht vor der Welt in die passive Selbstbeschränkung wird, neue Kraft für das Bestehen in der Öffentlichkeit: Das Haus ermöglicht "Einkehr in sich selbst und neuen Ausflug in die Welt".[12]

Die Realität: das Traumnest im Wohnblock

In den 50er Jahren war das Einfamilienhaus kein blosser Traum. Viele betrachteten es als erreichbar. Sozialer Aufstieg und steigendes Einkommen gehörten zu den normalen Erfahrungen, der Glaube an den stetigen wirtschaftlichen Aufwind und an den individuellen Erfolg waren ungebrochen. Besonders in den Schichten, die die *Annabelle* lasen. Das realistische Wohnangebot der Zeit war zwar auch für den "Mittelstand" die Mietwohnung. Doch dieses sogenannte "Blockwohnen" erschien ihnen als blosse Übergangsphase, die fast jeder junge

---

8 1965/383, S. 112
9 955/210, S. 51
10 1961/289, S. 118; 1960/269, S. 140
11 Becher, 1990, S. 39-71
12 1960/269, S. 140

Haushalt durchmachen musste.[13] Ja, durchmachen, denn dieser Wohnform haftete der Charakter des Unvermeidlichen an, in das man sich murrend schickt. "Wir sagen Ja zur Blockwohnung" oder "Charme in der Dutzendwohnung", dies sind wiederum Titel aus dem Wohnteil der *Annabelle*.[14] Euphorie geht ihnen diesmal ab, dafür sind sie so affirmativ wie Abstimmungspropaganda.

Der Schreck ergreift die Leserin jeweils schon beim Einstieg in diese Reportagen. Man nähert sich einem "jener Wohnblocks, die sich mit zehn, zwanzig Wohnungen in allen Strassen aller Städte finden: (...) Die Haustüre ist dieselbe. Die Wohnungstüre, die Einteilung des Grundrisses, die Fenster sind dieselben. So sehr dieselben, dass uns ein Gruseln überkommen könnte. Denn ist es nicht gegeben, dass auch der Esstisch, die Betten, die Wohnecke und die Stehlampe standardisiert am selben Orte stehen müssen, dass unser Leben so schematisch wird wie sein äusserer Rahmen?" "Nein!", sagt die Wohnredaktorin der *Annabelle*, "und um (ihr) Nein zu beweisen," fotografiert sie zuhanden der verzweifelten LeserInnenschaft vorbildliche Wohnungen. Zwei übereinander im gleichen Haus zum Beispiel, wo im Vergleich besonders augenfällig wird, "dass man auch im Wohnblock lustig, persönlich und gut wohnen kann, ohne ein Jota seines Individuums zu vernachlässigen."[15] Im Mietshaus rückt einem die standardisierte, rationalisierte Aussenwelt eng auf den Pelz: Der Zugang zur Natur findet, wenn's hoch kommt, auf mickrigen Balkonen oder mittels kümmerlichen Abstandsgrüns statt. Die Architektur ist lieblos, gleichförmig, anonym, die Grundrisse sind schlecht durchdacht und an stereotypen Wohnbedürfnissen ausgerichtet. Worauf es ankommt, um sich dennoch ein liebenswertes und persönliches Nest zu bauen? Jede der Wohnreportagen in der *Annabelle* gibt darauf die gleiche Antwort.

Keineswegs ist das Geld, das man zur Verfügung hat, ausschlaggebend. Es kann helfen, das schon. Aber zuvorderst ist Einrichten eine Geisteshaltung, der Mut zur "eigenen Wertordnung der Dinge" nämlich.[16] Gefragt ist der Wille, sich seine Umwelt anzueignen, sie nach eigenen Bedürfnissen zu gestalten und mit eigenen Bedeutungen zu belegen. In den "Traumnestern" der *Annabelle* steckt dementsprechend ein gerütteltes Mass an eigenen Einfällen und eigener Arbeit und eine bestimmte Eigenschaft namens "Geschmack".[17] "Jedes einzelne Stück ist (hier) mit Geduld, Humor, Geschmack und Liebe zusammengetragen", manch

---

13 1962/301, S. 96; 1955/203, S. 53
14 1961/285, S. 106f.; 1962/294, S. 70-73
15 1953/210, S. 51
16 1954/191, S. 42f.
17 1962/304, S. 66

eines ist selbstgezeichnet oder -gebaut.[18] Das Ganze ist Sinnbild einer persönlichen Geschichte, die in Fortsetzung begriffen ist. Denn wer soviel Selbstbehauptung in garstiger Umgebung zeigt, dem ist der Aufstieg ins Einfamilienhaus sicher. "Geschmack" ist dabei ein schillernder Begriff. Er ist zugleich ästhetisches Urteilsvermögen, das sich auf Regeln stützt, und eine Art Instinkt für das Gute und Schöne, der das Individuum auszeichnet. Auf die Bedeutung und Funktion dieses Begriffs werde ich im dritten Kapitel zurückkommen. Vorläufig genügt es, folgendes festzuhalten: Damit die Wohnung als emotionaler Flucht- und Freiraum wirken kann, müssen die BewohnerInnen Menschen sein, die noch dem kleinsten Ding, das sie umgibt, den Stempel ihrer Persönlichkeit, ihren "Geschmack", aufzudrücken vermögen. Eben IndividualistInnen.

Geborgenheit, Geschmack und Persönlichkeit von Möbel Pfister

Beide Vorstellungen - die Wohnung als privates Rückzugsgebiet und als Spielwiese der persönlichen Kreativität - sind typisch bürgerliche Orientierungsmuster. Im Verlauf der 50er Jahre verbreiteten sie sich auch in unteren Schichten. Die einschlägige Werbung von Möbel Pfister, dem Marktleader im schweizerischen Möbelgeschäft, spricht hierzu Bände. Eine methodische Zwischenbemerkung: Wenn ich Werbung als Quelle für die Orientierungsmuster bestimmter sozialer Gruppen betrachte, gehe ich von der Vorstellung aus, dass Werbeinhalte die Wertvorstellungen ihrer Zielgruppe mehr bestätigen als manipulieren.[19]

Die "gemütliche" Einrichtung ist im unteren Marktsegment schon früh als Sinnbild des Familienglücks verankert. Seit den 40er Jahren wimmeln die Inserate nur so von glücklichen Bräuten und Ehefrauen, denen Möbel Pfister ein "wunderschönes, kleines und eigenes Königreich" geschaffen hat.[20]

Das Geschmackspostulat dagegen dringt erst im Verlauf der 50er Jahre bis in die Werbung für MassenkonsumentInnen vor. Interessant ist dabei, wie es sich schrittweise von den teureren zu den günstigeren Angeboten hin ausdehnt. Anderes Zielpublikum - anders geartete Werbemittel. In der *Annabelle* wollen schon in den 40er Jahren anspruchsvolle Damen, Rechtsanwälte, und andere gehobene Identifikationsfiguren mit Pfister-Möbeln ihren "Geschmack" demonstrieren. Diese Werbung setzt ganz auf Statuskonkurrenz; der Wunsch, so geschmackvoll zu wohnen wie die besseren Leute und schöner als die eigenen,

---

[18] 1958/248, S 89
[19] Heller, 1987
[20] *Annabelle,* 1948/123, S. 8

soll zum Konsum animieren: "Keine ihrer Freundinnen lebt in solch eleganten und luxuriösen Räumen. Und alle beneiden sie (...). Sie wusste, dass die Möbel-Pfister AG in ihren Raumkunst-Ausstellungen (...) auch Intérieurs zeigt, die dem verwöhntesten Geschmack Rechnung tragen. Sie fühlte, was sie ihrer Schönheit und ihrer Lebensweise schuldig war, und (...) wählte dieses Modell aus, in dem sich nun ihre Persönlichkeit noch reicher entfalten kann".[21] Man merke sich: Für Möbel Pfister ist "Geschmack" Signum einer gehobenen, durch Luxus gekennzeichneten Lebensweise. Im Gegensatz zum Credo der *Annabelle* hat hier Persönlichkeit etwas mit der Repräsentation von Reichtum und Status zu tun. Ich werde darauf zurückkommen. Ganz anders inseriert Möbel Pfister zur gleichen Zeit in der Familienzeitschrift *Das Schweizer Heim*, welche vor allem ArbeiterInnen und kleine Angestellte lasen. Sie fragten offenbar nur komplette Aussteuern nach. Alles - der Hausrat, die Möbel, die Accessoires - war stilrein zusammengestellt und nur in der entsprechenden Kombination käuflich. Der Vorteil dieses Angebotes: "Bei allen unseren wohnbereiten, fix fertigen Spar-Aussteuern braucht man nur noch das Licht anzuknipsen und fühlt sich wohlge-borgen im lieben eigenen Heim!"[22] "Geschmack" oder "Persönlichkeit" der Einrichtung sind in diesem Marktsegment kein Thema, und dies bleibt so bis in die erste Hälfte der 50er Jahre. Nun werden breite KäuferInnenschichten in das persönliche Wohnen eingeweiht; und weil man sie mit der neuen Forderung noch nicht allein lassen kann, liefert man in der Person des Geschmacksberaters die nötige Hilfestellung gleich mit: "Jede Braut hat Wünsche (...) und wünscht sich vor allem ein auf ihre Persönlichkeit abgestimmtes individuelles Heim. Der erfah-rene Wohnberater der Möbel Pfister AG löst die subtile Aufgabe vortrefflich, sich in die Wünsche, Bedürfnisse und den Geschmack unserer Kunden bestmöglich und ohne jede Aufdringlichkeit einzufühlen. Unter seiner Mitwirkung erhält das Heim - ob einfach oder luxuriös - alsdann jene unbeschwert-beglückende Atmosphäre der Gemütlichkeit, die seinen Bewohnern das Zeugnis guten Geschmacks ausstellt".[23] Um 1960 schliesslich ist "Individualität" auch im unte-ren KäuferInnensegment zur zentralen Anforderung an die Einrichtung gewor-den. Die Formel ist verankert. Dass hinsichtlich der Bedeutung dieses Anspruchs und seiner Umsetzung in die Praxis zwischen den oberen und den unteren sozialen Rängen dennoch Unterschiede bestehen blieben, werden wir im dritten Kapitel über die Grenzen der Angleichung sehen.

---

[21] *Annabelle,* 1952/170, S. 86
[22] *Das Schweizer Heim,* 1947/18, S. 547
[23] *Das Schweizer Heim,* 1957/9, S. 293

Faktoren der Homogenisierung in der Nachkriegszeit

Hinsichtlich der Werte der Geborgenheit und der Selbstverwirklichung in der privaten Gegenwelt kann im Verlauf der 40er und 50er Jahre eine Angleichung der Wohnwerte festgestellt werden. Ich habe sie als Übernahme bürgerlicher Orientierungsmuster durch untere Schichten interpretiert. Dahinter standen veränderte Lebensbedingungen; neue Erfahrungen fanden in veränderten kulturellen Ausdrucksformen Deutung. Ein Bündel unterschiedlichster Faktoren hat die Angleichung der Lebensstile befördert. Die wichtigsten unter ihnen möchte ich kurz streifen.

1. Naheliegend sind wirtschaftliche Faktoren. Die Wirtschaft wuchs in der Nachkriegszeit in einem Ausmass und Tempo, wie man es noch nie zuvor gekannt hatte. Zwischen 1945 und 1975 verdoppelten sich die Reallöhne, und gleichzeitig verflachte sich das Lohngefälle. Fast alle sozialen Gruppen erlebten bereits in den 50er, besonders fühlbar aber in den 60er Jahren eine enorme Erweiterung ihres Konsumspielraumes.

2. Soziale Umschichtungen kamen hinzu. Der Anteil der Angestellten an der Gesamtzahl der Lohnabhängigen und an jener der Erwerbstätigen insgesamt nahm zu. Die ArbeiterInnen lebten nicht nur besser, sie selbst oder ihre Kinder stiegen in berufliche Positionen auf, von denen die vorangegangene Generation nicht einmal zu träumen gewagt hätte, u.a. deshalb, weil ausländische Arbeitskräfte die einheimischen unterschichteten.

3. Dank ihres kollektiven sozialen Aufstiegs gewann die ArbeiterInnenschaft auch ein Mehr an Respektabilität. Zusammen mit der sozialen Einschätzung und den Zukunftserwartungen veränderten sich auch ihre Bedürfnisse und ihr Konsumverhalten. Parallel dazu ging mit dem Verschwinden des sichtbaren Klassenantagonismus auch jene spezifische ArbeiterInnenkultur unter, durch die sich die organisierte und klassenbewusste ArbeiterInnenschaft vom dominanten bürgerlichen Lebensstil abgesetzt hatte; der individuelle Lebensentwurf verdrängte das Kollektiv. Schliesslich rechneten sich die meisten SchweizerInnen zur Mittelschicht. Die Klassen-Gesellschaft wurde durch eine zunehmend nivellierte Mittelstandsgesellschaft abgelöst, im Bewusstsein stärker noch als real. Denn das allgemeine Lebensniveau erhöhte sich zwar stark, aber die relative Verteilung der Einkommen und Vermögen veränderte sich kaum.

4. Auf politisch-ideologischer Ebene war die Selbstwahrnehmung als harmonische Mittelstandsgesellschaft bereits in den ausgehenden 30er Jahren vorbereitet worden. Verschiedene oppositionelle Gruppen, darunter die organisierte ArbeiterInnenschaft, waren damals in den bürgerlichen Staat und in die Wachstumsgesellschaft integriert worden; ein neuer nationaler Konsens hatte sich

herausgebildet. Ungehemmtes Wirtschaftswachstum innerhalb der kapitalistischen Marktwirtschaft avancierte zum gesellschaftlichen Hauptziel, Fortschritt wurde nur noch an der Steigerung des materiellen Lebensstandards gemessen. Als Gegenleistung für diese Integration sollten die Wohlstandsgewinne gerecht verteilt, die gefährdete Gruppe der Bauern geschützt, soziale Sicherheit und Konsumfreiheit für alle gewährleistet werden. In der Konkordanzdemokratie und der Sozialpartnerschaft konkretisierte sich in der Folge das neue Entscheidungs- und Verteilungsystem. Pendant zur Wachstumsideologie war dabei, wie bereits angetönt, ein ausgesprochen konservatives Frauen- und Familienbild. Die Norm setzte sich durch, dass verheiratete Frauen keiner Erwerbstätigkeit nachgehen durften.[24] Die Frau sollte, weil natürliche Eigenschaften sie angeblich dazu prädestinierten, zuhause für das Wohl ihrer Lieben sorgen und die öffentlichen Angelegenheiten den Männern überlassen. In der Familie sollte ein emotionaler Freiraum entstehen, der dem Mann die Anpassung an die zunehmend rationalisierte Umgebung erträglich machte. Weil die Arbeiterlöhne nun zu Familienlöhnen wurden, konnten sich nach dem Krieg erstmals auch alle Arbeitergruppen eine Hausfrau leisten. Diese Stabilität der soziopolitischen und soziokulturellen Strukturen hat den Wirtschaftsaufschwung entscheidend befördert.[25]

Wirtschaftliche, soziale, politische und kulturelle Faktoren wirkten im Prozess der Homogenisierung der Gesellschaft gleichgewichtig zusammen. Wichtig ist festzuhalten, dass im Unterschied zum 19. Jh. nun nicht mehr der Staat auf eine Anpassung an bürgerliche Normen hinarbeitete. An die Stelle institutioneller Kontrolle der Unterschichten ist ihre Integration in die Massenkonsumgesellschaft getreten. Die Apparate, welche klassenübergreifende Normen und Lebensstile propagierten, sind nun vor allem dort zu suchen, wo konsumorientierte Leitbilder vermittelt wurden: unter den Massenmedien, in der Werbung. Und zunehmend ging es auch eher um die Schaffung von Bedürfnissen als um die Vermittlung von Normen. Bis in die frühen 60er Jahre pflegten solche Instanzen, wie wir gleich sehen werden, noch eine pointiert pädagogische Grundhaltung. Ich komme damit zum dritten und letzten Punkt, den Grenzen der Homogenisierung.

---

[24] Wecker, 1988
[25] Siegenthaler, 1991

Soziale Grenzen der Homogenisierung: "Geschmack" als Mittel sozialer Distinktion

Geschmackvoll Wohnen! - Ein Wohnwert, der sich in der prosperierenden Gesellschaft der 50er Jahre verbreitet hat. Der Trend zur Homogenisierung manifestiert sich zwar klar, ebenso klar stösst er jedoch an soziale Grenzen. Besonders in den Wohnreportagen der *Annabelle* zeigt sich, dass mit dem persönlichen Geschmack weit mehr gemeint ist, als dass ein/e BewohnerIn sich in seiner/ihrer Wohnung heimisch macht. "Geschmack" ist ein ideologisch gebrauchter Begriff; er hat eine soziale Funktion. Denn mit "Geschmack" meint die *Annabelle* den sogenannt "guten Geschmack". Eine Eigenschaft, die nur das moralisch überlegene Individuum auszeichnet.

Annabelle-LeserInnen sind "ästhetisch denkende" BewohnerInnen.[26] Sie gehen mit Stil an die Einrichtungsfrage heran. Ein sicheres Gefühl für Formen, Farben und richtige Grundrisse zeichnet sie aus.[27] Die Dinge, mit denen sie sich umgeben, sind deshalb ausnahmslos schön. Die Lampe in ihrer Wohnung leuchtet nicht bloss, ihr "sehr schönen(r) Leuchter, das sehr leichte Radiomöbel" hat der Hausherr selbst gezeichnet und "sie sind von zarter nerviger Eleganz".[28]

Eine "ästhetische Einstellung" zu den Dingen ist aus der Sicht des Kultursoziologen Bourdieu *das* Merkmal, das die oberen gesellschaftlichen Klassen von den unteren abhebt. Weil sie Lebensumstände voraussetzt, die Distanz zu materiellen und zeitlichen Zwängen erlauben. Die Gelegenheit, im Umgang mit schönen Dingen sein ästhetisches Differenzierungsvermögen zu schulen, gehört ebenso dazu wie das Vermögen, die Wahl der Dinge, die man besitzt, und den Umgang damit am Kriterium der vollendeten Form auszurichten. Kriterien dagegen, die auf eine Wahl aus Notwendigkeit hinweisen - das elementare Bedürfnis, der Zweck, die Kosten -, werden durch die ästhetische Einstellung hintangesetzt oder gar verleugnet. Bourdieus empirische Untersuchungen zeigen denn auch, dass sie vom Bildungsgrad und von der sozialen Herkunft einer Person abhängig ist. "Geschmack" ist die umgangssprachliche Bezeichnung für die ästhetische Einstellung.[29]

Die Verfeinerung elementarer Bedürfnisse und Triebe wirkt in allen Bereichen des Lebensstils, ihr Anwendungsfeld par exccllence ist jedoch die Kunst.[30]

---

[26] 1951/155, S. 40
[27] 1962/304, S. 54, 63
[28] 1962/304, S 58
[29] Bourdieu, 1982, S. 102f., 288-290
[30] Bourdieu, 1982, S. 25f.

Auch *Annabelle*-LeserInnen sind natürlich KunstliebhaberInnen, und zwar schätzen sie "nur gute Kunstwerke, die eine starke, eher herbe Persönlichkeit verraten. Verspieltes, Modisches, Zweitrangiges kann hier nicht bestehen."[31] - Sie sind erstrangig. Der Zugang zur Gemeinde der Kultivierten ist, wie wir schon einmal festgestellt haben, keine Frage des Portemonnaies. Man muss nur einer jener "prächtigen Menschen mit Mut zu ihrem eigenen Leben, mit stolzer Kraft, mit ernsten, geraden Augen" sein, die "voll sind von Hunger und Durst. Nach guter Arbeit, nach echter Schönheit, nach Wissen und Musik. Nach Wahrheit." Käthy, eine junge Schneiderin, die 1947 den ersten Preis im Budenwettbewerb der *Annabelle* gewonnen hat, gehört zu diesen Berufenen. Wir erfahren, dass sie "in der Ganzheit ihres Wesens auch ganze, schöne, gute Räume schaffen" kann, dass sie "gute!" Originale von Künstlerfreunden aufhängt und sich ihre Bücher "beinahe instinktiv, ohne Leitung oder Vorbild gekauft" hat. Den Ausschlag für den ersten Preis gab denn auch "die Mischung von Erde und von instinktivem Geschmack, von unbewusstem Künstlertum, die Mischung von Mütterlichkeit und stolzem Selbstbewusstsein."[32] "Geschmack" ist, so folgert die geneigte Leserin, eine Art Instinkt, der zu vergeistigtem Vergnügen befähigt, ein Zeichen des Individuums, das nach Vollendung strebt. - "Geschmack" ist Ausweis des wahrhaft guten Menschen.

Eines der vielen Beispiele für die "Ideologie des guten Geschmacks", welche die *Annabelle* geradezu durchtränkt.[33] "Geschmack" distinguiert nämlich nicht bloss, weil er auf privilegierte Lebensbedingungen hinweist. Besonders wirksam hebt er ab, weil er als natürliche, in der Person liegende Eigenschaft gilt und damit eine in der Natur begründete Höherwertigkeit der damit begnadeten Person behauptet. Die Geschmacksideologie nährt sich aus dem bürgerlichen Kulturverständnis, welches Kultur als erhabene Sphäre des Zweckfreien begreift. Nur hier, im interesselosen Tun, kann der Mensch alle Facetten des Menschseins ausleben, hier überwindet er die krude Gier, die in der profanen Welt herrscht - und gelangt damit zu jener höheren Menschlichkeit, in der Bildung kulminiert. Aus einem solchen Kulturverständnis heraus wird der Sinn für das Schöne zum Gradmesser für Sublimation und moralische Vollkommenheit.[34] Die Funktion der Geschmacksideologie besteht darin, dass sie objektive Unterschiede und Machtgefälle in symbolische Unterschiede überträgt, die in den Personen selbst angelegt scheinen, diese damit als selbstverständlich und nicht hinterfragbar erscheinen lässt und den Glauben an ihre Rechtmässigkeit festigt.[35]

---

[31] 1964/355, S. 59
[32] 1947/118, S. 44-49
[33] Bourdieu, 1982, S. 124
[34] Bourdieu, 1982, S. 10, 21-26
[35] Bourdieu, 1982, S. 749

Geschmackspädagogik: Die Gute Form

Genauso wie im 'Sinn für das Schöne' steckt in jedem noch so alltäglichen Gegenstand, in jeder Handlung eine symbolische Aussage, die den Besitzer oder die Handelnde in der sozialen Hierarchie einordnet. Diese Einordnung vollzieht sich ebenso wie die Wahl des Lebensstils mehrheitlich unbewusst, weil sie auf Wahrnehmungs- und Bewertungsmustern beruht, die die Individuen im Verlauf ihrer Sozialisation erworben haben. Die Bewertungsskala spiegelt die soziale Rangordnung wider. Denn die höchste Notierung erzielen jeweils die Attribute derjenigen Kreise, die kraft ihrer Ressourcen und Machtpotentiale imstande sind, ihren Lebensstil als den "legitimsten" durchzusetzen. Dass Bildung allgemein als Grundelement dessen, "was persönliche Vollendung ausmacht", anerkannt wird, ist zum Beispiel eine Wertsetzung, die die Institution "Schule" durchgesetzt hat.[36] Sichtbar gemacht durch symbolische Formen, reproduzieren sich so in jeder noch so alltäglichen Situation die gesellschaftlichen Über- und Unterordnungsverhältnisse. "Geschmack" erzeugt automatisch Ehrfurcht und verschafft damit Überlegenheit; das, was als "schlechter Geschmack" gilt hingegen, wertet die Person, die ihn hat, sogleich ab.

Mit seinem Lebensstil markiert man somit gewollt oder ungewollt den Platz, den man in der Gesellschaft hat. Oder jenen, den man erreichen will. Vom Wunsch nach Nachahmung hoch bewerteter Eigenschaften lebte unter anderem die *Annabelle*. Sie selbst ist das beste Beispiel für die Ausstrahlungskraft des Geschmackspostulats in den 50er Jahren. Gerade weil sie sich an eine sehr breite Mittelschicht richtete, führte sie in ihren Reportagen fast nur schöne Bilder aus der Ober- und oberen Mittelschicht vor. Die AufsteigerInnen konnten bei ihr lernen, wie man sich durch Ästhetisierung und Personalisierung der Wohnumgebung die Aura einer kultivierten Persönlichkeit gibt. Dabei pflegte sie eine ausgesprochen pädagogische Haltung. Nun wissen wir ja bereits: Der letzte Schliff liegt in der "Natur" der Sache, lässt sich also letztlich weder vermitteln noch lernen. Doch es gibt auch Regeln der Ästhetik, und wenn man diese beachtet, kann man sich dem Olymp des "guten Geschmacks" wenigstens annähern.

Ein Kriterium des "guten Geschmacks" war die sogenannte 'gute Form'. Die 'gute Form' der 50er Jahre war ein internationaler Standard für die Gestaltung von Gebrauchsgütern. In der Schweiz wurde er vom Werkbund gesetzt; sekundäre Instanzen wie die *Annabelle* versuchten, ihn zu popularisieren. Die 'gute Form' sollte den Leuten die Einrichtungsgrundsätze der Moderne schmackhaft machen: Das Leben inmitten industriell hergestellter, langlebiger und gebrauchstüchtiger Gegenstände, deren einfache Formen nicht Vergangenes imitierten,

---

[36] Bourdieu, 1982, S. 632, 619

sondern mit dem Zweck und dem Material übereinstimmten.[37] Moderne Möbel bildeten in den 50er Jahren den Kernbestand jeder *Annabelle*-Wohnung. Weil sie nicht nur gut, sondern auch teuer waren - und natürlich auch weil die Persönlichkeitswerdung ein lebenslanger Prozess ist - schaffte man sie sich nach und nach, entsprechend dem Bedarf und den Möglichkeiten des Budgets, an und behalf sich daneben "auf lustige, persönliche, heitere Weise" mit Improvisation.[38] Es waren "richtig", "gut" und "sauber geformte" Möbel.[39] "Möbel für ein arbeitssames, ordentliches Leben."[40] - Diesmal gründete die Moral in der Vernunft, die an der Basis der modernen Einrichtungshaltung stand. Die Geschmackspädagogik der *Annabelle* trug offenbar Früchte, fand sie doch anlässlich ihrer Wohnwettbewerbe regelmässig viele "kluge, überlegte, jedem blendenden Tand und jedem lauten Ton abholde Menschen" vor, die sich lauter "geschmackvolle" und "durchdachte" Wohnungen geschaffen hatten.[41]

Soziale Abgrenzung von oben: Der eigene Geschmack und derjenige der anderen

Um die Zeitschrift *Annabelle* herum bildete sich so in der Nachkriegszeit eine Art "Gemeinde".[42] Tonangebend waren darin die "kultivierten, wohlhabenden Intellektuellen"; Individualismus, Rationalismus und Ästhetisierung bildeten die Grundpfeiler ihres Lebensstils. In jedem ihrer Häuser sieht es "anders aus und doch ähnlich; stehen moderne und alte Möbel, herrscht jenes sichere, von Akarilampen bis Tessiner Stühlen und alten gotischen Tischen reichende Gefühl für das Schöne, wie es augenblicklich von einem gewissen Kreis Ästheten über die ganze Erde geteilt wird."[43] Besser könnte man nicht ausdrücken, was Lebensstil bedeutet: Eine Auswahl von Gegenständen und Praktiken, die sich innerhalb eines individuellen Spielraums auf der Basis klassenspezifischer Konditionierung vollzieht. "'Stil zu haben', bedeutet fähig zu sein, die Interpretation und Präsentation der eigenen Gruppe exemplarisch am Einzelfall darzustellen".[44]

---

[37] Erni, 1983
[38] 1955/203, S. 53
[39] 1962/298, S. 165f.; 1959/255, S. 58
[40] 1951/157, S. 55
[41] 1962/304, S. 54; 1955/203, S. 53
[42] 1954/203, S. 53
[43] 1961/289, S. 118
[44] H.G. Soeffner zit. in Becher, 1990, S. 14

Genau so deutlich wie symbolische Formen sogar über nationale Grenzen hinweg zusammenschweissen, grenzt man damit andere aus den besseren Kreisen aus. Gegenüber dem Geschmack der anderen empfindet man nur Verachtung, ja geradezu Ekel. Was ist für die *Annabelle* "schlechter Geschmack"? Das, was in der Nachkriegszeit zu den typischen Einrichtungsmustern der Unter- und unteren Mittelschicht gehörte: die komplette Aussteuer. Meist ist sie in einem undefinierbar historisierenden Stil gehalten, zu dessen Merkmalen "wuchtige Eleganz" und "reicher" Dekor gehören.[45] Alles ist schon fertig zusammengestellt, die KäuferInnen können gerade noch das Landschaftsbild, das standardmässig mitgeliefert wird, selber auswählen. Die komplette Aussteuer spricht dem selbstbestimmten, guten, modernen Wohnen, dem sich die *Annabelle*-Klientel verschrieben hat, natürlich hohn. LeserInnen, die sich dennoch nicht schämen, solches zu begehren, werden abgekanzelt und auf den Pfad der modernen Tugend zurückgeführt. Die Argumentation gipfelt jeweils, wie könnte es anders sein, im Vorwurf der Geschmacklosigkeit: "Der relativ kleine Raum ist mit Möbelstücken überlastet, die Wirkung ist konventionell und langweilig (...) Aus Mangel an Mut und Unterscheidungsvermögen zwischen Gut und Schlecht wählen viele Leute einen langweiligen, ausdruckslosen Kompromissstil, in der Meinung, dieser sei zeitlos. Resultat: eine unpersönliche Durchschnittswohnung."[46] Wenn man gar in der eigenen Wohnung mit dem "schlechten Geschmack" konfrontiert wird, steigert sich die Abneigung zum Ekel, man fühlt sich geradezu terrorisiert: "Das Fremdartigste ist zweifellos das Televisionsset (...) der Wohnraum, sonst in schlichten Hölzern, lässt sich von seinem Hochglanz-Mahagoni-Birkenmaser-Nussbaumfournier erdrücken - die fabrikneuen und formlich unschönen Musikmöbel beherrschen uns aufs Schrecklichste".[47]

Solche Aussagen lassen einen verstehen, weshalb Bourdieu den Lebensstil für "eine der wirksamsten Klassenschranken" hält.[48] Die Abneigung gegen die komplette Aussteuer mag für die zeitgenössischen Verfechter der Moderne rational begründet gewesen sein, sie äusserte sich aber wie hier höchst irrational, weil sie letztlich auf verinnerlichten Wahrnehmungs- und Bewertungsmustern gründete, die unter (bildungs)bürgerlichen Lebensbedingungen erworben worden waren.

---

[45] *Das Schweizer Heim*, 1952/36, S. 1174; *Annabelle* 1946/98, S. 64
[46] 1965/372, 137; 1954/191, S. 42f.
[47] 1957/238, S. 120
[48] Bourdieu, 1982, S. 488

Widerstand gegen oktroyierte Geschmacksvorstellungen von unten

Umgekehrt verteidigten diejenigen sozialen Gruppen, die nun halt Geschmack hatten am Kompletten, Wuchtigen, Dekorierten und Hochglanzpolierten, ihren Lebensstil. Ihre Auswahlkriterien waren genauso verinnerlicht - aber unter anderen Existenzbedingungen entstanden. Höhere Bildung gehörte dabei kaum zu ihren Ressourcen, denn diese wurde in der Schweiz erst gegen Ende der 60er Jahre für breitere Schichten zugänglich.[49]

Die Geschmackspädagogik der *Annabelle* war nur eine Episode im langen Kampf gegen sogenannt zwanghaft repräsentative Einrichtungsmuster unterer Schichten. Unterschiedlichste Instanzen - der Werkbund, das Neue Wohnen, die Gute Form -, ja selbst die Propagandisten eines nationalen Wohnens zur Zeit der Geistigen Landesverteidigung hatten sich im Verlauf des 20. Jh. darin engagiert. So unterschiedliche Grundsätze und Ziele hinter diesen gestalterischen Strömungen auch stehen mochten, eines war ihnen gemeinsam: Der Glaube an den Fortschritt und die Kraft der Vernunft und, verbunden mit beidem, eine bemerkenswerte innere Zustimmung zur Rationalisierung. Im Namen des Fortschritts sollte sich auch der einzelne einer "zeitgemässen", sprich rationellen Lebenshaltung befleissigen und sich mit prätentionslosen und zweckmässigen Gebrauchsgütern einrichten.

Die Möbelangebote, die für VerbraucherInnen aus unteren Schichten gedacht waren, passten sich solchen Erziehungsbemühungen teilweise an. In den 50er Jahren, im Zeichen der allgemeinen Wachstumseuphorie, fragten auch die KundInnen von Möbel Pfister flexibel kombinierbare Möbel und moderne, leichtbeschwingte Formen nach. Vorübergehend kam sogar die komplette Aussteuer erheblich unter Druck und wurde in Möbel Pfisters eigener Werbung als unzeitgemässes und unpersönliches Wohnen nach "Schema F" kritisiert. Immer aber, noch in der Anpassung, blieben latente Widerstände gegen die dominanten Leitbilder spürbar, blieb die Rezeption der modernen Wohnvorstellungen und Formen gebremst.[50] Manchmal wurden diese Widerstände auch manifest. In den frühen 60er Jahren zum Beispiel. Zwar fällt diese Wende mit einem allgemein aufkommenden Misstrauen gegen die allzu moderne Wohnung zusammen, das notabene auch in der *Annabelle* spürbar war. Ich habe dies anderswo als erste Anzeichen für den Zerfall der stabilen Nachkriegsorientierung interpretiert.[51] Die grundsätzliche Abneigung gegen die theoretisch fundierte Designmoral und Geschmackspädagogik der Moderne, die sich zu diesem Zeitpunkt in den massenkulturellen Leitbildern reflektierte, kann aber nicht nur als zeit-, sondern auch als interessantes schichtspezifisches Moment des Wider-

---

[49] Siegenthaler, 1987, S. 505
[50] Gisler, 1991, S. 336, 347
[51] Gisler, 1991

standes gegen oktroyierte kulturelle Formen gesehen werden. Möbel Pfister
machte sich zum Sprachrohr dieses Widerstandes. In eigentlichen Kampagnen
verunglimpfte er die modernen Geschmackspädagogen als "Formpropheten" und
"wirklichkeits-fremde Schreiberlinge", die seiner Klientel ein "stückliweises
Einrichten" und kahle Räume aufzuzwingen trachteten, wo diese doch das genaue
Gegenteil, nämlich die komplette Aussteuer und üppige, rustikale Stile wollte.[52]
Und warum wollte sie dies? Weil erstens eine "halbfertige Wohnstätte" mangels
Intimität und Geborgenheit zerstörerisch auf das Familienleben wirken musste,
die einzig "sichere Grundlage" "für die Stabilität der Ehe und das Glück der
Kinder" mit anderen Worten eine komplette Aussteuer war.[53] Und weil man
zweitens sachliche Formen schon zur Genüge in der gebauten Umwelt, in der
Fabrik und im Büro, hatte: "Alles um uns herum wird modern. Genormt und
geformt." - "Da, so glauben wir, verbleiben nur die Natur und das eigene Heim,
in denen Ausspannung und Erholung noch möglich sind."[54] Die Verachtung des
oberen KäuferInnensegments für die komplette Aussteuer fand in diesen
Kampagnen ihren Widerpart. Wehrten sich ArbeiterInnen und kleine Angestellte
damit gegen rationalistische Zumutungen, die von oben an sie herangetragen
wurden? War dies eine Art Klassenkampf auf dem Feld der Kultur, mit Möbeln?
Oder steckten dahinter eher Erfahrungen objektiver sozialer Grenzen und
verinnerlichte Geschmacksmuster, die sie das mögen liessen, was sie ohnehin
mögen mussten, weil die Zwänge und Möglichkeiten ihrer sozialen Lage nichts
anderes erlaubten? Eine Sichtweise, die Bourdieu postulieren würde?

Im Geschmack für die komplette Aussteuer zeigten sich sowohl die verbesserten
Existenzbedingungen und Aufstiegschancen breiterer Schichten als auch darunter
nachwirkende, verinnerlichte Erfahrungen der Armut, der sozialen Unsicherheit
und der Geringschätzung. Sich im Zeichen von Wohlstand und sozialer Sicher-
heit endlich langfristig und relativ üppig einrichten zu können, wurde von
ArbeiterInnen und kleinen Angestellten wohl eher als Errungenschaft denn als
Einschränkung ihres individuellen Spielraums empfunden. Die Zeiten, wo sich
Unterschichten mit einer zusammengewürfelten Einrichtung aus Erbstücken,
Billigmöbeln und Trödel begnügen mussten, waren noch nicht so lange vorbei,
als dass hier der Improvisation im Wohnbereich nicht noch ein Arme-Leute-
Geruch hätte anhaften können. Aus derselben Perspektive heraus konnte die
Schmucklosigkeit der modernen Form wohl nicht mehr als ärmliche Kargheit
bedeuten. Denn eine ästhetische Einstellung, welche erlaubt hätte, moderne
Möbel als reine Form zu goutieren, hatte man noch nicht erwerben können. Der
Zugang zu höherer Bildung stand breiteren Schichten in den 50er Jahren noch
nicht offen, und auch andere ökonomische, kulturelle und soziale Ressourcen

---

52 *Das Schweizer Heim*, 1960/35, S. 4; 1963/17, S. 35
53 *Annabelle*, 1964/356, S. 198
54 *Annabelle*, 1965/371, S. 30; *Das Schweizer Heim* 1963/24, S. 47

blieben trotz des steigenden Lebensstandards ungleich verteilt. Die Möglichkeiten
zur Aneignung der räumlichen Umwelt blieben derart beschränkt. Was den einen
aufgrund ihrer besseren Aneignungsmöglichkeiten das Einfamilienhaus, der
Grundstock an zeitlos modernen Möbeln und die Zeugen der Kreativität im
Wohnbereich sein konnten, bedeutete den anderen die dekorierte Wagenburg der
konventionellen Aussteuer: Sie war Sinnbild der stabilen, den Bedürfnissen nach
emotionaler Bindung und Identifikation Rechnung tragenden Privatwelt, ein
Bollwerk gegen Wandel, Anonymität und Entfremdung in der zunehmend ratio-
nalisierten Umgebung.

Schluss

Abschliessend fasse ich kurz zusammen. Die Integration breiter Schichten in die
Mittelstandsgesellschaft hat in der Nachkriegszeit die Verbreitung ehemals bürgerlicher Orientierungsmuster gefördert. Die Wohnung wurde allgemein als
Rückzugsgebiet vor der Öffentlichkeit betrachtet, in dem sich die wahre Persönlichkeit entfalten konnte. Die Konfrontation zwischen dem "zeitgemässen" und
dem "konventionellen" Geschmack zeigt aber, dass es sich bei den Wohnwerten
der "Gemütlichkeit" und des "persönlichen Geschmacks" um Formeln handelte,
die mit unterschiedlichen sozialen Bedeutungen gefüllt waren. Die Bedürfnisse
hatten sich im Zeichen des Wohlstands angenähert, die Hoffnung auf ihre
Realisierung war gegeben, aber die Möglichkeiten dazu blieben unterschiedlich.
Objektive soziale Unterschiede und Machtgefälle, die soziale Abgrenzung von
oben und der "Sinn für die eigenen Grenzen" von unten setzten der Angleichung
der Lebensstile Grenzen.[55] Im Hinblick auf das Thema der Tagung ist vielleicht
besonders interessant, dass man Lebensstile immer als Produkt von
Lernprozessen sehen sollte, die von den Lebensbedingungen bestimmter sozialer
Gruppen und ihrer Stellung in der Gesellschaft nicht abgekoppelt werden
können. Und dass man Erziehungsversuche, auch ökologische, genau daraufhin
prüfen sollte, ob dahinter nicht auch die Arroganz und der Herrschaftsanspruch
privilegierter Gruppen stehen, die damit ihre soziale Überlegenheit gegenüber den
wirtschaftlich und kulturell Machtlosen ausweisen und legitimieren wollen.

---

[55] Bourdieu, 1982, S. 728

Literatur und Quellen

Annabelle. Die Schweizer Frauen- und Modezeitschrift. Zürich, Weltwoche-Verlag. 8. Jg. (1945) bis 28. Jg. (1965), alle Artikel zu Wohnfragen sowie Möbelinserate aus den Heften der Monate März, April, August und September.

Becher, Ursula A.: Geschichte des modernen Lebensstils. Essen, Wohnen, Freizeit, Reisen. München 1990.

Bourdieu, Pierre: Die feinen Unterschiede. Kritik der gesellschaftlichen Urteilskraft. Frankfurt am Main 1982.

Erni, Peter: Die Gute Form. Baden 1983.

Gisler, Johanna: Leitbilder des Wohnens und sozialer Wandel: 1936-1965. In: Schweizerisches Sozialarchiv (Hg.): Bilder und Leitbilder im Sozialen Wandel, Zürich 1991, 313-372.

Heller, Eva: Wie Werbung wirkt: Theorien und Tatsachen. Frankfurt am Main 1984.

Rosenbaum, Heidi: Formen der Familie. Untersuchungen zum Zusammenhang von Familienverhältnissen, Sozialstruktur und sozialem Wandel in der deutschen Gesellschaft des 19. Jahrhunderts. Frankfurt am Main 1982.

Das Schweizer Heim. Illustriertes Familienblatt mit Abonnenten-Versicherung. Zürich, Regina-Verlag. 42. Jg. (1945) bis 62. Jg. (1965), alle Artikel zu Wohnfragen sowie Möbelinserate aus den Heften der Monate März, April, August und September.

Siegenthaler, Hansjörg: Die Schweiz 1914-84. In: Handbuch der europäischen Wirtschafts- und Sozialgeschichte, hg. v. Wolfram Fischer et al., Bd. 6, Stuttgart 1987, 482-512.

Ders.: Krisen und ihre Beilegung im schweizerischen Bundesstaat. In: Die Orientierung 99 (1991), 35-44.

Tanner, Jakob: Blockiert zwischen Vorgestern und Übermorgen. Die Schweiz in den 50er Jahren. In: Kulturmagazin 57 (1986), 9-13.

Wecker, Regina: Von der Langlebigkeit der "Sonderkategorie Frau" auf dem Arbeitsmarkt. Frauenerwerbstätigkeit 1880-1988. In: Barben, Marie-Louise. und Elisabeth Ryter (Hg.): verflixt und zugenäht! Frauenberufsbildung - Frauenerwerbsarbeit 1888-1988. Zürich 1988.

Autorinnen und Autoren

Agosti Donat, Dr., Zoologisches Institut Universität Zürich

Bärtschi Hans-Peter, Dr.sc.techn., dipl.Arch.ETH, ARIAS, Industriearchäologie, Winterthur

Brunner Daniel, lic.phil.I (Ethnologie, Wirtschaftsgeschichte), Büro Gegenwind Zug, Mitglied des Grossen Gemeinderats der Stadt Zug, Präsident der IG für eine biologische Zuger Landwirtschaft

Büeler Bosco, Architekt und Baubiologe, Schweizerisches Institut für Baubiologie (SIB), Flawil

Fröhlich Martin, Dr., Denkmalpfleger der bundeseigenen Bauten, Bern

Furrer Benno, Dr., Leiter der Schweizerischen Bauernhausforschung, Zug

Gisler Johanna, lic.phil.I, Historikerin

Huppenbauer Markus, Dr., Leiter der Evangelischen Studiengemeinschaft an den Zürcher Hochschulen

Koch Ursula, Dr., Stadträtin, Vorsteherin des Bauamtes II der Stadt Zürich

Kohler Niklaus, Dr., Laboratoire d' Energie Solaire (LESO), EPFL Lausanne

Koller Barbara, lic.phil.I, Historikerin

Kriesi Ruedi, Dr., dipl.Masch.-Ing.ETH, Amt für technische Anlagen und Lufthygiene, Energiefachstelle des Kantons Zürich

Nadig Jürg Dr.med., Bauherr

Ring Rosemarie, dipl.Ing., Feministische Organisation von Planerinnen und Architektinnen (FOPA), Dortmund

Rothenberger Barbara, dipl.Arch. ETH

Schäfer Ulrich, dipl.Arch. BSA/SIA

Schwarz Jutta, Dr., Umwelt und Wirtschaft und Energie (Beratungsbüro zu Umweltschutzfragen, umweltverträglichen Bauweisen und für Energieplanungen), Zürich

Spreng Daniel, PD Dr., ETH Zürich, Forschungsgruppe Energieanalysen, Departement Elektrotechnik

Thomas Christian, Dr.sc.techn., Freischaffender Wissenschaftler

Vogel Martin, dipl.Arch. ETH/SIA, Fachleiter Umwelt des Hochbauamtes des Kantons Bern

Zibell Barbara, dipl.Ing., ETH Zürich, ORL-Institut, Fachgebiet Städtebau/Siedlung, Stadt- und Regionalplanerin, Bauassessorin Städtebau